藤子沟水电站工程设计与技术研究

郑 军 付 欣 胡顺志 谭志军 编著

黄河水利出版社

·郑州·

内 容 提 要

藤子沟水电站工程位于重庆市石柱土家族自治县境内,长江右岸一级支流龙河的上游河段,是龙河流域上游最大的水利枢纽,也是龙河梯级开发方案中的龙头骨干工程。该工程由混凝土双曲拱坝、坝顶泄洪孔、水垫塘、引水隧洞、上下管桥和地面发电厂房等建筑物组成。本书详细介绍了该水电站工程各建筑物的设计理念、设计过程及设计方法,并结合试验研究,对结构设计进行复核和优化。

本书可为广大水利水电工程设计者提供借鉴,尤其对双曲拱坝设计和管桥设计,具有较高的参考价值。

图书在版编目(CIP)数据

藤子沟水电站工程设计与技术研究/郑军等编著. —郑州:黄河水利出版社,2018.5
ISBN 978 - 7 - 5509 - 2037 - 8

Ⅰ.①藤… Ⅱ.①郑… Ⅲ.①水力发电站 - 工程设计
Ⅳ.①TV7

中国版本图书馆 CIP 数据核字(2018)第 095545 号

策划编辑:杨雯惠   电话:0371-66020903   E-mail:yangwenhui923@163.com

出 版 社:黄河水利出版社   网址:www.yrcp.com
    地址:河南省郑州市顺河路黄委会综合楼 14 层邮政编码:450003
发行单位:黄河水利出版社
    发行部电话:0371 - 66026940、66020550、66028024、66022620(传真)
    E-mail:hhslcbs@ 126.com
承印单位:河南新华印刷集团有限公司
开本:787 mm × 1 092 mm   1/16
印张:18
字数:416 千字   印数:1—1 000
版次:2018 年 5 月第 1 版   印次:2018 年 5 月第 1 次印刷

定价:98.00 元

前　言

　　藤子沟水电站位于重庆市石柱土家族自治县境内,长江右岸一级支流龙河的上游河段,是龙河流域上游最大的水利枢纽。藤子沟水电站采用混合式开发方式,其工程由挡水建筑物、泄洪消能建筑物、引水系统和厂房系统组成。

　　藤子沟水电站 2005 年并网发电,至今已正常运行 13 年,经过大小洪水考验,运行状况良好。为总结工程设计经验并为设计者提供参考,编者对藤子沟水电站工程各建筑物设计进行了整编,并收纳了结构设计相关的试验研究内容。本书在编写过程中收到了该工程设计者提供的宝贵资料和宝贵意见,在此表示衷心感谢。

　　本书结合相关试验研究详细介绍了混凝土双曲拱坝、坝顶泄洪孔、水垫塘及二道坝消能建筑物、引水系统(包括进水口、引水隧洞、上下管桥、调压井和压力管道五部分)和地面发电厂房的布置及设计过程,并针对工程中的关键技术进行了专题研究。本书摘录了五部分内容,分别是双曲拱坝整体稳定地质力学模型试验研究、双曲拱坝整体稳定三维非线性有限元研究、大坝混凝土温度控制研究、引水隧洞上下管桥结构研究和泄洪消能整体水工模型试验研究,供广大设计者参考。

　　由于编者的学识和水平所限,本书尚存疏漏和不足之处,敬请广大读者指正。

编　者
2018 年 3 月

目　录

前　言
1　工程概况 ·· (1)
　　1.1　工程地理位置 ··· (1)
　　1.2　工程枢纽概况 ··· (1)
2　双曲拱坝设计 ·· (2)
　　2.1　体型设计 ··· (2)
　　2.2　坝体应力分析 ··· (7)
　　2.3　坝基河床稳定分析 ······································ (17)
　　2.4　坝肩平面抗滑稳定分析 ································· (25)
　　2.5　坝肩岩体三维抗滑稳定分析 ·························· (32)
　　2.6　坝体构造 ·· (37)
　　2.7　基础开挖及地质缺陷处理 ····························· (39)
　　2.8　导流底孔封堵设计 ······································ (44)
　　2.9　温度控制设计 ·· (45)
3　泄洪消能建筑物设计 ·· (54)
　　3.1　泄水建筑物设计 ··· (54)
　　3.2　水垫塘设计 ··· (56)
4　引水系统设计 ·· (63)
　　4.1　进水口设计 ··· (63)
　　4.2　引水隧洞设计 ·· (67)
　　4.3　上下管桥设计 ·· (70)
　　4.4　调压井设计 ··· (72)
　　4.5　压力管道设计 ·· (73)
　　4.6　施工支洞封堵设计 ······································ (75)
　　4.7　水力学计算 ··· (77)
5　厂房设计 ·· (80)
　　5.1　概　述 ··· (80)
　　5.2　厂址选择 ·· (80)
　　5.3　厂区布置 ·· (80)
　　5.4　厂内布置 ·· (81)
　　5.5　厂房稳定计算 ·· (85)
　　5.6　厂房结构设计 ·· (87)
　　5.7　厂内止水排水设计 ······································ (89)

5.8　厂房浇筑分层分块设计 ………………………………………………… (89)

5.9　厂房基础处理设计 ……………………………………………………… (90)

5.10　厂房主要结构计算 …………………………………………………… (90)

6　双曲拱坝整体稳定地质力学模型试验研究 ……………………………… (95)

6.1　研究目的 …………………………………………………………… (95)

6.2　研究技术路线 ……………………………………………………… (95)

6.3　模型试验的设计 …………………………………………………… (95)

6.4　试验成果分析 ……………………………………………………… (102)

6.5　结　论 ……………………………………………………………… (116)

7　双曲拱坝整体稳定三维非线性有限元研究 ……………………………… (117)

7.1　工程概况及研究内容 ……………………………………………… (117)

7.2　计算分析方法 ……………………………………………………… (119)

7.3　有限元计算模型 …………………………………………………… (128)

7.4　有限元计算成果 …………………………………………………… (130)

7.5　结论与建议 ………………………………………………………… (149)

8　大坝混凝土温度控制研究 ………………………………………………… (150)

8.1　基本资料及设计参数 ……………………………………………… (150)

8.2　混凝土施工期温升及稳定应力分析 ……………………………… (152)

8.3　结　论 ……………………………………………………………… (155)

9　引水隧洞上下管桥结构研究 ……………………………………………… (157)

9.1　概　述 ……………………………………………………………… (157)

9.2　桥梁跨中设置支承环必要性分析论证 …………………………… (166)

9.3　计算荷载和计算方法 ……………………………………………… (173)

9.4　管桥伸缩节布置方案研究 ………………………………………… (179)

9.5　上管桥结构分析 …………………………………………………… (193)

9.6　采用整体模型论证跨中支座的必要性 …………………………… (196)

9.7　伸缩节设计参数计算 ……………………………………………… (201)

9.8　下管桥结构整体计算与分析 ……………………………………… (205)

9.9　上管桥整体结构计算与分析 ……………………………………… (213)

9.10　结论与建议 ……………………………………………………… (221)

10　泄洪消能整体水工模型试验研究 ……………………………………… (224)

10.1　概　述 …………………………………………………………… (224)

10.2　试验内容和要求 ………………………………………………… (225)

10.3　试验设备及测试仪器 …………………………………………… (225)

10.4　模型设计 ………………………………………………………… (226)

10.5　试验成果及分析 ………………………………………………… (226)

10.6　结　论 …………………………………………………………… (279)

参考文献 ……………………………………………………………………… (280)

1 工程概况

1.1 工程地理位置

龙河是长江的一级支流,位于重庆市石柱土家族自治县与丰都县境内,东经 107°38′ ~ 108°32′和北纬 29°33′ ~ 30°10′之间。河源分为两支,北源位于方斗山山脉东南麓,南源位于七曜山山脉西北麓,两源汇于石柱县桥头镇后,自东北向西南流经石柱县城,至丰都县廖家坝折向西北流,于丰都县城对岸注入长江。河流全长 161 km,流域面积 2 810 km²,河道平均比降为 4.8‰。龙河上源与磨刀溪和清江接壤,北邻长江,南邻乌江。整个流域略呈东北、西南向长条形,平均宽 30 km,长约 80 km。流域周界高山环绕,河谷深切,两岸支流支沟坡度陡、汇流迅速。

1.2 工程枢纽概况

藤子沟水电站工程位于重庆市石柱土家族自治县境内,长江右岸一级支流龙河的上游河段。坝址距上游桥头 5 km 左右,距下游石柱县城 27 km。现有公路可通到永和乡与桥头乡,交通条件尚好。

藤子沟水电站工程是龙河流域上游最大的水利枢纽,也是龙河梯级开发方案中的龙头骨干工程。本工程以发电为主,兼有梯级调节、防洪、养殖等综合利用效益。电站建成后,供电给重庆统调电网,主要作用是承担电网的调峰、调频和短时紧急事故备用,是重庆市电网的主力调峰电源之一。同时,藤子沟水电站工程还可以为其下游在建的鱼剑口水电站和已建的石板水水电站增加保证出力,使电网的供电质量得到了提高。藤子沟水电站工程采用混合式开发,其工程由挡水建筑物、泄洪消能建筑物、引水系统和厂房系统组成。挡水建筑物为混凝土双曲拱坝,泄洪建筑物为坝顶泄洪孔,消能建筑物由水垫塘和二道坝组成,拦河坝最大坝高 124 m(其中垫座混凝土 7 m,拱坝基本体型高度 117 m),坝顶高程 777 m,坝顶长度 339.475 m;堰顶高程 764 m,溢流孔尺寸 12 m×11.5 m。引水系统由进水口、上下管桥、调压井和压力管道组成,引水洞长 4 834.82 m,圆形断面,内径 4.3 m;厂区系统由主厂房、副厂房、尾水渠和变电站等组成,地面式厂房,主厂房尺寸为 42.1 m×17.9 m×38.12 m(长×宽×高)。

藤子沟水库坝址以上流域面积 591 km²,占全流域面积的 21%。水库正常蓄水位 775 m,死水位 723 m,调节库容 1.49×10^8 m³,为多年调节水库。根据工程规模,该水库大坝采用 100 年一遇设计标准(设计频率 $P = 0.1\%$),设计洪水位 775.35 m,校核洪水位 776.72 m,水库总库容 1.93×10^8 m³。水电站装两台立式混流机组,总装机容量 70 MW,保证出力 17.5 MW,多年平均发电量 1.92×10^8 kWh,年利用小时数 2 740 h。

2   双曲拱坝设计

拱坝是一个空间壳体结构,主要通过拱梁的作用将外荷载传递至两岸山体,依靠坝体混凝土的强度和两岸坝肩岩体的支承,保证拱坝的稳定。拱坝设计主要内容为体型设计、坝体应力分析、坝基和坝肩稳定分析、坝体构造、基础开挖及地质缺陷处理、导流底孔封堵设计、温度控制设计等。

2.1   体型设计

2.1.1   设计原则

2.1.1.1   充分适应地形地质条件

坝址为不对称"V"形峡谷,龙河于N20°W流入坝址上游藤子沟口转呈近SN向,至坝址下游大沟口转为N20°W流出坝址。坝址区库水面高程668.4~665.5 m时,谷宽60~70 m,水深0.5~1.5 m,河床基岩面高程650~660 m,覆盖层厚8~11 m。坝轴线附近两岸山坡坡度60°左右,由此向上游至藤子沟口,右岸为陡崖,左岸为下陡上缓。两岸山顶高程均高于940 m,相对高差275 m以上,坝址处岩层走向与河流流向间夹角为20°~30°。

坝址区出露底层为侏罗统中统上砂溪庙组(J_{2s})上亚组6~10层,岩层产状走向NE20°~40°,倾向NW,倾角10°~15°,右岸多为逆向坡,呈陡崖,左岸多为顺向坡,呈缓坡。岩石类型为泥质粉砂岩、泥岩互层、长石石英砂岩。长石石英砂岩岩体较硬,湿抗压强度60~80 MPa,岩体抗剪断系数$f'=1.0~1.2$,抗剪凝聚力$c'=1.0~1.2$ MPa;粉砂质泥岩强度相对较低,湿抗压强度20~25 MPa,岩体抗剪断摩擦系数$f'=0.65~0.7$,抗剪凝聚力$c'=0.3~0.5$ MPa。坝址区与拱坝设计相关的不利地形地质条件主要有:

(1)两岸地形为不对称"V"形峡谷,右岸较陡,多为陡崖,左岸下陡上缓。左岸不对称地分布有二、三级阶地。

(2)两岸地形在775 m高程以上(特别是左岸)呈倒喇叭形。

(3)两岸岩层呈不对称分布。左岸岸坡岩体卸荷较严重,右岸岩体卸荷不明显。坝轴线附近左岸777 m高程以下为$J_{2s}^{7(5)}$以下各层岩层;右岸740 m高程以下为$J_{2s}^{7(5)}$以下各层岩体,以上为J_{2s}^{8}岩体,J_{2s}^{8}岩体变形模量小。因此,两岸的变形模量有差异,左岸好于右岸。

(4)左岸拱座存在F_1、f_2、f_3、f_4断层破碎带。两岸基岩中有多层软弱夹层。

从不利条件(1)、(2)看,拱坝中心线宜偏向左岸,势必造成右岸上部地形等高线与拱端切线夹角变小,不利于抗滑稳定;不利条件(3)、(4)对拱坝中心线的要求正好相反,经综合考虑拱坝中心线偏向左岸一些。

坝基中的软弱夹层对综合变形模量的影响很难客观评价,这就要求拱坝体型应能适应坝基综合变形模量的变化。较大的拱端厚度对坝基综合变形模量的敏感性影响较小,故拱端厚度不宜太小。

2.1.1.2 便于布置泄洪消能建筑物

坝址区位于"V"形峡谷河段上,河床较窄。为减轻泄洪对下游两岸及河床的冲刷,泄洪中心线位置及走向宜与下游河流走势相协调。如前所述,地形地质条件要求拱坝中心线偏向左岸一些,而泄洪中心线则偏向右岸较为有利,两者夹角太大不仅造成泄洪孔口不对称布置引起的坝体不利应力分布,而且还会给坝体结构布置带来困难。

为便于坝顶泄洪设备布置及坝顶交通,坝顶厚度不宜太薄。

综合考虑地形地质条件及泄洪建筑物布置要求,拱坝体型优化的几何约束条件如下:

(1)拱坝中心线方位为 NW342°00′00″(与泄洪中心线交角为 2°29′10″)。

(2)坝顶厚度≥5 m。

(3)拱冠梁凸点以上下游倒悬度≤0.3(水平比铅直)。

(4)拱圈的半中心角≤50°。

(5)拱圈的中心角≤95°。

2.1.1.3 尽量减少坝体混凝土量和坝基岩体开挖工程量

坝体体型优化设计的目标是寻求一个既满足坝肩稳定、坝体应力要求及其他约束条件而坝体造价又最小的合理体型。坝基的开挖量难以反映在优化函数中,它可以根据地形地质条件及坝体下游拱端的水平拱向嵌入深度和梁向开挖深度,初拟各特征高程坝体下游端至拱坝中心线的距离,本次体型优化设计在保证坝肩稳定的基础上,提出各特征高程坝体下游端至拱坝中心线的距离见表 2-1-1。

表 2-1-1　坝体下游拱端至拱坝中心线距离　　　　　(单位:m)

高程	777	764	745	726	707	688	669	650
左岸	149.2	133.9	112.2	96.10	80.0	64.30	46.20	29.50
右岸	137.20	122.50	103.20	92.10	80.0	40.0	53.80	32.00

2.1.1.4 控制坝体倒悬度

为有利于坝体施工,须控制坝体倒悬度。梁向底部上游面倒悬度≤0.3(水平比铅直)。

2.1.1.5 坝体应力满足控制标准

坝体应力力求分布均匀,满足应力控制标准的要求。

2.1.1.6 稳定安全系数满足控制标准

以刚体极限平衡法为坝肩抗滑稳定分析的基本方法,稳定安全系数满足控制标准的要求。

2.1.2 拱坝体型选择

根据坝址河谷形状、地质条件、泄洪消能布置和施工条件,该拱坝采用椭圆形拱圈双曲拱坝(拱圈轴线为椭圆线),水平拱采用左、右非对称椭圆拱,拱冠梁剖面受上、下游曲线坝面连续条件及坝体纵向曲率因素控制,采用三次多项式拱冠梁剖面,以此获得较好的应力分布条件。

优化设计选定的坝体体型为:顶拱坝体拱冠梁厚度 5.0 m,左拱端 5.954 m,右拱端 5.878 m;顶拱右半拱圈中心线长半轴为 2 426.669 m,短半轴为 528.006 m,左半拱圈长半轴为 2 571.654 m,短半轴为 703.273 m。拱冠梁基础厚度 20.01 m。最大拱冠梁高度 117 m,拱坝厚高比 0.171。拱坝体型见图 2-1-1、图 2-1-2。

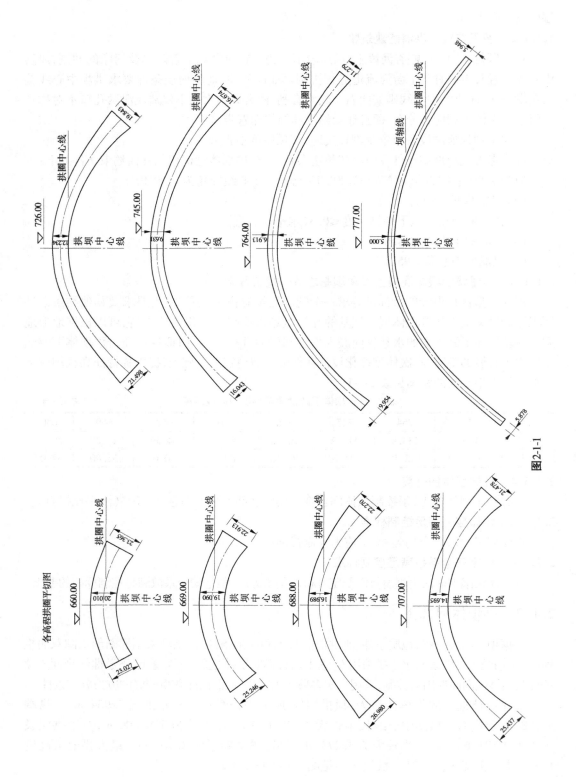

各高程拱圈平切图

图 2-1-1

· 4 ·

拱坝体型平面图

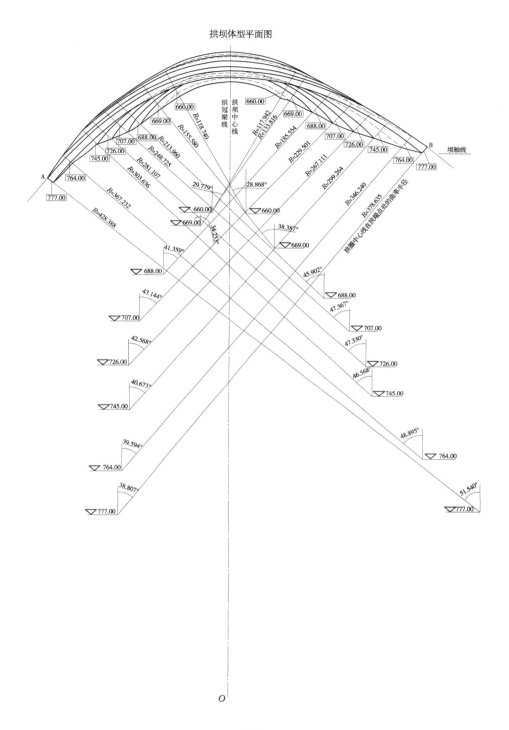

续图 2-1-1

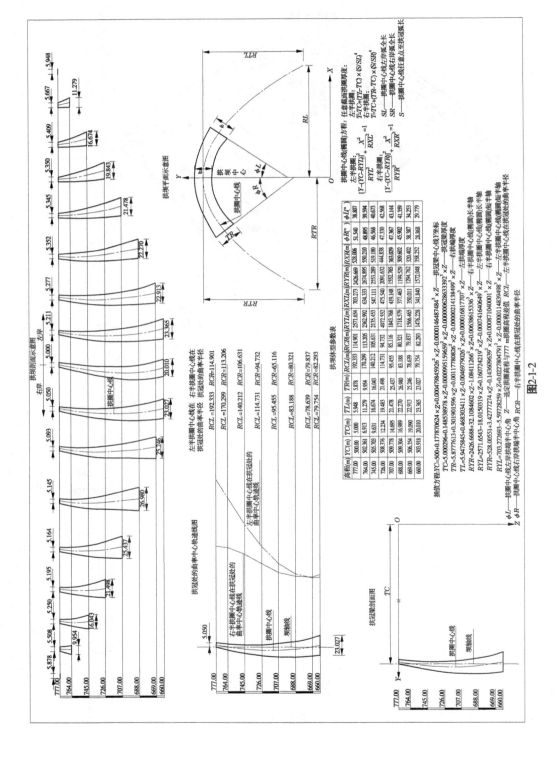

图2-1-2

2.2 坝体应力分析

2.2.1 计算依据、荷载及荷载组合

2.2.1.1 计算依据

1)计算方法

以拱梁分载法作为设计应力分析的基本方法。以刚体极限平衡法作为体型设计时坝肩稳定分析的基本方法。

该拱坝体型设计及应力分析采用中国水利水电科学研究院结构材料所编制的"拱坝体型优化程序(ADASO)"进行,该程序获国家科技进步二等奖,并被列为国家"八五"重点推广项目。为了复核选定体型的坝体应力,又采用了中国水利水电科学研究院抗震所编制的三维有限元程序(ADAP)进行坝体应力计算。

2)材料参数

(1)混凝土。

容重:24 kN/m³;

弹性模量:20.0 GPa;

泊松比:0.167;

线性温度膨胀系数:0.952×10^{-5}/℃;

导温系数:3.0 m²/月。

(2)坝基岩体。

坝址区工程岩体物理力学参数见表2-2-1。

采用伏格特地基进行坝体应力计算,坝基基岩采用的岩体变形参数设计值见表2-2-2。

表 2-2-1 坝址区工程岩体物理力学参数

岩石名称		长石石英砂岩 ($J_{2s}^{7(1)}$、$J_{2s}^{7(3)}$、$J_{2s}^{7(5)}$)	泥质粉砂岩、 泥岩类岩石 ($J_{2s}^{7(2)}$、$J_{2s}^{7(4)}$、J_{2s}^{8})	泥质粉砂岩、 泥岩类岩石(J_{2s}^{6})
密度 (g/cm³)	烘干密度 r_s	2.55	2.59	2.59
	湿密度 r_d	2.60	2.66	2.66
岩体单轴 抗压强度 R_c(MPa)	干	70~80	28~35	28~35
	湿	60~70	20~25	20~25
岩体变形 (GPa)	变形模量	12~14	3.5~4.3	3.5~4.3
	弹性模量	16~18	4.5~5.0	4.5~5.0

续表 2-2-1

岩石名称		长石石英砂岩（$J_{2s}^{7(1)}$、$J_{2s}^{7(3)}$、$J_{2s}^{7(5)}$）	泥质粉砂岩、泥岩类岩石（$J_{2s}^{7(2)}$、$J_{2s}^{7(4)}$、J_{2s}^{8}）	泥质粉砂岩、泥岩类岩石（J_{2s}^{6}）
岩体抗剪参数	f'	1.1～1.2（底滑面） 2.0（侧滑面）	0.65～0.70	0.45（综合层面） 0.35～0.40（完全层面）
	c'（MPa）	1.1～1.3（底滑面） 2.0（侧滑面）	0.30～0.50	0.2（综合层面） 0.10（完全层面）
混凝土(岩体)抗剪参数	f'	1.0～1.1	0.65	0.65
	c'（MPa）	1.0～1.1	0.4	0.4
泊松比 μ		0.15～0.20	0.25～0.30	0.25～0.30
说明		微新岩体	微新岩体	

表 2-2-2 岩体变形参数

高程（m）	变形模量（GPa）		泊松比
	右岸	左岸	
777	4.3	8	0.3
764	4.3	12	0.3
745	12	12	0.25
726	12	12	0.25
707	12	12	0.25
688	12	12	0.25
669	12	12	0.25
660	8	8	0.30

注：本表仅适用于伏格特地基拱梁分载法。

2.2.1.2 荷载

1）静水压力

藤子沟水电站水库运行期特征水位、流量值见表 2-2-3。

表 2-2-3　藤子沟水电站水库运行期特征水位、流量值

项目	洪峰流量（m³/s）	调节下泄流量（m³/s）	坝前水位（m）	下游水位（m）	说明
$P=0.1\%$ 洪水	4 610	3 286	776.72	676.21	大坝校核洪水
$P=1\%$ 洪水	3 110	2 756	775.35	675.29	大坝设计洪水
正常蓄水位			775.00		
死水位			723.00		

2）泥沙压力

水库运行 50 年时,坝前泥沙淤积高程为 700.7 m,淤沙浮容重 6.0 kN/m³,内摩擦角 14.0°。

3）温度荷载

（1）温度特征值。

多年平均气温:16.4 ℃;

气温年变幅（温降）:10.6 ℃;

气温年变幅（温升）:10.1 ℃;

库表年均水温:18.5 ℃;

变温水层深度:70.0 m;

库底水温:11.0 ℃;

尾水表面平均水温:16.0 ℃;

日照对年平均气温的影响:2.0 ℃;

日照对气温年变幅的影响:1.0 ℃。

（2）温度荷载计算时间。

初相位 6.5 月（7 月中旬）,温降计算时间 1.5 月（2 月中旬）,温升计算时间 7.5 月（8 月中旬）。

（3）坝体封拱温度。对运行期坝体应力有较大影响,根据藤子沟的实际情况及有关资料,本次坝体体型优化设计时,采用的封拱温度见表 2-2-4。

表 2-2-4　坝体封拱温度

高程(m)	777	764	745	726	707	688	669	650
封拱温度(℃)	16.0	14.5	12.50	11.50	11.0	11.0	11.0	11.0

4）坝体自重

混凝土容重为 24.0 kN/m³。

5）扬压力

由于设计采用薄拱坝（厚高比 0.171）,坝体应力计算时未考虑扬压力的影响。

6）地震荷载

藤子沟拱坝属 2 级水工建筑物,坝区地震基本烈度为 6 度,根据《水工建筑物抗震设

计规范》(SL 203—1997),拱坝的设计烈度为6度,故可不进行抗震计算。

2.2.1.3 荷载组合

1. 基本组合

组合1:正常蓄水位上下游静水压力(上游水位775.00 m,下游水位663.00 m) + 设计温降 + 自重 + 泥沙压力。

组合2:正常蓄水位上下游静水压力(上游水位775.00 m,下游水位663.00 m) + 设计温升 + 自重 + 泥沙压力。

组合3:水库死水位上下游静水压力(上游水位723.00 m,下游无水) + 设计温升 + 自重 + 泥沙压力。

2. 特殊组合

组合4:校核洪水位上下游静水压力(上游水位776.72 m,下游水位676.21 m) + 设计温升 + 自重 + 泥沙压力。

组合5:分期施工、分期蓄水工况。

为分析分期施工、分期蓄水对坝体应力的影响,我们对坝体分期施工、分期蓄水过程近似分两期进行混凝土浇筑、分两期进行接缝灌浆、分两期蓄水到775 m。具体过程如下:首先坝体混凝土浇筑到726 m高程,此时726 m高程以下自重应力由悬臂梁承担,然后坝体封拱灌浆至726 m高程,蓄水至726 m高程。在此基础上,大坝混凝土由726 m高程浇筑到777 m高程,然后封拱灌浆到777 m高程,蓄水至775 m高程。这种情况下,726 m高程以上坝体混凝土自重荷载作用在已经封拱的726 m高程以下的坝体上。显然,该部位自重荷载在低拱坝上必须由拱梁分担。其荷载组合如下:

组合5 – 1:正常蓄水位上下游静水压力(上游水位775.00 m,下游水位663.00 m) + 设计温降 + 自重(考虑分期) + 泥沙压力。

组合5 – 2:正常蓄水位上下游静水压力(上游水位775.00 m,下游水位663.00 m) + 设计温升 + 自重(考虑分期) + 泥沙压力。

2.2.2 坝体应力分析

2.2.2.1 拱梁分载法程序(ADASO)坝体应力计算分析

1)不考虑开孔时的坝体应力分析

用拱梁分载法程序(ADASO)计算坝体应力特征值及其部位见表2-2-5。

由表2-2-5可知:坝体基本荷载工况上游面最大主压应力为5.22 MPa,在容许范围内,最大主拉应力为1.10 MPa,满足规范要求(1.10≤[α] = 1.2 MPa);下游面最大主压应力为5.79 MPa,在容许范围内,最大主拉应力为1.17 MPa,满足规范要求(1.17≤[α] = 1.2 MPa)。坝体特殊荷载工况上游面最大主压应力为3.91 MPa,在容许范围内,最大主拉应力为1.17 MPa,满足规范要求(1.17≤[α] = 1.5 MPa);下游面最大主压应力为5.94 MPa,在容许范围内,最大主拉应力为1.03 MPa,满足规范要求(1.03≤[α] = 1.5 MPa)。

表 2-2-5　坝体应力特征值及其部位　　　　　　　　　　　　　　　（单位:MPa）

项目		荷载组合			
		组合 1	组合 2	组合 3	组合 4
上游面	最大主压应力	5.22	3.70	2.86	3.91
	部位	726 m 高程拱冠偏左	726 m 高程拱冠偏左	660 m 高程左拱端	726 m 高程拱冠偏左
	最大主拉应力	0.95	1.10	0.91	1.17
	部位	726 m 高程右拱端	707 m 高程右拱端	726 m 高程拱冠	707 m 高程右拱端
下游面	最大主压应力	5.36	5.79	3.13	5.94
	部位	688 m 高程左拱端	688 m 高程左拱端	688 m 高程拱冠	688 m 高程左拱端
	最大主拉应力	1.17	1.04	1.13	1.03
	部位	660 m 高程左拱端	660 m 高程左拱端	726 m 高程左拱端	660 m 高程左拱端

2)考虑开孔时坝体应力分析

考虑开孔时坝体应力特征值及其部位见表 2-2-6。

表 2-2-6　坝体应力特征值及其部位　　　　　　　　　　　　　　　（单位:MPa）

项目		荷载组合			
		组合 1	组合 2	组合 3	组合 4
上游面	最大主压应力	5.25	3.74	2.86	3.95
	部位	726 m 高程拱冠偏左	726 m 高程拱冠偏左	660 m 高程左拱端	726 m 高程拱冠偏左
	最大主拉应力	0.96	1.11	0.67	1.17
	部位	726 m 高程右拱端	707 m 高程右拱端	707 m 高程左拱端	707 m 高程右拱端
下游面	最大主压应力	5.37	5.80	3.13	5.94
	部位	688 m 高程左拱端	688 m 高程左拱端	688 m 高程拱冠	688 m 高程左拱端
	最大主拉应力	1.16	1.04	1.13	1.03
	部位	660 m 高程左拱端	660 m 高程左拱端	726 m 高程左拱端	660 m 高程左拱端

由表 2-2-6 可知:坝体基本荷载工况上游面最大主压应力为 5.25 MPa,在容许范围内;最大主拉应力为 1.17 MPa,在容许范围内;满足规范要求;下游面最大主压应力为 5.94 MPa,在容许范围内;最大主拉应力为 1.16 MPa,满足规范要求(1.16≤[α]=1.2 MPa)。坝体特殊荷载工况上游面最大主压应力为 3.95 MPa,在容许范围内;最大主拉应力为 1.17 MPa,满足规范要求(1.17≤[α]=1.5 MPa);下游面最大主压应力为 5.94 MPa,在容许范围内;最大主拉应力为 1.03 MPa,满足规范要求(1.03≤[α]=1.5 MPa)。

2.2.2.2　有限元法程序(ADAP)坝体应力计算成果分析

有限元法程序(ADAP)应力计算时,除了计算荷载组合 1~4 坝体应力,还计算了分期施工、分期蓄水对坝体应力的影响,所有荷载组合均未考虑坝体开表孔情况。应力计算网格剖分示意图见图 2-2-1。坝体应力特征值及其部位见表 2-2-7。

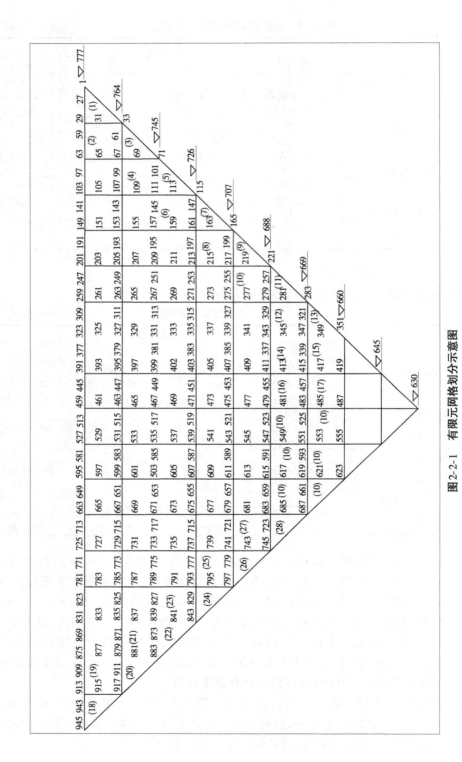

图 2-2-1　有限元网格划分示意图

表 2-2-7　坝体应力特征值及其部位(有限元法)　　　　　(单位:MPa)

项目		荷载组合(未考虑开孔)					
		组合 1	组合 2	组合 3	组合 4	组合 5 – 1	组合 5 – 2
上游面	最大主压应力	5.87	5.52	3.16	5.78	5.26	4.99
	部位	730.009 m 高程拱冠偏左	730.009 m 高程拱冠偏左	661.798 m 高程拱冠	729.557 m 高程拱冠偏左	740.211 m 高程拱冠偏左	740.284 m 高程拱冠偏左
	最大主拉应力	1.48	1.28	1.28	1.31	2.54	3.31
	部位	774.257 m 高程左拱端	749.009 m 高程拱冠偏右	702.539 m 高程左拱端	664.25 m 高程右拱端	661.798 m 高程拱冠	661.827 m 高程拱冠
下游面	最大主压应力	5.50	6.46	3.84	6.57	4.18	5.54
	部位	702.991 m 高程左拱端	666.298 m 高程左拱端	666.298 m 高程拱冠	692.009 m 高程左拱端	729.302 m 高程拱冠偏右	666.298 m 高程左拱端
	最大主拉应力	1.09	1.13	1.25	1.03	1.13	1.68
	部位	774.257 m 高程右拱端	748.229 m 高程右 1/4 顶拱	710.557 m 高程近左拱端	748.229 m 高程右 1/4 顶拱	774.257 m 高程右拱端	740.284 m 高程左 1/4 顶拱

坝体在基本荷载组合下,最大主压应力为 6.46 MPa,最大主拉应力为 1.48 MPa。坝体在特殊荷载组合下,最大主压应力为 6.57 MPa,最大主拉应力为 3.31 MPa。与拱梁分载法(ADASO)应力相比,数值略大。

2.2.3　坝体径向位移分析

2.2.3.1　拱梁分载法程序(ADASO)坝体径向位移分析

1)不考虑开孔时坝体位移

不考虑开孔时坝体最大径向位移值,见表 2-2-8。

表 2-2-8　不考虑开孔时坝体最大径向位移值

荷载组合	位移(cm)	部位	方向
组合 1	4.7	顶拱拱冠偏左	向下游
组合 2	3.5	726 m 高程拱冠	向下游
组合 3	2.1	顶拱拱冠	向上游
组合 4	3.6	726 m 高程拱冠	向下游

由表 2-2-8 可知:基本荷载工况坝体最大径向位移为 4.7 cm,特殊荷载工况坝体最大位移为 3.6 cm。

2)考虑开孔时坝体位移

当考虑开孔时,坝体最大径向位移值见表 2-2-9。

表 2-2-9　考虑开孔时坝体最大径向位移值

荷载组合	位移(cm)	部位	方向
组合 1	5.0	顶拱拱冠偏左	向下游
组合 2	3.5	726 m 高程拱冠	向下游
组合 3	1.9	顶拱拱冠	向上游
组合 4	3.6	726 m 高程拱冠	向下游

由表 2-2-9 可知,基本荷载工况坝体最大径向位移 5.0 cm,特殊荷载工况坝体最大位移为 3.6 cm。

2.2.3.2　有限元法程序(ADAP)坝体位移计算成果分析

有限元法坝体的径向位移比分载法大,坝体在基本荷载组合下,顶拱拱冠向下游的径向位移最大值为 7.78 cm。在特殊荷载组合下(组合 4),顶拱拱冠处向下游的径向位移最大值为 6.66 cm。坝体最大径向位移值见表 2-2-10。

表 2-2-10　坝体最大径向位移值(有限元法)

荷载组合(未考虑开表孔)	位移(cm)	部位	方向
组合 1	7.78	顶拱拱冠	向下游
组合 2	6.15	顶拱拱冠	向下游
组合 3	6.42	顶拱左 1/4 拱圈	向上游
组合 4	6.66	顶拱拱冠	向下游

2.2.4　坝体应力敏感性分析

2.2.4.1　坝体应力敏感性分析——坝基岩体参数变化

1)坝基岩体参数

敏感性分析坝基岩体变形模量见表 2-2-11。

表 2-2-11　敏感性分析坝基岩体变形模量　　　　　　　　(单位:GPa)

高程		777 m	764 m	745 m	726 m	707 m	688 m	669 m	660 m
1 组	右岸	4.3	4.3	12	12	12	12	12	11
	左岸	8	12	12	12	12	12	12	11
2 组	右岸	4.3	4.3	12	12	12	12	12	10
	左岸	8	12	12	12	12	12	12	10

高程		777 m	764 m	745 m	726 m	707 m	688 m	669 m	660 m
3 组	右岸	3.0	3.0	12	12	12	12	12	10
	左岸	8	12	12	12	12	12	12	10
4 组	右岸	4.3	4.3	10	10	10	10	10	10
	左岸	6.7	10	10	10	10	10	10	10
5 组	右岸	3.0	3.0	10	10	10	10	10	10
	左岸	6.7	10	10	10	10	10	10	10
6 组	右岸	4.3	4.3	12	12	12	12	12	8.0
	左岸	8	12	12	12	12	12	12	8.0
7 组	右岸	3.0	3.0	12	12	12	12	12	8.0
	左岸	8	12	12	12	12	12	12	8.0
8 组	右岸	4.3	4.3	10	10	10	10	10	8.0
	左岸	6.7	10	10	10	10	10	10	8.0
9 组	右岸	3.0	3.0	10	10	10	10	10	8.0
	左岸	6.7	10	10	10	10	10	10	8.0
10 组	右岸	4.3	4.3	12	12	12	12	12	5.0
	左岸	8	12	12	12	12	12	12	5.0
11 组	右岸	3.0	3.0	12	12	12	12	12	5.0
	左岸	8	12	12	12	12	12	12	5.0
12 组	右岸	4.3	4.3	10	10	10	10	10	5.0
	左岸	6.7	10	10	10	10	10	10	5.0
13 组	右岸	3.0	3.0	10	10	10	10	10	5.0
	左岸	6.7	10	10	10	10	10	10	5.0

注:1. 本表仅适用于伏格特地基拱梁分载法。

2. 选定体型采用表中第 6 组参数。

2）坝体应力分析

根据上述第 2.2.2 节坝体应力计算结果分析,坝体应力控制工况为荷载组合 1、组合 2,因此敏感性分析只进行荷载组合 1、组合 2 两种控制工况的应力计算,计算结果见表 2-2-12。

由表 2-2-12 可知,组合 1 工况坝体上游面最大压应力为 5.33 MPa,最大主拉应力为 1.00 MPa;下游面最大主压应力为 5.36 MPa,最大主拉应力为 1.18 MPa,均满足规范要求。组合 2 工况坝体上游面最大主压应力为 3.83 MPa,最大主拉应力为 1.14 MPa;下游面最大主压应力为 5.79 MPa,最大主拉应力为 1.06 MPa,均满足规范要求。

表 2-2-12　坝体应力特征值　　　　　　　　　　　　（单位：MPa）

计算工况	组合1				组合2			
	上游面		下游面		上游面		下游面	
	压	拉	压	拉	压	拉	压	拉
基础变模1组	5.22	1.00	5.26	1.16	3.69	1.14	5.62	1.04
基础变模2组	5.22	0.99	5.25	1.16	3.70	1.13	5.67	1.04
基础变模3组	5.22	0.97	5.25	1.16	3.69	1.12	5.67	1.04
基础变模4组	5.33	0.98	4.99	1.16	3.81	1.05	5.43	1.06
基础变模5组	5.33	0.96	4.99	1.16	3.81	1.04	5.43	1.06
基础变模6组	5.22	0.95	5.36	1.17	3.70	1.10	5.79	1.04
基础变模7组	5.22	0.94	5.36	1.17	3.70	1.09	5.79	1.04
基础变模8组	5.33	0.95	5.10	1.18	3.82	1.03	5.60	1.06
基础变模9组	5.33	0.93	5.10	1.18	3.81	1.02	5.60	1.06
基础变模10组	5.22	0.88	5.61	1.13	3.71	1.04	6.07	0.99
基础变模11组	5.33	0.86	5.61	1.13	3.71	1.10	6.07	0.99
基础变模12组	5.33	0.87	5.35	1.15	3.83	0.97	5.79	1.02
基础变模13组	5.33	0.86	5.36	1.15	3.82	0.96	5.79	1.02

2.2.4.2　坝体应力敏感性分析——坝体封拱温度变化

1）坝体封拱温度参数

坝体封拱温度参数见表2-2-13。

表 2-2-13　坝体封拱温度参数

高程（m）	777	764	745	726	707	688	669	660
封拱温度1组（℃）	16.0	14.5	12.5	11.5	11.0	11.0	11.0	11.0
封拱温度2组（℃）	16.0	14.5	12.50	12.0	11.5	11.5	11.5	11.5
封拱温度3组（℃）	16.0	14.5	13.0	12.50	12.0	12.0	12.0	12.0
封拱温度4组（℃）	16.0	15.0	13.50	13.00	12.50	12.50	12.5	12.50

注：选定体型采用封拱温度1组参数。

2）坝体应力分析

根据上述第2.2.2节坝体应力计算结果分析，坝体应力控制工况为荷载组合1、组合2，因此敏感性分析只进行荷载组合1、组合2两种控制工况的应力计算，计算结果见表2-2-14。

表 2-2-14　坝体应力特征值　　　　　　　　　　　　（单位：MPa）

计算工况	组合1				组合2			
	上游面		下游面		上游面		下游面	
	压	拉	压	拉	压	拉	压	拉
封拱温度1组（℃）	5.22	0.95	5.36	1.17	3.70	1.10	5.79	1.04
封拱温度2组（℃）	5.19	0.97	5.39	1.17	3.67	1.16	5.81	1.04
封拱温度3组（℃）	5.16	1.01	5.42	1.18	3.65	1.20	5.85	1.05
封拱温度4组（℃）	5.15	1.05	5.47	1.19	3.63	1.24	5.35	1.06

由表2-2-14可知,荷载组合1工况坝体上游面最大主压应力为5.22 MPa,最大主拉应力为1.05 MPa;下游面最大主压应力为5.47 MPa,最大主拉应力为1.19 MPa,均满足规范要求。荷载组合2工况坝体上游面最大主压应力为3.70 MPa,最大主拉应力为1.24 MPa,此拉应力位于封拱温度4组工况上游面707 m、688 m高程拱圈左拱端,拉应力基本满足规范要求;下游面最大主压应力为5.85 MPa,最大主拉应力为1.06 MPa,均满足规范要求。

2.2.5 结论

通过坝体应力和位移分析计算可知:

（1）不考虑开孔时,坝体上、下游面拉、压应力均满足规范要求。

（2）考虑开孔时,坝体上、下游面拉、压应力均满足规范要求。

（3）基岩变模敏感性分析表明,坝体上、下游面拉、压应力均满足规范要求。

（4）封拱温度敏感性分析成果表明,仅第4组封拱温度工况上游面有两点拉应力值超出规范要求,超出规范规定的1.2 MPa仅0.83%,其余工况均满足规范要求。

据此,我们认为该体型拱坝应力水平是可行的。

2.3 坝基河床稳定分析

2.3.1 岩体物理力学指标参数选取

坝址区工程岩体物理力学参数建议值和坝址区裂隙连通率统计及其结构面抗剪参数和坝址区主要软弱夹层力学参数建议值,见表2-3-1~表2-3-3。

表2-3-1 坝址区工程岩体物理力学参数建议值

岩石名称		长石石英砂岩 $(J_{2S}^{7(1)}$、$J_{2S}^{7(3)}$、$J_{2S}^{7(5)})$	泥质粉砂岩、泥岩类岩石 $(J_{2S}^{7(2)}$、$J_{2S}^{7(4)}$、$J_{2S}^{8})$	泥质粉砂岩、泥岩类岩石 (J_{2S}^{6})
密度（g/cm³）	烘干密度 r_s	2.55	2.59	2.59
	湿密度 r_d	2.60	2.66	2.66
岩体单轴抗压强度 R_c（MPa）	干	70~80	28~35	28~35
	湿	60~70	20~25	20~25
岩体变形（GPa）	变形模量	12~14	3.5~4.3	3.5~4.3
	弹性模量	16~18	4.5~5.0	4.5~5.0
岩体抗剪参数	f'	1.1~1.2（底滑面）2.0（侧滑面）	0.65~0.70	0.45（综合层面）0.35~0.40（完全层面）
	c'（MPa）	1.1~1.3（底滑面）2.0（侧滑面）	0.30~0.50	0.2（综合层面）0.10（完全层面）
混凝土(岩体)抗剪参数	f'	1.0~1.1	0.65	0.65
	c'（MPa）	1.0~1.1	0.4	0.4
泊松比 μ		0.15~0.20	0.25~0.30	0.25~0.30
说明		微新岩体	微新岩体	

表 2-3-2　坝址区裂隙连通率统计及其结构面抗剪参数建议值

项目	裂隙分组		连通率		结构面特征	f'	c'	f
			左岸	右岸				
位置	位置		41%~50%		平直、粗糙、起伏差较小	0.55~0.60	0.05	0.45~0.50
	N50°~75°W		50%	35%	粗糙、有起伏差	0.60~0.65	0.10	0.50~0.55
	N10°~30°W		20%~56%	35%~45%	粗糙、有起伏差	0.60~0.65	0.10	0.50~0.55
断层	f_1				较平直、粗糙,有起伏差	0.65	0.05	0.50
	f_2、f_3、f_4				较平直、粗糙,有起伏差	0.65	0.10	0.55
层理	砂岩		100%		较平直、粗糙,有起伏差	0.55~0.60	0.10	0.50
	泥岩	层面裂隙	100%		较平直、粗糙,有起伏差	0.45	0.2	0.3
		综合层面(局部夹泥)	100%		较平直、粗糙,有起伏差	0.35	0.1	0.3
J_{2s}^8 泥岩节理	N10°~30°W		35%		较平直	0.40	0.05	0.40
	N10°~25°E		45%		较平直	0.40	0.05	0.40

表 2-3-3　坝址区主要软弱夹层力学参数建议值

名称		结构面抗剪参数建议值			变形模量(MPa)	说明
		f'	c'（MPa）	f		
软弱夹层	RJ_1	0.30	0.03~0.05	0.30	300~400	
	RJ_{12}、RJ_{10}、RJ_4、RJ_5、RJ_2、RJ_6、RJ_{1-1}	0.35~0.40	0.05~0.10	0.40	400~500	
	RJ_{13}、RJ_7、RJ_{7-1}	0.40~0.45	0.05~0.10	0.45	550~600	
节理密集带	U2－D2~U4－D4	0.50~0.60	0.05~0.10	0.40~0.50		
	U5－D5~U7－D7	0.65~0.75	0.10	0.55~0.65		
左岸卸荷裂隙后缘（F）		0.40~0.50	0.02~0.04	0.30~0.40		产状:走向N20°~40°,倾向,倾角75°~85°

根据上述地质情况分析,拱坝河床稳定计算采用特定的底滑面,假定底滑面为基岩面,底滑面抗剪强度指标采用该滑面所穿岩层的抗剪强度值确定。

侧滑面的抗剪参数指标值与裂隙连通率有关,地质部门提供裂隙有三组,分别为:①走向 N20°~40°E,倾向 NW 或 SE,倾角 75°~85°;②走向 N60°~70°W,倾向 NE 或 SW,倾角 70°~85°;③走向 N15°~25°E,倾向 SE,倾角 65°~75°,裂隙面切割深度较浅。由于拱坝河床稳定分析滑动方向为顺河流方向,与坝基范围内裂隙方向夹角较大,因此侧滑面的抗剪参数指标没考虑裂隙连通率,采用该面所穿岩层的抗剪强度指标。河床稳定分析所选岩体抗剪参数见表 2-3-4。混凝土与岩体抗剪参数指标见表 2-3-5。

表 2-3-4 岩体抗剪参数(河床稳定计算)

项目			底滑面	侧滑面
长石石英砂岩 ($J_{2s}^{7(1)}$、$J_{2s}^{7(3)}$、$J_{2s}^{7(5)}$)	f'		1.1	2.0
	c'(MPa)		1.1	2.0
泥质粉砂岩、粉砂质泥岩 (J_{2s}^6)	综合层面	f'	0.45	0.65~0.70
		c'(MPa)	0.2	0.3~0.5
	完全层面	f'	0.35~0.40	0.65~0.70
		c'(MPa)	0.1	0.3~0.5
	层理	f'	0.35~0.40	0.65~0.70
		c'(MPa)	0.05	0.3~0.5

表 2-3-5 混凝土与岩体抗剪参数

名称	f'	c'(MPa)
长石石英砂岩($J_{2s}^{7(1)}$、$J_{2s}^{7(3)}$、$J_{2s}^{7(5)}$)	1.0~1.1	1.0~1.1
泥质粉砂岩、粉砂质泥岩(J_{2s}^6、J_{2s}^8、$J_{2s}^{7(2)}$、$J_{2s}^{7(4)}$)	0.65	0.45

2.3.2 荷载

作用在滑块上的荷载计算简图见图 2-3-1。

2.3.2.1 垂直水重

垂直水重包括作用在滑裂面上的上游水重 W_1、下游水重 W_2。

2.3.2.2 水平水压力

作用在滑块上游面的水平水压力为 P_1。

2.3.2.3 扬压力

作用在底滑裂面上的扬压力为 U_1。

拱坝河床稳定复核分析时考虑扬压力作用,扬压力以面力形式加在各滑裂面上。作用在拱座上的扬压力包括浮托力和渗透压力。由于下游水位以下坝体和岩体自重采用浮容重,因此扬压力只包括渗透压力。

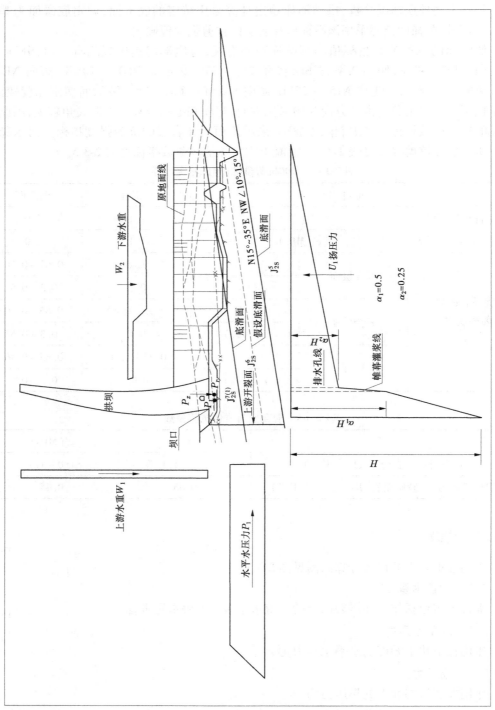

图2-3-1　荷载计算简图

作用在拱座上的渗透压力分布:在坝踵处水头为上下游水头差 H,帷幕线处渗透压力为 $\alpha_1 H$,排水孔处渗透压力为 $\alpha_2 H$,其中 $\alpha_1 = 0.5$,$\alpha_2 = 0.25$。扬压力荷载计算简图见图 2-3-1。

2.3.2.4 岩体自重

作用在滑裂面上的岩体重量为 W_3,采用浮容重。

2.3.2.5 拱端力系

作用在拱座基础上的拱端力系采用分载法(ADASO)程序计算结果:

作用在拱座基础上的铅直力为 P_z。

作用在拱座基础上的径向力为 P_r。

作用在拱座基础上的切向力为 P_t。

2.3.3 荷载组合

荷载稳定计算所承受的荷载为分载法程序(ADASO)相应荷载组合计算的拱端力系成果 + 铅直水重 + 水平水压力 + 扬压力 + 岩体自重,其荷载组合如下。

2.3.3.1 基本组合

组合1:(正常温降)

拱端力系成果 + 铅直水重 + 水平水压力 + 扬压力 + 岩体自重。

组合2:(正常温升)

拱端力系成果 + 铅直水重 + 水平水压力 + 扬压力 + 岩体自重。

2.3.3.2 特殊组合

组合3:(校核温升)

拱端力系成果 + 铅直水重 + 水平水压力 + 扬压力 + 岩体自重。

组合4:检修工况(正常温降)

拱端力系成果 + 铅直水重 + 水平水压力 + 扬压力 + 岩体自重。

2.3.4 河床深层抗滑稳定分析

2.3.4.1 计算理论及公式

拱坝河床稳定分析采用刚体极限平衡法。假定坝踵上游一定范围内存在一个开裂面,底滑面为岩层面,侧滑面为一组通过上游开裂面的铅直面。计算简图见图 2-3-1。

计算公式如下:

$$K_c = \{f' \times [(W_1 + W_2 + W_3 + P_z) \times \cos\alpha + (P_1 + P_r \times \sin\theta + P_t \times \cos\theta) \times \sin\alpha - U_1] + c' \times A + c'_1 \times A_1 + c'_2 \times A_2\} / [(W_1 + W_2 + W_3 + P_z) \times \sin\alpha + (P_1 + P_r \times \sin\theta + P_t \times \cos\theta) \times \cos\alpha]$$

式中 K_c——抗滑稳定安全系数;

W_1——上游水重;

W_2——下游水重;

W_3——岩体重量;

P_z——作用在拱座基础上的铅直力;

P_r——作用在拱座基础上的径向力；

P_t——作用在拱座基础上的切向力；

U_1——作用在滑动面上的扬压力；

P_1——作用在滑块上的水平水压力；

f'——底滑面的摩擦系数；

c'——底滑面的黏结力；

A——底滑面面积；

c_1'、c_2'——侧滑面1、2的黏结力；

A_1、A_2——侧滑面1、2的面积；

α——底滑面与水平面的夹角；

θ——径向力与侧滑面方向(滑动方向)的夹角。

2.3.4.2 各滑动面的确定

各滑动面位置见图2-3-2。

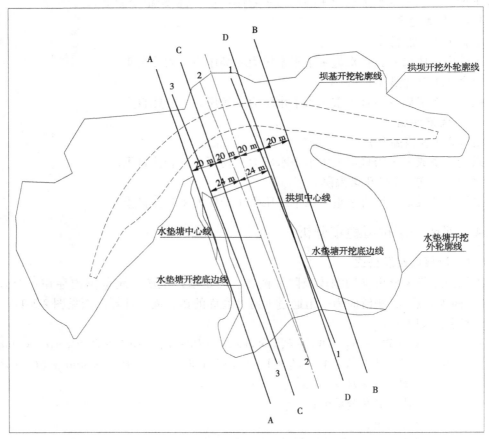

图 2-3-2 侧滑面位置示意图

1)底滑面确定

根据地质资料:坝基岩层走向 N15°~35E°,倾向 NW(右岸偏上游),倾角10°~15°。

河床部位坝基岩层为 J_{2s}^6 层泥质粉砂岩、粉砂质泥岩、$J_{2s}^{7(1)}$ 长石石英砂岩和 $J_{2s}^{7(2)}$ 层粉砂质泥岩。$J_{2s}^{7(1)}$ 长石石英砂岩岩体完整性较好,但厚度较薄,且 J_{2s}^6 层泥质粉砂岩、粉砂质泥岩抗剪强度指标较低,河床部位存在不利稳定的缓倾角结构面,因此底滑面确定为沿 J_{2s}^6 层顶面、底面及岩层层面。

2)上游开裂面确定

由于拱坝作用在混凝土基座上,混凝土基座上游边距拱坝坝踵最大间距为 10 m,考虑到此 10 m 距离在河床上非均匀分布,因此上游开裂面分别取距拱坝坝踵向上游 10 m、5 m 计算。

3)侧滑面确定

侧滑面滑动方向为沿河道方向,因此分别以泄洪中心线、拱坝中心线为基准确定侧滑面位置。

以泄洪中心线(2—2 剖面)为基准,向左右岸分别取 24 m,确定左岸侧滑面为 1—1 剖面、右岸侧滑面为 3—3 剖面(此剖面位置在水垫塘两侧边墙底部),计算 1—1 剖面和 3—3 剖面间深层抗滑安全系数。

以拱坝中心线为基准,向左右岸分别取 20 m、40 m,确定左岸侧滑面为 B—B 剖面、D—D 剖面,右岸侧滑面为 A—A 剖面、C—C 剖面,分别计算 A—B、A—D、C—B、C—D、A—C 剖面之间深层抗滑安全系数。

2.3.4.3 计算结果及分析

1)上游开裂面取 10 m

上游开裂面取 10 m 计算荷载组合 1 各剖面间抗滑稳定安全系数,见表 2-3-6。

表 2-3-6 深层抗滑稳定安全系数

剖面	剖面间距	底滑面	综合层面 $(f'=0.45)$ $(c'=0.2\ MPa)$	完全层面 $(f'=0.35)$ $(c'=0.1\ MPa)$	泥岩层理 $(f'=0.35)$ $(c'=0.05\ MPa)$
1—3 剖面	48 m	$J_{2s}^{7(1)}$	3.55	3.23	3.12
		J_{2s}^6	3.71	3.32	3.20
A—B 剖面	80 m	$J_{2s}^{7(1)}$	4.24	3.87	3.76
		J_{2s}^6	3.73	3.33	3.21
A—D 剖面	60 m	$J_{2s}^{7(1)}$	3.61	3.27	3.17
		J_{2s}^6	4.09	3.69	3.57
C—B 剖面	60 m	$J_{2s}^{7(1)}$	4.56	4.20	4.08
		J_{2s}^6	4.12	3.70	3.58
C—D 剖面	40 m	$J_{2s}^{7(1)}$	3.69	3.39	3.30
		J_{2s}^6	4.48	4.01	3.89
A—C 剖面	20 m	$J_{2s}^{7(1)}$	8.43	8.02	7.89
		J_{2s}^6	8.52	9.00	8.88

由表 2-3-6 可知:深层抗滑稳定安全系数最小值为 1—1 剖面和 3—3 剖面间沿泥岩层理滑动,安全系数分别为 3.12、3.20,此安全系数均大于 3.0,满足规范要求。

2)各种荷载组合工况计算结果

根据上述计算结果,深层抗滑稳定控制剖面为1—3剖面,因此以1—3剖面为基准,分别取上游开裂面10 m、5 m计算各荷载组合工况稳定安全系数,见表2-3-7和表2-3-8。

表2-3-7　深层抗滑稳定安全系数(取上游开裂面10 m)

荷载组合	底滑面	综合层面 ($f' = 0.45$, $c' = 0.2$ MP)	完全层面 ($f' = 0.35$, $c' = 0.1$ MP)	泥岩层理 ($f' = 0.35$, $c' = 0.05$ MP)
组合 1	$J_{2S}^{7(1)}$	3.55	3.23	3.12
	$J_{2S}^{7(1)} \sim J_{2S}^{6}$	3.69	3.28	3.14
	J_{2S}^{6}	3.71	3.32	3.20
组合 2	$J_{2S}^{7(1)}$	3.73	3.38	3.28
	$J_{2S}^{7(1)} \sim J_{2S}^{6}$	3.83	3.41	3.26
	J_{2S}^{6}	4.02	3.62	3.50
组合 3	$J_{2S}^{7(1)}$	3.88	3.52	3.41
	$J_{2S}^{7(1)} \sim J_{2S}^{6}$	3.96	3.51	3.36
	J_{2S}^{6}	3.91	3.49	3.37
组合 4	$J_{2S}^{7(1)}$	3.53	3.21	3.11
	$J_{2S}^{7(1)} \sim J_{2S}^{6}$	3.68	3.27	3.13
	J_{2S}^{6}	3.69	3.31	3.19

表2-3-8　深层抗滑稳定安全系数(取上游开裂面5 m)

荷载组合	底滑面	综合层面 ($f' = 0.45$, $c' = 0.2$ MPa)	完全层面 ($f' = 0.35$, $c' = 0.1$ MPa)	泥岩层理 ($f' = 0.35$, $c' = 0.01$ MPa)
组合 1	$J_{2S}^{7(1)}$	3.31	3.00	2.90
	J_{2S}^{6}	3.63	3.24	3.13
组合 2	$J_{2S}^{7(1)}$	3.46	3.15	3.04
	J_{2S}^{6}	3.75	3.35	3.13
组合 3	$J_{2S}^{7(1)}$	3.45	3.08	2.97
	J_{2S}^{6}	3.72	3.29	3.17
组合 4	$J_{2S}^{7(1)}$	3.20	2.91	2.82
	J_{2S}^{6}	3.56	3.18	3.07

由表2-3-7和表2-3-8可知,基本组合深层抗滑稳定控制工况为组合1工况上游开裂面取5 m沿泥岩层理滑动,最小安全系数为2.90,略小于规范最小安全系数3.0的要求,若考虑上游混凝土底座的黏结力及下游水垫塘的阻力,其安全系数可大于3.0。特殊组合深层抗滑稳定控制工况为组合4工况上游开裂面取5 m沿泥岩层理滑动,最小安全系数为2.82,满足规范最小安全系数2.5的要求。

综上所述,河床深层抗滑稳定安全系数均满足规范要求。

2.3.5 河床表层抗滑稳定分析

河床表层抗滑稳定计算采用刚体极限平衡法,按下式计算:

$$K = \frac{\sum (Nf + cA)}{\sum T}$$

式中 K——抗滑稳定安全系数;

N——垂直滑动方向的法向力;

T——沿滑动方向的滑动力;

A——计算滑裂面的面积;

f——滑动面的摩擦系数,1.0(混凝土与岩石间);

c——滑动面的凝聚力,1.0 MPa(混凝土与岩石间)。

计算结果见表2-3-9。

表 2-3-9 表层抗滑稳定安全系数

安全系数	组合 1	组合 2	组合 3	组合 4
K	4.90	5.33	5.30	4.90

由表2-3-9可知,河床表层抗滑稳定基本组合的安全系数均满足规范要求的最小安全系数3.25;特殊组合情况的安全系数也大于规范要求的最小安全系数2.75。

2.3.6 坝基承载力计算

采用有限元法计算坝体基础各岩层应力,计算结果粉砂质泥岩 J_{2s}^6 层最大压应力为2.2 MPa,满足基础承载力要求。

2.3.7 结论

综上所述,拱坝河床抗滑稳定安全系数及坝基承载力均满足规范要求。

2.4 坝肩平面抗滑稳定分析

2.4.1 地质构造及物理力学指标参数选取

坝址区工程岩体物理力学参数建议值和坝址区裂隙连通率统计及其结构面抗剪参数和坝址区主要软弱夹层力学参数建议值,见表2-3-1~表2-3-3。

坝肩平面抗滑稳定计算不考虑特定底滑面,假定底滑面为基岩面,底滑面抗剪强度参数采用该面所穿过岩层的抗剪断强度值确定。

坝肩侧滑面抗剪强度参数值与裂隙连通率有关,地质提供裂隙综合抗剪强度为 $f' = 0.55 \sim 0.60$, $c' = 0.05 \sim 0.10$ MPa。拱坝左岸拱端径向为 NE 向,沿 N20°~40°E 的裂隙组存在着合理的侧滑面。右岸拱端径向为 NW 向,沿 N50°～75°W 裂隙组存在着合理的侧滑面。各高程测滑面上考虑节理连通率加权平均的抗剪指标见表 2-4-1。

右岸 J_{2s}^8 岩层为泥岩类岩石,考虑其厚度较厚,具有整体滑动的可能性,故右岸高程 764 m 的力学参数采用的是 J_{2s}^8 泥岩指标。

底滑面及侧滑面的抗剪强度参数见表 2-4-1。

表 2-4-1　各高程拱圈抗剪强度参数

岸别	计算高程 (m)	抗剪断强度			
		底滑面		侧滑面	
		f_1'	c_1'（MPa）	f_2'	c_2'（MPa）
左岸	669	1.10	1.10	1.52	1.32
	688	0.70	0.50	1.50	1.32
	707	1.10	1.10	1.50	1.32
	726	1.10	1.10	1.50	1.32
	745	1.10	1.10	1.50	1.32
	764	0.70	0.50	0.66	0.34
右岸	669	1.10	1.10	1.79	1.72
	688	1.10	1.10	1.79	1.72
	707	1.10	1.10	1.79	1.72
	726	1.10	1.10	1.79	1.72
	745	0.70	0.50	0.60	0.34
	764	0.70	0.40	0.56	0.28

2.4.2　荷载及荷载组合

2.4.2.1　荷载

在坝肩抗滑稳定计算时考虑了扬压力作用,假定扬压力以面力形式作用在各滑裂面上。作用在拱座上的扬压力分布为:在坝踵处为 h_1(上游水深),排水孔线上为 $h_2 + \alpha h$(h 为上下游水位差),滑动面出露处(坝后山体视同坝体)为 h_2,其间以直线连接。因帷幕线与排水孔线距离较近,故将帷幕和排水的作用综合考虑在系数 α 里。当下游水位低于计算高程时,扬压力应只算到地下水位线与计算高程交线处,计算中偏安全考虑仍然算到滑动面出露处,且该处 $h_2 = 0$。帷幕、排水工作正常时,$\alpha = 0.3$;排水部分失效时,$\alpha = 0.5$。扬压力荷载计算图见图 2-4-1。

坝肩岩体稳定计算所承受的荷载采用分载法(ADASO)程序相应组合应力计算中的拱端力系成果 + 岩体自重 + 扬压力。

拱端力系包括应力计算成果中拱端轴力、拱端剪力、梁基剪力及梁底梁向铅直力。

岩体自重荷载按相应单位拱圈对应梁底宽那一条岩体的重量计算,见图 2-4-1。

2.4.2.2　拱座稳定分析荷载组合

坝肩岩体稳定计算所承受的荷载为分载法程序(ADASO)相应荷载组合应力计算中的拱端力系成果 + 岩体自重 + 扬压力,其荷载组合为:

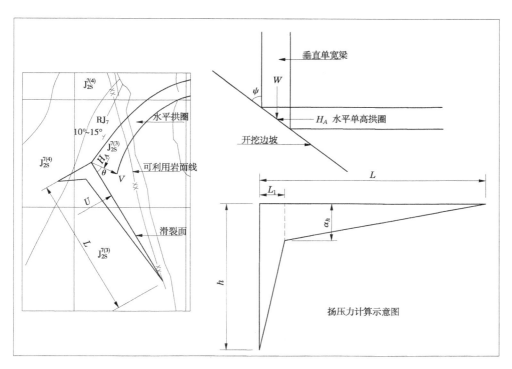

图 2-4-1　坝肩平面稳定计算示意图

（1）基本组合。

组合 1：（正常温降）拱端力系成果 + 岩体自重 + 扬压力。

组合 2：（正常温升）拱端力系成果 + 岩体自重 + 扬压力。

组合 3：（死水位温升）拱端力系成果 + 岩体自重 + 扬压力。

（2）特殊组合。

组合 4：（校核温升）拱端力系成果 + 岩体自重 + 扬压力。

2.4.3　坝肩岩体平面抗滑稳定分析

2.4.3.1　模式分析

在拱坝坝肩平面稳定分析中,采用了两种计算模式对坝肩平面稳定问题进行分析计算。第一种计算模式:以下游坡面作为滑动体的下游临空面计算坝肩平面抗滑稳定安全系数。采用该模式计算能够确定各个高程坝肩基岩稳定情况,以调整坝基嵌入深度,保证必要的坝肩坚岩等高线范围。第二种计算模式:以满足稳定安全系数 K 时,必需的滑动面长度为计算目标,在不同的侧滑面角度下,将各个滑动面所必需的坚岩滑动面长度 l_1、l_2、l_3、⋯⋯连成包络线,即为该高程坝肩需要的坚岩范围。

2.4.3.2　计算理论及公式

坝肩抗滑稳定分析采用刚体极限平衡法。以岩面线作为滑动体的下游临空面,底滑面为剪断水平岩石面,侧滑面为一组通过上游坝踵的铅直面。计算图形见图 2-4-1,计算公式如下:

$$K_c = \{[f_1(H_A\cos\theta - V\sin\theta - U_1) + c_1L] + [f_2((G + W)\tan\psi - U_2) + c_2L\tan\psi\cos\theta]\}/(H_A\sin\theta + V\cos\theta)$$

式中 K——抗滑稳定安全系数;

　　　H_A——拱端轴力;

　　　V——拱端及相应梁底径向力;

　　　G——梁底铅直力;

　　　W——岩体重量;

　　　f_1、f_2——侧滑面和底滑面的摩擦系数;

　　　c_1、c_2——侧滑面和底滑面的黏结力;

　　　θ——侧滑面与拱端径向的夹角;

　　　ψ——岸坡角;

　　　L——侧滑面长度;

　　　U_1、U_2——侧滑面和底滑面上的扬压力。

2.4.3.3　计算成果及分析

坝肩平面稳定计算采用的是平面刚体极限平衡法,对 669.00 m、688.00 m、707.00 m、726.00 m、745.00 m、764.00 m 高程 6 个单位高度平切面进行稳定分析。第一种计算模式,各平切面分别沿着左、右岸可能的不同侧滑面方向进行抗滑稳定分析计算,并取其中最小值作为设计采用值。第二种计算模式,各平切面分别沿着左、右岸可能的不同侧滑面方向计算出各个方向对应的侧滑面长度,并联结成坚岩稳定包络线。

计算模式 1 成果见表 2-4-2。

表 2-4-2　坝肩平面抗滑稳定安全系数

高程	荷载组合		高程					
			669 m	688 m	707 m	726 m	745 m	764 m
左岸	基本组合	组合 1	6.41	5.74	5.86	7.70	10.84	14.01
		组合 2	6.57	4.63	5.86	7.81	11.08	11.84
		组合 3	14.56	17.69	44.46	65.17	77.15	24.43
	特殊组合	组合 4	6.23	4.54	5.71	7.56	10.42	11.22
右岸	基本组合	组合 1	5.94	6.99	7.13	8.54	3.21	16.95
		组合 2	6.11	7.01	7.13	8.75	3.47	12.38
		组合 3	13.37	21.33	40.01	68.54	29.05	27.10
	特殊组合	组合 4	5.80	6.87	6.93	7.51	3.27	11.86

根据计算结果,藤子沟拱坝坝肩稳定的控制工况左岸为组合2(正常蓄水位温升)控制,最小安全系数为4.63,发生在688 m高程,其值满足规范要求的3.25;右岸控制工况为组合1(正常蓄水位温降),最小安全系数为3.21,发生在745 m高程,其值基本满足规范要求的3.25。特殊工况荷载组合作用下,左岸最小安全系数为4.54,发生在688 m高程,其值满足规范要求的2.75;右岸最小安全系数为3.27,发生在745 m高程,其值满足规范要求的2.75。从计算结果可知,拱坝坝肩平面抗滑稳定安全系数均满足规范要求。

　　右岸J_{2s}^8岩层是泥岩类岩石,揭露部位在750～780 m高程附近,该部位的岩石抗剪断强度参数大大降低,不利于坝肩基岩稳定。但计算结果表明,该部位是稳定的。从拱坝坝肩力系分布情况看,764 m高程拱坝坝肩径向力较小,正常蓄水位温降荷载作用下,764 m高程的单高荷载为635 kN(右岸);而669 m高程的单高荷载为22 376 kN(右岸),因此764 m高程坝肩基岩向下游滑动的可能性基本没有。

　　计算模式2成果见轨迹线图2-4-2～图2-4-13。

2.4.4　结论

　　根据上述计算结果分析,坝肩平面抗滑稳定安全系数均满足规范要求。

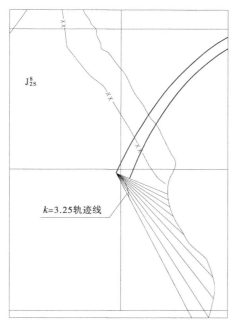

图2-4-2　右岸764 m高程 $k=3.25$ 轨迹线

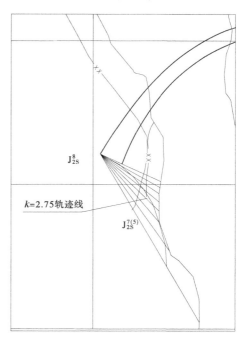

图2-4-3　右岸745 m高程 $k=2.75$ 轨迹线

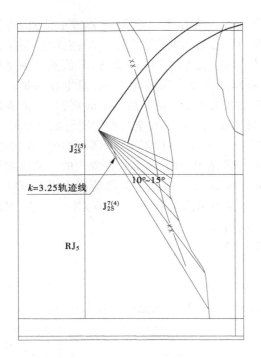

图 2-4-4　右岸 726 m 高程 k =3.25 轨迹线

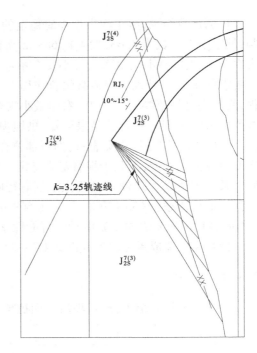

图 2-4-5　右岸 707 m 高程 k =3.25 轨迹线

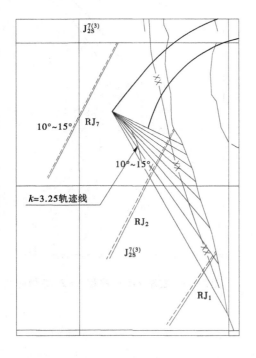

图 2-4-6　右岸 688 m 高程 k =3.25 轨迹线

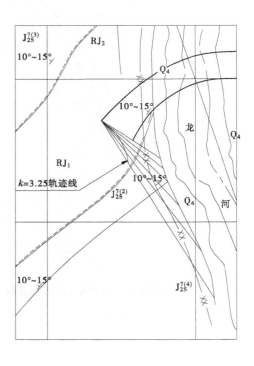

图 2-4-7　右岸 669 m 高程 k =3.25 轨迹线

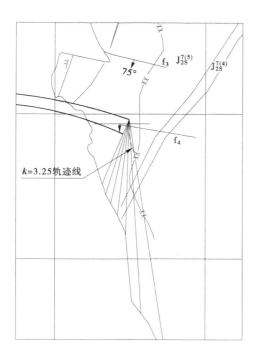

图 2-4-8　左岸 764 m 高程 $k = 3.25$ 轨迹线

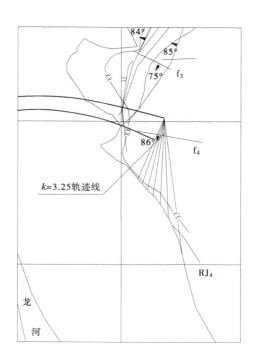

图 2-4-9　左岸 745 m 高程 $k = 3.25$ 轨迹线

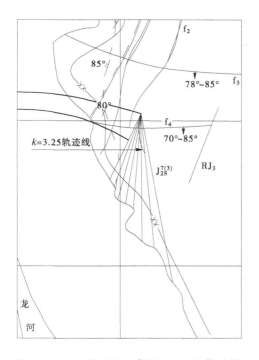

图 2-4-10　左岸 726 m 高程 $k = 3.25$ 轨迹线

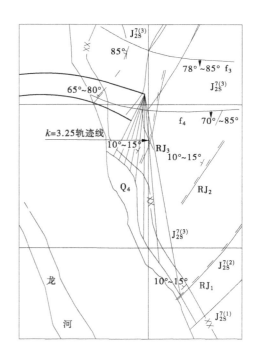

图 2-4-11　左岸 707 m 高程 $k = 3.25$ 轨迹线

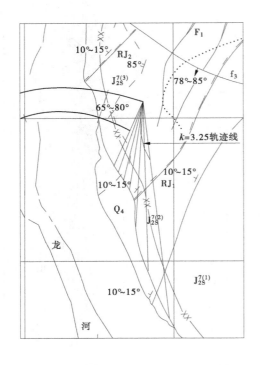

图 2-4-12　左岸 688 m 高程 $k=3.25$ 轨迹线　　　　图 2-4-13　左岸 669 m 高程 $k=3.25$ 轨迹线

2.5　坝肩岩体三维抗滑稳定分析

2.5.1　计算方法及计算公式

坝肩典型滑块的三维稳定计算采用刚体极限平衡法。侧滑面为顺河向陡倾角节理裂隙构造面或坝基置换混凝土与邻近 $J_{2S}^{7(2)}$ 和 $J_{2S}^{7(3)}$ 岩层接触面。

$$K = \frac{f_1'\left[(P_z + W_1)\cos\theta - (P_h + u_0)\sin\theta - u_1\right] + c_1'A_1 + f_2'(P_v - u_2) + c_2'A_2}{(P_h + u_0)\cos\theta + (P_z + W_1)\sin\theta}$$

式中　f_1'、c_1'——滑移体底滑面抗剪参数；

　　　　f_2'、c_2'——滑移体尾块侧滑面抗剪参数；

　　　　P_h——拱端力系沿侧滑面方向水平分力；

　　　　P_v——拱端力系垂直侧滑面方向水平分力；

　　　　P_z——拱端力系铅直分力；

　　　　W_1——滑移体块体自重；

　　　　A_1——滑移体底滑面面积；

　　　　A_2——滑移体侧滑面面积；

　　　　u_0——滑移体上游迎水面水压力；

u_1——滑移体底面渗透压力；

u_2——滑移体侧滑面渗透压力；

θ——滑移体侧滑面棱线倾角。

2.5.2 滑动模块分析及各滑动面确定

2.5.2.1 滑动模块分析

两岸坝基可能滑移块体的上游边界取坝踵处铅直面。坝肩范围内的软弱夹层倾向上游偏向右岸，倾角 10°~20°，在坝体下游明显出露，形成了最不利于坝肩基岩稳定的地质条件。坝肩范围出露的软弱夹层主要有：左岸 RJ_{1-1}、RJ_1、RJ_6、RJ_2、RJ_4 等，右岸 RJ_{1-1}、RJ_1、RJ_2、RJ_7、RJ_5 等。坝基范围内的几条主要断层 F_1、F_2、F_3、F_4 对坝肩三维稳定基本没有影响。坝基范围内较发育的节理裂隙组为：①走向 N20°~40°E、倾向 NW 或 SE、倾角 75°~85°的裂隙；②走向 N50°~70°W、倾向 NE 或 SW、倾角 70°~85°的裂隙。沿着该两组裂隙面方向易形成可能滑移体的侧滑面。本次分析以 RJ_{1-1}、RJ_1、RJ_6、RJ_2、RJ_4、RJ_7、RJ_5 为底滑面，左岸以走向 N20°~40°E、倾向 NW、倾角 75°~85°的裂隙为侧滑面，右岸以走向 N50°~70°W、倾向 NE、倾角 70°~85°的裂隙为侧滑面，构成三维滑块的稳定安全系数。

2.5.2.2 各滑动面确定

1）底滑面确定

左岸坝肩出露的软弱夹层主要有 RJ_{1-1}、RJ_1、RJ_2、RJ_6、RJ_4 岩层，其中 RJ_{1-1}、RJ_1、RJ_6 岩层位于拱坝中下部，此部位拱推力较大；RJ_2、RJ_4 岩层位于拱坝中上部，此处拱推力较小。由于拱坝基础均通过 RJ_{1-1} 和 RJ_1、RJ_6 层，因此在坝基一定范围内挖除 RJ_{1-1} 和 RJ_1、RJ_6 岩层，然后进行回填混凝土处理。故在计算 RJ_{1-1}、RJ_1 底滑面时采用 RJ_{1-1} 和 RJ_1 岩层与坝基混凝土联合作用形成的底滑面。

2）侧滑面确定

根据两岸节理裂隙组的分布情况及两岸坝肩地形情况，确定两岸坝肩可能侧滑面位置，见图 2-5-1。左岸侧滑面分别取经过 B_2、B_3、B_4、B_5 点的侧滑面，右岸取经过 A_1、A_2、A_3 点的侧滑面。由于左岸坝肩岩体下游测存在卸荷带，因此左岸三维稳定计算为沿可能的侧滑面方向带动下游卸荷体整体滑动。

2.5.2.3 各滑动面抗剪断参数确定

整个侧滑面由 $J_{2S}^{7(2)}$、$J_{2S}^{7(4)}$ 泥岩层和 $J_{2S}^{7(3)}$、$J_{2S}^{7(5)}$ 砂岩层组成，侧滑面抗剪断指标采用经面积折算后的综合抗剪指标。

底滑面由 RJ_{1-1}、RJ_1 底面和坝基置换混凝土与基岩接触面组成，底滑面抗剪断指标采用经面积折算后的综合抗剪断指标。

砂岩层的侧滑面抗剪断指标考虑了节理连通率。

砂岩层抗剪断强度指标＝节理裂隙的抗剪断指标×节理裂隙的连通率＋砂岩层的抗剪断指标×（1－节理裂隙的连通率）f'＝各区段（岩层、与混凝土接触面）f'×该区段在侧（底）滑面上的面积之和/侧（底）滑面的总面积 c'＝各区段（岩层、与混凝土接触面）c'×该区段在侧（底）滑面上的面积之和/侧（底）滑面的总面积。

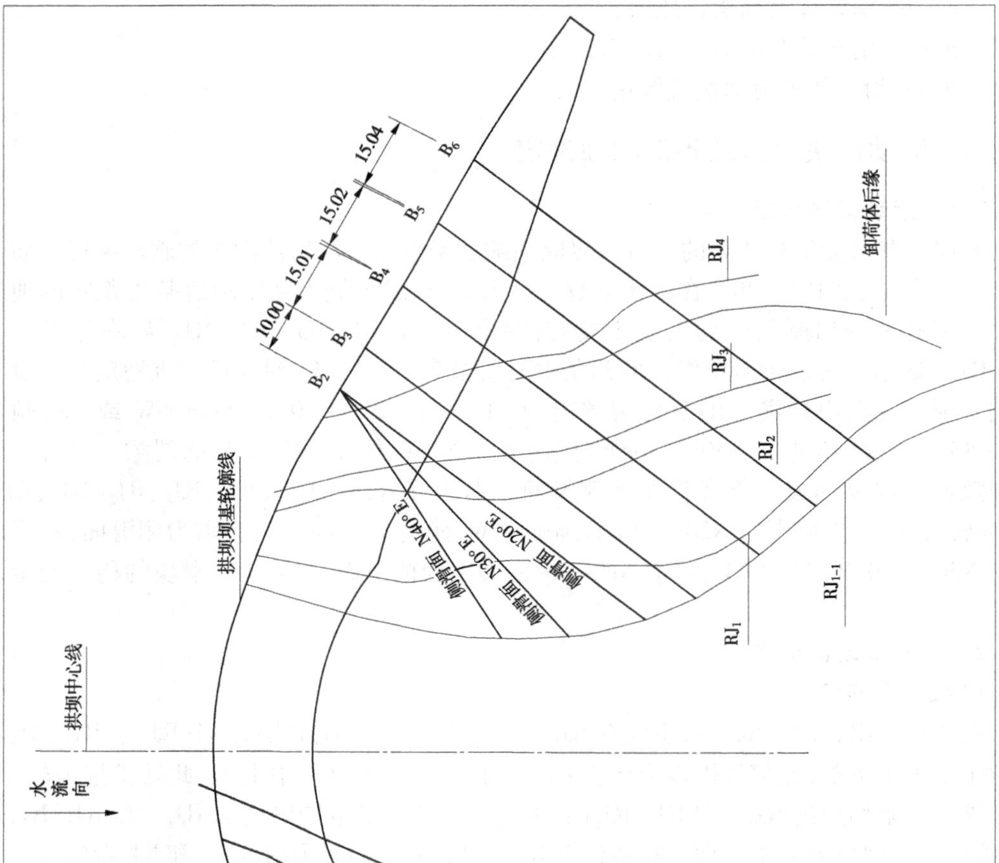

图 2-5-1　两岸坝肩可能侧滑面位置

2.5.3 坝肩三维抗滑稳定计算成果及分析

2.5.3.1 左岸坝肩三维抗滑稳定计算及分析

左岸坝肩三维抗滑稳定安全系数计算见表 2-5-1。

表 2-5-1 左岸坝肩三维抗滑稳定安全系数计算

滑块位置			荷载组合			
			组合 1	组合 2	组合 3	组合 4
B_2 滑块	侧滑面 N20°E	RJ_{1-1}底滑面	2.940	2.995	2.959	4.065
		RJ_1 底滑面	4.889	4.935	4.850	12.972
	侧滑面 N30°E	RJ_{1-1}底滑面	3.451	3.536	3.489	3.550
		RJ_1 底滑面	5.164	5.246	5.167	8.436
	侧滑面 N40°E	RJ_{1-1}底滑面	4.602	4.776	4.689	3.281
		RJ_1 底滑面	6.538	6.750	6.646	5.799
B_3 滑块	侧滑面 N20°E	RJ_{1-1}底滑面	2.819	2.852	2.825	3.419
		RJ_1 底滑面	3.404	3.428	3.388	5.993
	侧滑面 N30°E	RJ_{1-1}底滑面	2.188	2.212	2.182	2.745
		RJ_1 底滑面	2.122	2.133	2.102	4.187
	侧滑面 N40°E	RJ_{1-1}底滑面	2.569	2.603	2.567	2.771
		RJ_1 底滑面	2.198	2.212	2.185	3.403
B_4 滑块	侧滑面 N20°E	RJ_{1-1}底滑面	2.825	2.846	2.823	3.691
		RJ_1 底滑面	3.292	3.307	3.272	5.337
		RJ_2 底滑面	3.955	3.973	3.908	14.169
	侧滑面 N30°E	RJ_{1-1}底滑面	3.397	3.433	3.412	3.508
		RJ_1 底滑面	4.022	4.054	4.023	4.954
		RJ_2 底滑面	4.983	5.026	4.959	12.585
	侧滑面 N40°E	RJ_{1-1}底滑面	4.524	4.600	4.578	3.567
		RJ_1 底滑面	5.597	5.679	5.653	5.004
		RJ_2 底滑面	7.814	7.971	7.880	14.220
B_5 滑块	侧滑面 N20°E	RJ_{1-1}底滑面	3.058	3.090	3.064	4.220
		RJ_1 底滑面	3.527	3.561	3.521	5.900
		RJ_2 底滑面	4.627	4.708	4.617	15.233
	侧滑面 N30°E	RJ_{1-1}底滑面	3.588	3.639	3.618	3.955
		RJ_1 底滑面	4.189	4.248	4.217	5.377
		RJ_2 底滑面	5.484	5.623	5.544	12.160
	侧滑面 N40°E	RJ_{1-1}底滑面	4.643	4.738	4.726	4.034
		RJ_1 底滑面	5.603	5.728	5.713	5.442
		RJ_2 底滑面	7.790	8.132	8.062	12.419

2.5.3.2 右岸坝肩三维抗滑稳定计算及分析

右岸坝肩三维抗滑稳定安全系数计算见表 2-5-2。

表 2-5-2　右岸坝肩三维抗滑稳定安全系数计算

滑块编号			荷载组合			
			组合 1	组合 2	组合 3	组合 4
A_1 滑块	侧滑面 N50°E	RJ_{1-1} 底滑面	1.908	2.021	2.006	3.337
		RJ_1 底滑面	3.715	4.093	4.004	12.068
	侧滑面 N60°E	RJ_{1-1} 底滑面	2.153	2.282	2.261	2.552
		RJ_1 底滑面	4.192	4.723	4.573	7.249
	侧滑面 N70°E	RJ_{1-1} 底滑面	3.317	3.586	3.538	3.296
		RJ_1 底滑面	13.305	20.090	17.709	
A_2 滑块	侧滑面 N50°E	RJ_{1-1} 底滑面	3.635	3.918	3.824	5.274
		RJ_1 底滑面	7.395	8.443	8.016	15.088
	侧滑面 N60°E	RJ_{1-1} 底滑面	3.589	3.876	3.773	3.587
		RJ_1 底滑面	6.835	7.879	7.424	8.524
	侧滑面 N70°E	RJ_{1-1} 底滑面	3.656	3.963	3.846	3.041
		RJ_1 底滑面	6.624	7.776	7.240	5.861
A_3 滑块	侧滑面 N50°E	RJ_{1-1} 底滑面	5.268	5.659	5.562	8.786
		RJ_1 底滑面	10.039	11.300	10.889	30.555
	侧滑面 N60°E	RJ_{1-1} 底滑面	5.861	6.439	6.291	6.511
		RJ_1 底滑面	14.167	17.644	16.457	20.849
	侧滑面 N70°E	RJ_{1-1} 底滑面	7.146	8.189	7.911	5.020
		RJ_1 底滑面	35.604	93.048	63.479	15.968

由图 2-5-2～图 2-5-4 中曲线形状所显示的情况可看出:

(1)左岸坝肩稳定由 RJ_{1-1} 和 RJ_1 控制。

(2)最不利侧滑面位置在 B_3 处,NE30°方位角。

最小安全系数:正常工况 2.122,非常工况 2.102,均小于规范规定的最小值,表明左坝肩在天然状态下不满足稳定要求。

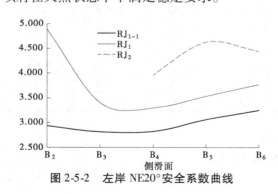

图 2-5-2　左岸 NE20°安全系数曲线　　　图 2-5-3　左岸 NE30°安全系数曲线

由图 2-5-5～图 2-5-7 中曲线形状所显示的情况可看出：

（1）右岸坝肩稳定由 RJ_{1-1} 控制。

（2）最不利侧滑面位置在 A_1 处，NW50°方位角。

最小安全系数：正常工况 1.908，非常工况 2.006，亦须采取工程措施进行处理。

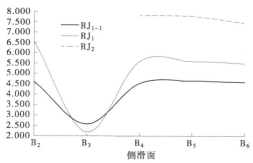

图 2-5-4　左岸 NE40°安全系数曲线

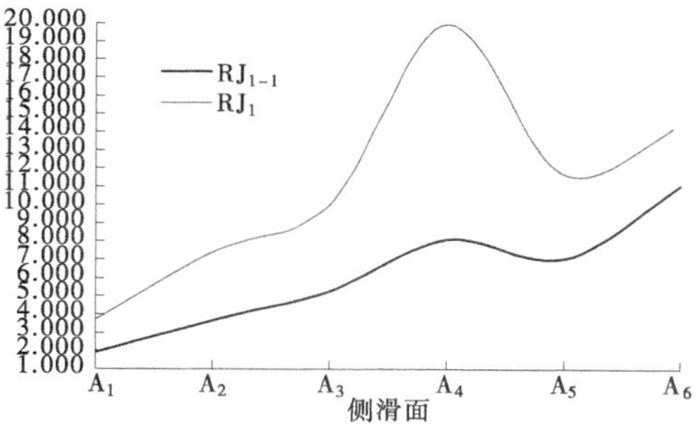

图 2-5-5　右岸 NW50°安全系数曲线

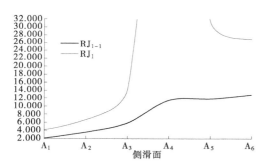

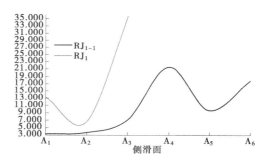

图 2-5-6　右岸 NW60°安全系数曲线

图 2-5-7　右岸 NW70°安全系数曲线

2.5.3.3　左岸坝肩卸荷体三维抗滑稳定计算

左岸坝肩下游存在有卸荷裂隙，与 RJ_{1-1} 及 RJ_1 组合形成天然的不利结构，经计算，最小安全系数仅为 0.603。

2.5.4　结论

左岸坝肩、右岸坝肩以及左岸坝肩下游岩体，经三维抗滑稳定分析计算可知，均不满足稳定要求，均需采取工程措施进行加固处理。具体处理措施详见第 2.7.3 节。

2.6　坝体构造

2.6.1　坝顶高程及坝顶布置

坝顶超高按《混凝土拱坝设计规范》（SL 282—2003）第 9.1.1 条规定计算确定，计算结果见表 2-6-1。

表 2-6-1　坝顶高程计算

水位（m）		浪高（m）	风浪壅高（m）	安全超高（m）	防浪墙顶高程（m）	坝顶高程（m）
正常蓄水位	775.00	0.94	0.28	0.5	776.72	775.52
设计洪水位	775.35	0.94	0.28	0.5	777.07	775.87
校核洪水位	776.72	0.39	0.10	0.4	777.61	776.41

　　计算结果由校核洪水位情况控制,按规范要求坝顶高程不得低于水库最高静水位,故坝顶高程取为 777.00 m。

　　考虑到坝顶交通和坝顶整体刚度的要求,坝顶最小宽度为 5 m。$8^#$ ～ $11^#$ 坝段布置泄洪表孔,其坝顶宽度由泄洪设备及坝上交通而定。自上游至下游依次布置上游人行道、弧形工作门、液压启闭机房及坝顶交通桥等。据此确定 $8^#$ ～ $11^#$ 坝段坝顶宽为 22.50 m。

2.6.2　坝体分缝分块

　　椭圆形双曲拱坝坝顶拱圈中心线弧长为 335.44 m,根据混凝土浇筑能力和建筑物结构布置等要求,布置 16 条横缝,共计 17 个坝段。其中 $2^#$ ～ $7^#$、$12^#$ ～ $18^#$ 坝段为挡水坝段,$8^#$ ～ $11^#$ 坝段为溢流坝段。各坝段顶拱中心线弧长分别为:$2^#$ 坝段 15.0 m,$3^#$ ～ $7^#$ 坝段 20 m,$8^#$ ～ $12^#$ 坝段 18 m,$13^#$ ～ $17^#$ 坝段 20 m,$18^#$ 坝段 18.575 m。由于泄洪轴线与坝轴线(顶拱上游面弧线)并不重合,且泄洪中心线与拱坝中心线有 2°29′10″的夹角,若各层拱圈横缝面均沿拱圈中心线径向布置,泄洪坝段布置较难,且横缝为扭曲面,不利于施工。参照国内外工程的类似经验,横缝先按 726 m 高程拱圈中心线径向布置,超过 726 m 高程拱端,按中心线夹角递增 2°确定缝的位置。避免出现上游窄、下游宽的倒楔形坝段。横缝在坝肩(坝基)3.00 m 范围内,与基岩面夹角不小于 65°。横缝面内设置梯形铅直键槽,并根据封拱灌浆要求,设置灌浆分区,待混凝土达到封拱温度时,进行拱坝封拱灌浆。

　　坝体不设施工纵缝,采用通仓浇筑。

2.6.3　坝体廊道及交通系统的布置

　　为满足基础灌浆、坝体接缝灌浆、排水、观测检查、交通等要求,在坝体内 663.00 m、703.00 m、743.00 m 高程设置 3 层纵向廊道,在两岸岸坡坝段设置爬坡廊道与由上述各廊道及坝肩帷幕灌浆平洞相连,基础灌浆廊道尺寸 2.5 m × 3.5 m,城门洞形,其余廊道为 2.0 m × 2.5 m,城门洞形。

　　大坝内部交通除由上述各层纵向廊道和坝基爬坡廊道外,在 $7^#$ 坝段下游侧布置电梯井,各层纵向廊道均设置交通廊道与电梯井相连。同时,在 743.00 m、703.00 m 高程下游设两层坝后桥与相应高程交通廊道相连。

　　大坝对外交通主要通过坝顶公路与上坝公路相连。

2.6.4　坝体防渗、排水、止水与止浆

　　为了降低坝体的渗透压力,在坝体上游侧混凝土内埋设排水管,排水管与纵向廊道相

连,管距3.0 m,内径20 cm,渗水经各层纵向廊道及坝肩爬坡廊道汇集至11#坝段集水井。

横缝上游侧设两道止水,第一道为铜止水,距上游面0.4 m,第二道为塑料止浆(止水)片,距第一道止水0.4 m。两侧埋入混凝土内长度20~25 cm。溢流表孔坝段两道止水片伸至堰顶下游侧弧形工作门底槛处,溢流面设一道紫铜止水。坝体横缝下游面设一道塑料止水片,通至坝顶,兼作止浆片。由于两岸岸坡较陡,为防止坝体与基岩产生接触渗漏,沿迎水面基础周边设一道陡坡止水铜片,与横缝止水相交处连接成封闭系统。

2.6.5 坝体混凝土分区

双曲拱坝虽然是大体积混凝土结构,但在拱座、拱冠附近应力较大,且坝身又布置了表孔及导流底孔等泄洪设施,故坝体不同区域的混凝土对强度要求各不相同,有些部位的混凝土还必须满足抗渗、抗拉及抗冲耐磨等要求。现结合坝体应力计算成果和坝址区的自然条件及结构要求,将坝体(包括水垫塘)混凝土分为3区,各区混凝土的主要技术指标见表2-6-2。

表2-6-2 拱坝各区混凝土主要技术指标

分区编号	强度等级	极限抗压强度(MPa)	抗渗等级	抗冻等级	龄期(d)	级配
I	C30	30.0	W8	F50	90	二级配
II	C25	25.0	W8	F50	90	三、四级配
III	C20	20.0	W8	F50	90	三、四级配

各区混凝土的使用范围如下。

(1)I区:溢流表面1.50 m厚、水垫塘底板0.8 m厚、二道坝表面1.0 m厚抗冲耐磨层,坝顶细部结构等。

(2)II区:拱坝726 m高程以下的坝基部位(高应力区)、基础部位以上25 m范围、闸墩部位、导流底孔区、水垫塘底板及边墙、二道坝下游短护坦及拱坝建基面回填混凝土。

(3)III区:拱坝其余部位,水垫塘二道坝大体积混凝土及拱座软弱夹层处理置换混凝土。

2.6.6 导流底孔布置

根据水工建筑物结构布置,同时结合地形、地质条件,在溢流坝段9#、10#、11#坝段跨缝布置两个导流底孔。导流底孔底板高程为670.00 m,底坡为平坡。导流底孔断面尺寸为7.0 m×7.0 m的方形,出口顶部进行压坡设计。

2.7 基础开挖及地质缺陷处理

2.7.1 基础开挖

2.7.1.1 基本原则

(1)满足坝体基础轮廓体型的要求。

（2）开挖后的建基面具有足够的强度与一定的完整性,经适当固结灌浆处理后能满足坝基应力与变形要求。

（3）两岸坝肩开挖后的岩面纵坡应和缓平顺,避免突变。

（4）开挖形成的边坡应保持稳定。

（5）在满足上述原则的基础上,尽可能节省开挖量,方便施工。

2.7.1.2 大坝基础开挖

大坝基础开挖采用径向开挖,不同高程控制点直线连接,保证满足大坝轮廓的要求,方便施工。

1）河床坝基开挖

坝基岩层为 $J_{2s}^{7(1)}$ 中厚层长石石英砂岩和 $J_{2s}^{7(2)}$ 层粉砂质泥岩,大部分岩体为良质岩体（Ⅱ类）。据此坝基开挖至岩面以下 4~8 m,建基面高程确定为 650~660 m。

从岩层倾向看,坝基上游面开挖边坡为逆向坡,长石石英砂岩开挖边坡:弱风化采用1∶0.4,微风化采用1∶0.3;泥岩类岩石开挖边坡:弱风化采用1∶0.6,微风化采用1∶0.5;覆盖层开挖边坡采用1∶1.5。坝基下游开挖边坡为顺向坡,长石石英砂岩开挖边坡:弱风化采用1∶0.5,微风化采用1∶0.4;泥岩类岩石开挖边坡:弱风化采用1∶0.7,微风化采用1∶0.6;覆盖层开挖边坡采用1∶1.5。

2）左坝肩基础开挖

坝基岩体为 $J^{7(1)}$ ~ $J_{2s}^{7(5)}$ 长石石英砂岩与粉砂质泥岩互层,其中 $J_{2s}^{7(2)}$、$J_{2s}^{7(4)}$ 粉砂质泥岩属中等岩体（Ⅲ类）,其他大部分为良质岩体（Ⅱ类）。

坝基上游面开挖边坡为逆向坡,长石石英砂岩开挖边坡:弱风化采用1∶0.4,微风化采用1∶0.3;泥岩类岩石开挖边坡:弱风化采用1∶0.6,微风化采用1∶0.5;覆盖层开挖边坡采用1∶1.5。坝基下游开挖边坡为顺向坡,长石石英砂岩开挖边坡:弱风化采用1∶0.5,微风化采用1∶0.4;泥岩类岩石开挖边坡:弱风化采用1∶0.7,微风化采用1∶0.6;覆盖层开挖边坡采用1∶1.5。

开挖边坡每 20 m 高程设一级马道,宽 2 m。

3）右坝肩基础开挖

坝基岩体为 $J_{2s}^{7(1)}$ ~ $J_{2s}^{7(5)}$、J_{2s}^8 粉砂质泥岩,其中 $J_{2s}^{7(2)}$、$J_{2s}^{7(4)}$、J_{2s}^8 粉砂质泥岩属中等岩体（Ⅲ类）,其他大部分为良质岩体（Ⅱ类）。

坝基上游面开挖边坡为逆向坡,长石石英砂岩开挖边坡:弱风化采用1∶0.4,微风化采用1∶0.3;泥岩类岩石开挖边坡:弱风化采用1∶0.6,微风化采用1∶0.5;覆盖层开挖边坡采用1∶1.5。坝基下游开挖边坡为顺向坡,长石石英砂岩开挖边坡:弱风化采用1∶0.5,微风化采用1∶0.4;泥岩类岩石开挖边坡:弱风化采用1∶0.7,微风化采用1∶0.6;覆盖层开挖边坡采用1∶1.5。

开挖边坡每 20 m 高程设一级马道,宽 2 m。

2.7.2 基础灌浆及坝基排水

大坝渗控工程由主副防渗灌浆帷幕和排水幕及水垫塘排水系统组成。

主帷幕孔深入到 $q = 1$ Lu 线,副帷幕孔深为相应主帷幕孔深的50%,基本孔距2.0 m,帷幕灌浆743 m 高程以下设主副双排帷幕,743 m 高程以上只设单排帷幕。为降低拱坝基础的扬压力,在左右岸坝基分别布置长723 m 和671 m 的排水平洞,使整个坝基形成排水幕,排水孔孔深为相应主帷幕的60%,孔距为2.0 m。

主副防渗帷幕灌浆和排水幕沿大坝基础灌浆廊道、排水平洞及山体灌浆平洞布置,防渗线路为:大坝坝基部分灌浆线路布置在基础廊道内,并沿基础灌浆廊道向两岸坝肩延伸,右岸出坝肩后折向777.00 m 灌浆平洞,延伸90 m;左岸出坝肩后向山体延伸110 m。

固结灌浆范围根据坝基开挖轮廓线外延3 m,两岸坝头适当延伸。固结灌浆孔梅花形布置,孔距3 m,孔深伸入岩基10~15 m。

2.7.3 地质缺陷处理及评价

2.7.3.1 左坝肩上游边坡

左坝肩上游边坡高程760~777 m 地段(以 RJ_5 为底滑面)有走向 N17°~40°E、倾向 NW、倾角82°~88°和走向 N32°~60°W 两组 X 形或十字形张裂隙交互切割坝肩岩体,因卸荷张拉,节理多张开3~5 cm,个别达10 cm 左右,对坝肩上游边坡稳定很不利。另外,在高程725~757 m 地段也存在卸荷松动岩体。考虑卸荷松动岩体体积量不是很大,为杜绝隐患,设计上对松动岩体予以挖除,并对边坡进行系统锚喷支护,保证边坡的长久稳定。

经施工后两年证实,左坝肩上游边坡是稳定的。

2.7.3.2 左坝肩卸荷体

左坝肩岩体卸荷裂隙较为发育,其主要特点是呈台阶式卸荷,按高程大致可分为三层卸荷平台,第一层平台(以 RJ_5 为底滑面)高程767~777 m,卸荷深度(自台阶至底滑面深度,下同)10~16 m;第二层平台(以 RJ_4 为底滑面)高程736~742 m,卸荷深度8~15 m;第三层平台(以 RJ_1 为底滑面)高程715~725 m,卸荷深度约40 m。其中,以第三层卸荷规模较大,据开挖资料证实,卸荷体范围向下游已延伸至水垫塘(约0+110 m 桩号附近),卸荷体内岩体多已严重错位,呈块状或碎块状破碎,节理裂隙密集切割,纵横交错,多张开5~10 cm,局部达20~50 cm,并充填较多次生黄泥。其后缘总体产状:走向 N20°~40°W,倾向 SW(河床),倾角75°~85°。详见图2-7-1。

处理方案:左岸坝基及下游一定范围内挖除 $J_{2S}^{7(1)}$ 以上的卸荷体,坝基范围内回填混凝土至原坝基坑高程;坝基下游开挖范围内,回填一定厚度混凝土。经置换处理后,左坝肩稳定最小安全系数为3.416;卸荷体处理后,安全系数为3.381。右岸结合坝基 $J_{2S}^{7(2)}$ 层泥岩的置换统一考虑,处理后的最小安全系数为3.608。处理图见图2-7-2 和图2-7-3。

加固后一年以来,边坡岩体未发生松动变位。

2.7.3.3 右坝肩危岩体处理

大坝右岸缆机平台开挖施工后,平台左侧(上游)开挖面有两条拉裂面 J_1 和 J_2,两条拉裂面均自上至下贯穿 J_{2S}^9 层灰白色长石石英砂岩岩层,高度15~18 m,拉裂面 J_1 和 J_2 距岸坡分别约为10 m、4 m,拉裂面 J_2 走向 N5°~20°E,倾向 SE(河床),倾角85°,张开0.05~0.50 m 的弧形裂隙,拉裂面 J_1 在河床上游约78 m 处出露。由于两个拉裂面的切割,使该部分岩体平面为三角形,立体为一三棱锥形独立岩体,其底部为 J_{2S}^8 层紫红色粉砂

图 2-7-1

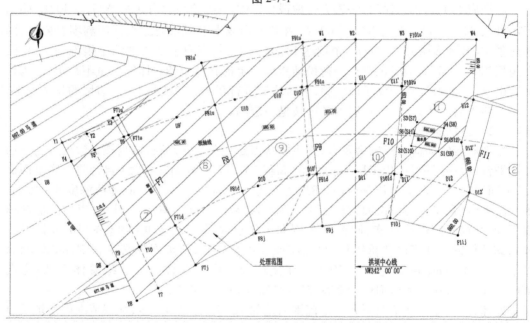

图 2-7-2 右岸(及河床)基础处理平面图

质泥岩。

该独立岩体距右坝头 80 ~ 100 m,位于 J_{2s}^9 层灰白色长石石英砂岩岩层中,底部 J_{2s}^8 泥岩层产状为:N25° ~ 30°E,倾向 NW(山里),倾角 15° ~ 20°。岩体前缘长约 78 m,后缘长度约 87 m,高度约 25 m,地表出露面积约 122 m^2,层底面积约 388 m^2,系一锥形体,体积约 4 250 m^3,质量达 11 475 t。

由于该独立岩体坐落在 J_{2s}^8 层泥岩上,该层产状倾向山里(NW),危岩体不存在沿此结构面向岸坡滑动的可能性。但水库蓄水后底部泥岩位于蓄水位以下,存在遇水软化崩解等潜在的不稳定因素,因此依据泥岩内摩擦角大小,选择危岩体基础剪切破坏面为 25° ~

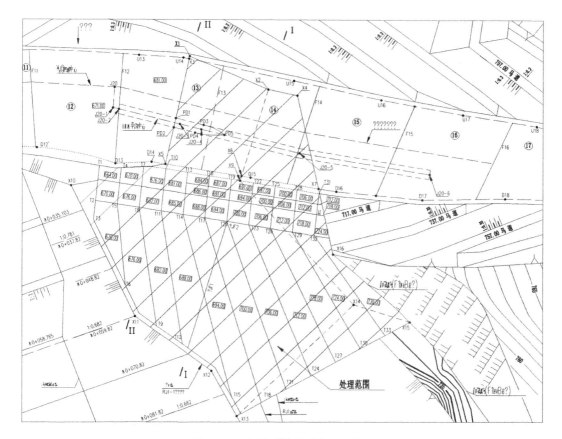

图 2-7-3　左岸 $J_{2s}^{7(2)}$ 基础处理平面图

55°范围,以 2°递增,假设一系列滑动面,分别进行稳定分析计算,并绘制安全系数与剪切面水平夹角关系曲线。

从计算结果看,危岩体抗剪断稳定最小安全系数为 2.15,大于规范要求最小值,说明危岩体自身是稳定的。但从其边界条件看,尚存在一些影响其永久稳定的变化性因素:

(1)危岩体底部泥岩基础部分位于水库蓄水位以下,存在遇水软化崩解,库水淘蚀破坏影响,导致危岩体基础完整性降低,减小基础抗剪断面积,危及上部危岩体稳定。

(2)危岩体后缘有 J_1 和 J_2 两条拉裂面,且自上至下贯穿 J_{2s}^9 层砂岩,倾角 85°,张开 0.05 ~ 0.50 m 的弧形裂隙,若山坡地表水侵入,势必增加滑动力,减小抗滑力,降低危岩体稳定。

综上所述,针对危岩体特点,采取如下处理措施:

(1)对危岩体库岸边的泥岩基础进行一定范围的喷锚防护。

(2)对危岩体两条拉裂面顶部采用抠槽现浇混凝土盖板进行防护,减少地表水进入,防止泥岩基础遇水软化崩解。

2.7.3.4　软弱夹层

坝址两岸共分布有 12 条软弱夹层,其对坝基岩体变形存在不同程度的影响,为此根据夹层性质和厚度分别进行了处理,其中 RJ_1、RJ_{1-1}、RJ_5、RJ_{5-1} 因其性状较差,分别与

$J_{2S}^{7(2)}$、$J_{2S}^{7(4)}$泥岩层一起采取置换混凝土处理,其余夹层根据风化情况掏挖 5 ～ 8 m,并往下游扩挖 4 m 左右,再做混凝土回填处理。

2.7.3.5 坝基 f_{19} 断层破碎带

右坝肩基础 5#～6# 坝段于 RJ_7 ～ RJ_1 分布 f_{19} 断层破碎带,其出露宽度一般为 1.60 ～ 3.00 m,对此,采用了挖除并回填混凝土塞处理。

2.8 导流底孔封堵设计

2.8.1 导流底孔布置

综合考虑藤子沟水电站的经济技术可行性和施工布置的合理性,在右岸布置了一条导流洞和在坝身布置两个导流底孔,来满足施工期间的导流需要。

导流底孔布置在 9#、10#、11# 坝段,分别以 F_{10} 和 F_{11} 坝段横缝作为两个导流底孔的中心线,两孔均为跨缝布置,孔口方向与河床主流方向基本一致,底孔形状为方形,进口尺寸 7 m × 7 m,出口尺寸 7 m × 6.3 m(宽 × 高),单孔过流面积 44.1 m^2,底板高程为 670.00 m。

导流底孔进口不设闸门,因为导流底孔封堵安排在 11、12 月的枯水期,经计算,此时的河水可全部从导流洞通过,从而有 2 个月的封堵施工工期。

2.8.2 导流底孔结构设计

2.8.2.1 底孔跨缝布置设计

按小孔口理论计算,导流底孔不骑缝布置方案的顶、底板需配置三层钢筋,单孔配筋量约 15 t;骑缝布置只需构造配筋,单孔配筋量约 4 t,由此可见,钢筋工程量相差悬殊。从施工的难易程度和复杂性看,骑缝布置相对复杂,但两种布置型式在施工进度方面没有本质的区别。

2.8.2.2 底孔进口设计

为了改善水流流态,进口两侧及顶部为圆弧形结构。

在进口预留插筋和止水。在底孔封堵期间,如果来水流量大于导流洞的过流能力,造成底孔进水而不能封堵施工,此时可利用预埋插筋和止水续建闸门槽,启用闸门挡住来水,保证封堵正常施工。此为备用措施。

2.8.2.3 底孔洞身设计

底孔基本断面形状为方形,孔口上部 45° 倒角,以改善应力条件。

顶板从中部开始,向出口方向以 1:14 坡比做压坡布置,这样,将有利于改善水力条件,也为封堵混凝土形成塞形结构,提高底孔封堵的可靠性。

2.8.3 导流底孔封堵设计

2.8.3.1 接缝灌浆系统布置

导流底孔封堵不考虑回填灌浆,只考虑接缝灌浆,因为底孔顶部 1 m 厚混凝土的封堵施工按有压泵送方案设计,一般采用此方法施工均能回填灌满。

导流底孔接缝灌浆系统布置在洞的两侧边壁及顶板。侧壁接缝灌浆系统与大坝相同,即双回路布置,边壁上部设排气槽,预埋半圆形升降管,管距1.2 m,进出浆管在浇筑封堵混凝土前安装于底板上。顶板按4回路布置灌浆管路,进出浆管预埋在顶部混凝土上,每隔1 m安装1个圆形灌浆盒,管路和灌浆盒均为钢质材料,预埋的上半部灌浆盒在底孔运行期用木塞临时封堵,以免进入杂物,下半部灌浆盒在浇筑封堵混凝土前安装,设置的2条排气槽均各自单独接管排气。侧壁和顶板的进出浆管径均为1.5吋。

2.8.3.2　止水止浆系统布置

在进口周边预埋1道止水和1道止浆片,出口周边预埋1道止浆片,这些周边止水止浆片与大坝的止水止浆连接形成封闭系统。为了避免底孔运行时水流冲坏止水止浆片,将外露部分的铜止水止浆片弯折90°,埋入5 cm深的槽中,然后覆盖木板固定,最后抹环氧水泥砂浆保护。在浇筑封堵混凝土前,须将止水止浆片凿出,恢复其工作形状。

通过底孔的F_{10}和F_{11}坝段顶、底板横缝,布置1道橡胶止浆片(底孔运行期兼止水)。

2.8.3.3　封堵混凝土施工设计

底孔封堵范围:沿着大坝上下游面轮廓线安装模板浇筑封堵混凝土,恢复大坝的完整性。

封堵施工工艺:在底板以上的6 m厚混凝土采用常规浇筑振捣施工,浇筑层厚为1.5~3 m,每层浇筑间隔为4~5 d。顶板以下1 m的混凝土采用有压泵送施工,泵送混凝土输送管仓面出口压力为0.2 MPa。混凝土内按要求埋设冷却水管。

混凝土要求:封堵混凝土配比与导流底孔周边混凝土相同(C25);泵送混凝土采用Ⅱ级配,坍落度为10~12 cm。

泵送混凝土施工顺序:混凝土入仓顺序从下游侧开始,逐渐向上游侧推进。

2.8.3.4　主要施工技术要求

1)封堵混凝土浇筑前的准备工作

对导流底孔底板进行凿毛处理;灌浆系统通水试验;恢复止水、止浆片工作形状。

2)接缝灌浆

灌浆时,封堵混凝土至少要有28 d龄期,但是还没有足够的干缩量,考虑底孔封堵施工的特殊性,可用降低灌浆温度的方法来抵偿干缩的不足,故进行接缝灌浆时,封堵混凝土温度场的最高温度为9 ℃。

基本接缝灌浆压力为0.3 MPa。

接缝的张开度一般不小于0.5 mm;小于0.5 mm的缝宽,按细缝处理。

接缝灌浆顺序:先对两侧壁灌浆,然后灌顶板。

2.9　温度控制设计

2.9.1　温度控制目的

混凝土温度控制的目的是防止大体积混凝土产生温度裂缝,以保证建筑物的整体性和耐久性。当大体积混凝土的体积变形受到约束时,就会产生拉伸应变与应力,当拉应力或拉伸应变超过混凝土的极限值时,将会产生裂缝。大体积混凝土的体积变形主要来自混凝土的水化热温升,由于混凝土导温系数小,在其硬化过程中,相对于初始温度其内部各点温度不同,存在非线性温度场,既受内部约束又有外部约束,因而产生温度应力。而拱坝一般比较单薄,对外界气温和水温的变化比较敏感,坝内温度变化比较大,而且其三面受到基岩的约束,温度变形受外界约束比较大,在其内部将可能产生较大的温度应力,因此对混凝土拱坝进行温度控制,是保证混凝土的浇筑质量、消除坝体裂缝,尤其是危害性较大的裂缝的重要措施。

2.9.2 温度控制标准

2.9.2.1 基础允许温差及坝体混凝土允许最高温度

根据藤子沟坝体混凝土特性,参考重庆江口水电站及有关规程、标书,并结合封拱温度和计算分析,确定藤子沟拱坝基础允许温差控制标准及坝体混凝土设计允许最高温度,详见表 2-9-1 和表 2-9-2。

表 2-9-1　基础允许温差控制标准　（单位:℃）

控制高度	允许温差
(0~0.2)L	21
(0.2~0.4)L	24

注:L 为浇筑块长边尺寸。

表 2-9-2　坝体混凝土设计允许最高温度　（单位:℃）

部位	区域	月份				
		12 年至次年 2 月	3 月、11 月	4 月、10 月	5 月、9 月	6~8 月
溢流坝段	基础约束区	26	28~30	28~31	28~31	28~31
	非基础约束区	26~28	30	33	36	39
非溢流坝段	基础约束区	26	28~30	30~33	30~33	30~33
	非基础约束区	26~28	30	33	36	39
水垫塘		26	30	33	33	33

2.9.2.2 上、下层温差

在老混凝土(龄期超过 28 d)面上浇筑新混凝土时,新混凝土受老混凝土的约束,上下层温差越大,新老混凝土中产生的温度应力也越大。

在汛期,藤子沟坝体混凝土要受度汛考验,度汛的混凝土龄期也远远超过 28 d,为减小新混凝土浇筑时与老混凝土的温差,减小由此产生的温度应力,有必要进行上、下层温差控制。

对连续上升坝体且浇筑高度大于 0.5 L(浇筑块长边尺寸)时,允许上下层温差 17~20 ℃;浇筑块侧面长期暴露、上层混凝土高度小于 0.5 L 或非连续上升时应从严控制上下层温差标准。

2.9.2.3 水管冷却温差

为防止水管冷却时水温与混凝土浇筑块温差过大和冷却速度过快而产生裂缝,初期通水冷却温差按 20 ~ 22 ℃控制,后期冷却水管冷却温差按 25 ~ 28 ℃控制。冷却温差取用原则是在规定范围内基础块从严,正常块从宽。混凝土日降温速度控制在每天 0.5 ~ 1 ℃范围内。

2.9.2.4 坝体封拱温度

"封拱"是拱坝建设的重要环节,"封拱"后坝体受力形式由扇形截面的悬臂梁转向由拱、梁承受荷载的整体结构。

设计封拱平均温度为 16(坝顶)~ 11 ℃(坝基)。经计算,确定封拱温度见表 2-9-3。

表 2-9-3　坝体封拱温度

高程(m)	777	764	745	726	707	688	669	650
封拱温度(℃)	16.0	14.5	12.50	11.50	11.0	11.0	11.0	11.0

为研究封拱温度对坝体的影响,采用拱梁分载法(ADASO)进行分析计算。计算工况为:①正常蓄水位 + 温降;②正常蓄水位 + 温升。封拱温度计算范围为 11.0 ~ 12.5 ℃。计算结果见表 2-9-4。

表 2-9-4　各工况最大主应力计算结果

封拱温度(℃)	上游面最大主应力(MPa)				上游面最大主应力(MPa)			
	工况 1		工况 2		工况 1		工况 2	
	压应力	拉应力	压应力	拉应力	压应力	拉应力	压应力	拉应力
16,14.5,12.5,11.5,11.0,11.0,11.0,11.0	5.22	0.95	3.70	1.10	5.36	1.17	5.79	1.04
16,14.5,12.5,12,4,11.5,11.5,11.5,11.5	5.19	0.97	3.67	1.16	5.39	1.17	5.81	1.04
16,14.5,13,12.5,12,12,12,12	5.16	1.01	3.65	1.20	5.42	1.18	5.85	1.05
16,15,13.5,13,12.5,12.5,12.5,12.5	5.15	1.05	3.63	1.24	5.47	1.19	5.35	1.06

根据上述计算分析可以看出:

(1)大坝运行期的控制应力是上游面拉应力和下游面压应力,控制工况是正常蓄水位 + 温升。

(2)封拱温度对坝体运行期应力状态影响很大。封拱温度仅从 11.0 ℃上升至 12.5 ℃,上游面最大主拉应力即从 1.10 MPa 增大到 1.24 MPa,超过了 1.2 MPa 的设计容许应力值,而下游面最大主压应力也增大了 0.11 MPa,故降低封拱温度对减小上、下游面的拉应力和压应力都是有利的。

(3)设计给出的封拱平均温度为 16(坝顶)~ 11 ℃(坝基),是上限值,施工中不应超过。

2.9.3 温度控制措施

2.9.3.1 合理安排施工程序和施工进度

坝体混凝土由于浇筑时间、约束情况及边界条件的差异,所产生的温度应力差别很大,因此温控要求不一样。

每年11月至次年3月低温时段在允许的程度内尽量多浇、快浇混凝土;高温季节5~9月尽量利用早晚、夜间及阴天多浇、快浇混凝土,以确保浇筑质量,并可节省温控费用。基础约束区混凝土尽量避开6~8月高温季节施工。

基础约束区采用薄层、短间歇、连续浇筑法;其余部位混凝土浇筑时应做到短间歇,均匀上升,避免薄层长间歇。间歇期超过28 d视为老混凝土处理。

2.9.3.2 合理控制浇筑层厚和层间间歇期

对于大坝基础约束区混凝土,浇筑层厚1.5 m,非约束区浇筑层厚2~3 m,岸坡坝段基础浇筑层厚1.5 m。层间间歇期从散热、防裂和施工作业方面综合考虑,层间间歇期不应小于4 d,也应避免大于15 d。对于有严格温控防裂要求的基础约束区和重要结构部位,混凝土间歇期为5~7 d。

2.9.3.3 采用制冷工艺,控制浇筑温度

降低混凝土浇筑温度从降低混凝土出机口温度和减少运输环节中混凝土温度回升两方面进行。

降低出机口温度主要采取骨料堆场降温、冷水拌和、加片冰、风冷粗骨料、水冷骨料等单项或多项综合措施。施工过程中,要根据各时段气温条件及必须的混凝土降温幅度确定混凝土拌和料的冷却组合方式。应首先考虑采用冷水或加冰拌和(每立方米混凝土加冰10 kg可降低混凝土出机口温度1.0~1.3 ℃),不能满足要求时,再采用风冷粗骨料。

为减少预冷混凝土温度回升,高温季节浇筑混凝土时可在仓面喷雾,同时严格控制混凝土运输时间和浇筑坯覆盖前的暴露时间,加快混凝土入仓速度和覆盖速度,并在5~9月期间运输汽车上加遮阳篷及保温措施。

基础约束区浇筑温度12月至次年2月采用自然入仓,非基础约束区11月至次年3月采用自然入仓,其余季节浇筑温度基础约束区不大于18 ℃,非基础约束区不大于21 ℃。由于左岸$J_{2s}^{7(2)}$泥岩层混凝土置换体浇筑块要求采用较密的层厚及管间距,且其在设计上是作为基岩的一部分,其温控要求较坝体为低,故其浇筑温度取28 ℃。采用适当的制冷措施,可有效地降低混凝土温度,满足浇筑温度控制要求。

2.9.3.4 控制内外温差,加强表面保护

混凝土内部和外部温度变化不一致时,会产生内约束应力,因此要控制内、外温差。在基础约束区,为了避免产生基础贯穿性裂缝,必须降低混凝土的最高温度,减小基础温差。预冷混凝土骨料、冷却水管降温、薄层浇筑等都是服务于这个目的的。

超出基础约束区,坝体呈无外部约束的自由变形状态,而这种状态的体积变形是不产生温度应力的。在坝体上部,产生温度应力的原因是内部混凝土和外部混凝土降温速度不一致,变形不均匀所致。为了减少这种应力(防止表面裂缝),加速内部降温速度,限制内部最高温度固然有效,但由于外部温度随气温急剧下降时,内温不可能与之同步下降,

因此采用表面保温来减缓表层混凝土的降温速度更为合理。

据观测及分析计算,气温骤降时,混凝土的影响深度仅 0.5~1.0 m,气温年变化影响深度也仅 3.0~5.0 m。由于表层混凝土受气温影响深度相对较浅,只要保温材料的隔热性能相当于 1.0~2.0 m 厚混凝土,就可使原来表层混凝土温度梯度变化最陡部分发生在保温材料内,而使表层混凝土温度变化速度减缓,梯度变平,从而减小表层混凝土温度应力。

藤子沟坝址区寒潮频繁,气温骤降对坝体会产生较大的影响。重庆江口水电站寒潮对基础约束区和非基础约束区均引起相当大的拉应力,因此工程施工中亦应十分重视混凝土表面保温。

表面保温材料应选择保温效果好且易于施工的材料。可选择聚苯乙烯泡沫塑料,高压聚乙烯泡沫塑料,单膜或双膜气垫薄膜、岩棉等。不同部位不同条件下保温标准不同,其保温后混凝土表面等效放热系数 β 如下:

(1)大体积混凝土永久暴露面(如上、下游面等)10 月至次年 4 月浇筑的混凝土,拆模后立即进行保温;5~9 月浇筑的混凝土,10 月初开始保温,其 $\beta \leqslant 2.0$ kJ/(m^2·h·℃)。保温时间至少为一个低温季节。

(2)结构混凝土永久暴露面(如导流底孔)10 月至次年 4 月浇筑的混凝土,拆模后即设保温层;5~9 月浇筑的混凝土,10 月初开始保温,其 $\beta \leqslant 1.5$ kJ/(m^2·h·℃)。保温时间至少为一个低温季节。

(3)日平均气温在 2~3 d 内连续降低 ≥6 ℃时,28 d 龄期内的混凝土表面,包括浇筑层顶、侧面均必须进行表面保温。对于大体积混凝土 $\beta \leqslant 3.0$ kJ/(m^2·h·℃),对于结构混凝土 $\beta \leqslant 2.0$ kJ/(m^2·h·℃)。

(4)5~9 月浇筑的混凝土永久或长间歇表面如在 10 月以前遇气温骤降,仍须采取保温措施。永久保温持续时间至少超过一个低温季节。

(5)模板拆除的时间应根据混凝土的强度和混凝土内外温差而定,且应避免在夜间或气温骤降期间拆模。低温季节,预计拆模后混凝土的表面降温超过 6 ℃时,应推迟拆模时间,如必须拆模,拆模后应立即采取表面保护措施。

(6)高温季节浇筑预冷混凝土时,为防止温度倒灌,浇筑完成后应立即用保温材料覆盖,待混凝土升至环境温度后再打开散热。

(7)入秋后,将导流底孔、廊道及其他孔洞进、出口进行封堵保护,以防止冷风贯通,产生混凝土表面裂缝。浇筑块的棱角和突出部分应加强保护。

2.9.3.5　混凝土表面养护

在混凝土浇筑完毕后,即对表面进行养护,在一定时间内保持适当的温度和湿度。形成混凝土良好的硬化条件,是保证混凝土强度增长,不产生裂缝的必要措施。

混凝土表面养护范围包括各坝段上、下游永久暴露面,各坝块左右侧面、水平面,孔的侧面、水平面、水垫塘底板等。

表面养护的一般要求:

(1)混凝土养护一般采用河水。

(2)混凝土浇筑完毕后,对混凝土表面及所有侧面应及时洒水养护,保持混凝土表面湿润。低流态混凝土浇筑完毕后,应加强养护,并延长养护时间。

（3）混凝土浇筑完毕后，早期应避免太阳光暴晒，混凝土表面应加遮盖。

（4）混凝土浇筑完毕后应在 12～18 h 内开始养护，但在炎热、干燥的气候条件下应提前养护。混凝土养护应保持连续性，养护期内不得采用时干时湿的养护方法。

表面养护方法：

（1）永久暴露面养护（如上、下游面等）。采用 ϕ32 聚乙烯塑料管（PE 管），每隔 20～30 cm 钻 ϕ1 mm 左右的小孔，挂在模板上或外露拉条筋上，通水量为 15 L/min 左右。混凝土拆模后即开始流水养护，水管随模板上升而上升，白天实行不间断的流水养护，夜间（20:00～06:00）可实行间断流水养护，即流水养护 1 h，保持湿润 1 h，当夜间气温超过 25 ℃ 时实行不间断流水养护。

（2）坝块左右侧面养护。左右两侧使用的键槽模板不宜挂水管，应进行小流量水喷洒或人工洒水养护，特别是低块浇筑时，既要养护好侧面，又不能将水流到仓内。养护时间不少于 90 d。

（3）水平面养护。当混凝土初凝后，能抵抗自然流水破坏时，表面即可进行洒水养护，为避免水量集中，洒水时应在水龙头上加莲蓬头，仓面的养护持续至上仓浇筑。

（4）雨天养护。下雨持续时间超过半小时，应停止各坝块表面及侧面养护工作，关闭水管；下雨持续时间超过 1 h 时，停止上、下游坝面及外露孔口侧面的流水养护，而停后 1 h 内恢复正常的养护工作。

（5）夏季养护。夏季外界环境温度高，太阳光直射强度大，混凝土表面水分蒸发快，因此夏季对表面养护严格按照上述养护方法进行，并从严控制。

2.9.3.6　特殊部位温控措施

1）孔口悬臂浇筑块

藤子沟拱坝最大坝高 117.0 m，且本身坝身较薄，拱坝坝身开设 2 个导流底孔、3 个表孔、3 层廊道，孔口悬臂较多，结构复杂，因此温控措施必须从严。

（1）孔口周边，特别是孔与下游悬臂连接处，应力状态复杂，温控措施必须从严，其允许最高温度应较正常浇筑块低 3 ℃。

（2）孔口下游外伸悬臂表面，该部位厚度较薄，初期混凝土抗拉能力弱，有发生裂缝的可能性，因此要严格控制混凝土浇筑温度，做好通水冷却和表面保护工作，并应适当延长拆模时间。

2）岸坡坝段

岸坡坝段与基岩是倾斜的接触面，接触面积较大，岸坡坝段因受边坡岩体约束将产生较大的拉应力，为掌握基础对岸坡坝段的约束作用，用三维有限元法程序计算了岸坡坝段的温度应力。由计算结果可知，在坝与基岩接触面附近，温度应力较大，范围只局限于坝段与基岩接触面附近。因此，在岸坡坝段的下部，应进行较严的温度控制，采用 1.5 m 厚薄层短间歇施工，确保混凝土施工质量。

3）度汛过水坝段

藤子沟大坝混凝土浇筑从 2003 年 1 月开始，根据《2004 年度汛方案报告》及《2004 年度汛方案报告补充说明》，坝体在汛前应达到 720.00 m 高程。大坝在 9#、10#、11# 坝段骑缝布置了两个导流底孔，导流底孔底板高程 670 m，断面尺寸 7 m×7 m，底坡为平坡。

度汛导流方案为汛期由坝体挡水,导流洞和导流底孔联合泄流。所以,汛期导流底孔将过流。

根据布置,导流底孔的底板比较薄,它受到的基础约束作用大于一般浇筑块,混凝土在温度较高时,表面受到冷水冲击,其表层温度梯度较冷空气冲击要陡、要急,而且混凝土与流水接触表面的放热系数较与空气接触的表面放热系数大得多(一般空气 $\beta = 12 \sim 23$ W/(m² · ℃),流水为 $\beta = 580 \sim 120$ W/(m² · ℃)),因而很容易开裂,而且导流底孔高程较低,处在基础约束区范围内,当坝体冷却至封拱灌浆温度后,通常处于受拉状态,所以导流底孔一旦出现表面裂缝,后期往往容易发展成贯穿性大裂缝。从已建成的水利工程看,乌江渡在坝上预留缺口度汛,有 9 个浇筑块在浇筑 10 ~ 40 d 即过水,过水之前并没有裂缝,过水后即发现裂缝,共计 19 条,因此必须采取较严的温控措施。

(1)加强洪水预报,按度汛报告要求,达到预期的施工面貌,保证混凝土具有一定的度汛强度和自身抗裂能力。

(2)降低混凝土浇筑温度,加强初期冷却,力争在过水之前,通过二期水管冷却,混凝土内部温度应降至 30 ℃以下,减小度汛层过水时的内外温差,并通过进度安排,尽可能使混凝土在低温季节浇筑。

(3)在度汛层表面布置限裂钢筋,限制表面裂缝的产生和扩展。

4)水垫塘

水垫塘混凝土厚度一般为 2.0 m,最大厚度 2.5 m,受基础约束较大,应分层浇筑,并着重做好表面保护及养护,以防止裂缝发生。

5)左岸 $J_{2s}^{7(2)}$ 泥岩层混凝土置换体浇筑块

藤子沟水电站大坝左岸岸坡存在 $J_{2s}^{7(2)}$ 泥岩卸荷岩体,卸荷呈"台阶式",台阶界限高程为 680 m 和 735 m 左右,设计上将此部分软弱层全部置换为混凝土。由于卸荷岩体 $J_{2s}^{7(2)}$ 泥岩层基础处理混凝土浇筑部位在岸坡处,且接近拱坝基础,其结构对拱坝的整体稳定起着重要作用,因此此部分浇筑块均应布置冷却水管,且应按基础约束区采用较密的层厚及管间距。

2.9.4 坝体冷却水管布置及通水冷却要求

2.9.4.1 坝体冷却水管布置

坝体冷却水管可采用 ϕ 25 mm 钢管或 ϕ 32 mm 聚乙烯塑料管(PE 管),在坝内按蛇形布置,本次设计采用 PE 管。

基础约束区的冷却水管进行加密布置,采用 1.5 m(浇筑层厚)×1.5 m(水管间距)或 2.0 m(浇筑层厚)×1.5 m(水管间距)两种方式布置;岸坡坝段为:1.5 m(浇筑层厚)×1.5 m(水管间距)。非约束区采用 3.0 m(浇筑层厚)×1.5 m(水管间距)布置,特殊部位可根据结构情况适当调整。

一根 PE 冷却水管长度一般控制在 300 m 之内,以确保冷却效果。

2.9.4.2 通水冷却要求

1)初期通水

每年 11 月至次年 3 月通河水冷却。高温季节基础约束区和导流底孔采用 6 ~ 8 ℃制冷水通水冷却,非基础约束区通河水冷却,通水流量不小于 18 L/min,在混凝土浇筑收仓后 12 h 进行。

初期通水冷却时间 15～20 d,对预计要过水的坝块应适当延长初期冷却时间,在过水前将混凝土内部温度降至 28 ℃ 以内。通水方向每 24 h 互换一次。

当基础约束区出水温度达 20～22 ℃,且通水时间超过 12 d 时,即可进行闷温,时间为 3 d,闷温后温度小于 25 ℃ 即可停止初期通水。

当非基础约束区出水温度达 24 ℃,且通水时间超过 15 d 时,即可进行闷温,时间为 3 d,闷温后温度小于 29 ℃,即可停止初期通水。

当闷温的温度超过上述数值时,按每超过 1 ℃ 延长通水时间 2 d,然后再闷温。

气温骤降时应停止初期冷却通水,避免出现表面裂缝。

2)中期通水

为确保混凝土安全过冬,削减混凝土内外温差,预防产生混凝土表面裂缝,对每年 4～10 月浇筑的混凝土应进行中期冷却通水。每年 9 月初开始对当年 5～8 月浇筑的混凝土、10 月初开始对当年 4 月和 9 月浇筑的混凝土、11 月初开始对当年 10 月浇筑的混凝土进行中期冷却通水。

中期冷却通河水,通水流量 20～25 L/min,每月通水时间不少于 600 h,总通水时间为 1.5～2.5 个月,以混凝土块体温度达到 20～22 ℃ 为准,每 24 h 互换一次进出水方向,通水结束后,对坝体进行闷温,测得坝体实际温度。

中期通水前,应先检查冷却水管的出水温度,在出水温度高于进水温度 2 ℃ 以上时,方可进行正式通水。在通水期间,凡进水水温与出水水温持平或相差 1 ℃ 以内的,可终止通水,隔 3～5 d 后再恢复。当出水水温低于 18 ℃ 时,即可结束通水并进行抽样闷温,待坝体内温度降至 20～22 ℃ 时,进行全面闷温,时间为 3 d。

9 月和 10 月浇筑的混凝土,在初期通水后即进行中期通水。对进行连续初、中期通水的混凝土坝体,前 15 d 按初期通水做测、闷温资料,然后按中期通水要求做闷温检测。

3)后期通水

需进行坝体接缝灌浆的部位,在灌浆前必须进行后期通水。

后期冷却通水一般从 10 月开始,通水时间以坝体温度达到接缝灌浆温度为准。后期通水一般用制冷水,水温为 6～10 ℃。重庆江口水电站拱坝后期通水时间为 30～40 d,但在具体实施时,实际情况较复杂,封拱时应根据具体情况调整。后期通水要求如下:

(1)通水前应对各坝块进行闷温,时间 3 d。根据实际测温资料,确定通水的水温和通水时间。当混凝土坝体温度超过制冷水 15 ℃ 时,先用河水降温,待温度降至一定程度后,再用制冷水冷却到坝体温度。

(2)应在封拱前 2 个月进行后期冷却,以使混凝土初温在封拱前 1 个月达到初始条件(通制冷水条件)。通水期间要根据实测的混凝土温度,随时调整冷却时间和冷却水水温,使混凝土温度均匀降低,并每 24 h 改变一次水流方向,最终达到后期冷却对混凝土初温的要求。

(3)对要灌浆的灌区,灌区的上一个灌区和下一个灌区所在的混凝土块体必须同时冷却,达到接缝灌浆温度时,才开始施灌。

（4）根据施工工期要求，在特殊条件下，如需高温季节进行后期冷却，因混凝土表面受外界气温影响，很难降到封拱温度，必须采取可靠的表面保温措施。由于该措施的施工条件要求严，成本费用高，而且封拱要求的温度难以保证，在通常情况下，不宜采取该措施。

2.9.5　结语

藤子沟双曲拱坝混凝土温度控制从原材料选择、应力计算分析、温控标准、温控措施、冷却水管布设、通水冷却要求等方面进行了细致、全面的分析、研究，并提出了温控要求。

这里还须强调的是，大坝混凝土在施工中应充分考虑温度对坝体混凝土的影响，按照温控标准，采取严格的温控措施。另外，严格执行坝体冷却水管布置及通水冷却要求，使混凝土温升得到有效控制，减少和避免裂缝的出现，保证工程质量。

最后，国内外实际工程经验也表明，混凝土温控防裂是一项涉及诸多方面和因素的系统工程。要达到预定的温控防裂目标，还须提高全体建设者的温控防裂意识，加强从原材料采购，到混凝土制备、运输、入仓浇筑、养护，以至通水冷却和表面保温等全过程的严格、有效的控制和管理，才能达到最终的目的。

3 泄洪消能建筑物设计

3.1 泄水建筑物设计

3.1.1 泄洪消能中心线和泄洪孔平面轴线

拦河大坝为双曲拱坝,拱坝中心线和主河道中心线基本吻合,稍偏左岸。坝轴线左右岸不完全对称。为了避免泄洪时水流严重冲刷两岸山体,确定泄洪消能中心线与拱坝中心线夹角2.486 1°的形式,即泄洪消能中心线方位角为 NW339°30′50″。

结合本工程河谷狭窄、两岸陡峭的地形特点,在泄洪时水流不严重打击两岸的前提下,尽量将水流宽度拉大,减小对水垫塘的冲击力和动水压力。经水工模型验证,泄洪孔平面轴线半径取 122.623 6 m,以 15.867 6°为中心角(两边孔中心线夹角)的圆弧上布置泄洪孔是合适的。

3.1.2 泄洪建筑物布置与体型设计

泄洪孔口布置主要考虑以下原则:
(1)安全下泄各频率洪水,并有一定超泄能力。
(2)为节省工程投资,坝顶超高不宜过大。
(3)孔口布置应满足金属结构及土建设计要求。
(4)尽量避免水舌打击岸坡,减小对大坝的影响。
(5)方便坝顶交通。

由于本工程河谷狭窄,两岸陡峭,泄量不算很大,合理的泄洪布置方案对确保工程安全具有重要意义。泄洪功率是反映泄洪消能难易程度的重要指标之一。本工程最大泄洪功率为 3 237 MW,单宽泄洪功率为 90 MW,与国内部分百米以上拱坝泄洪功率进行比较后认为,藤子沟水电站采用坝身集中泄洪是可行的。

经过水力学计算及模型试验,在 8#、9#、10#、11# 坝段顶部开设三个泄洪表孔,均按跨缝布置,孔口尺寸均为 12 m×13 m(宽×高)。

三个表孔堰面为开敞式 WES 实用堰。堰顶高程 764.00 m,堰顶上游采用椭圆曲线,曲线方程为 $\dfrac{X^2}{10.176\ 1} + \dfrac{(1.833\ 3 - Y)^2}{3.361\ 1} = 1$,下接 WES 堰面曲线,曲线方程为 $Y = 0.065\ 1X^{1.85}$,定型设计水头 $H_d = 11.00$ m。

针对河床狭窄、行洪水流宽度小而造成水舌落点过于集中的问题,在表孔出口鼻坎上采取措施,使水舌纵向拉开,以减轻下泄水流对水垫塘底板的冲击动水压力。在三个表孔出口鼻坎上设有不同尺寸、不同挑角的齿坎,经整体水工模型验证,3# 孔齿坎挑角为0°,

宽度 9.0 m；2#孔齿坎俯角 15.0°，宽度 6.5 m；1#孔挑角 10°，宽度 9.00 m，为了避免水舌扩散过大而打击岸坡，两边孔的齿坎均布置在靠中孔一侧，中孔齿坎布置在中间位置。泄洪孔控制几何尺寸见表 3-1-1。

表 3-1-1　泄洪孔控制几何尺寸

孔编号	闸孔宽度（m）	堰顶高程（m）	出口俯角（°）	出口高程（m）	坎宽度（m）	坎长度（m）	出坎俯角（°）	坎高程（m）
1#	12	764	30	755.284	9.0	3	−10	757.545
2#	12	764	35	753.948	6.5	3	15	755.245
3#	12	764	35	753.948	9.0	3	0	756.049

每个泄洪孔均设置一道弧形工作门，不需设置检修门，因为每年都有机会对弧门进行检修。弧形工作门半径 $R = 12.50$ m，支铰中心线高程 769.00 m，弧形门由设在坝顶上的液压式启闭机启门。

考虑到坝顶交通要求较低，同时为了缩短闸墩长度，节省工程量，在泄洪孔下游侧布置交通桥，以满足检修时使用。

根据拱坝体型特点，泄洪表孔两个中墩厚平面均呈扇形布置，上游面弧长 5.82 m，下游面弧长 3.35 m；边墩等厚度 4.5 m。中、边墩长均为 22.5 m。按常规在中、边墩均布设了辐射钢筋，在牛腿和其他部位也配置了必要的钢筋。

在堰面浇筑 1.5 m 厚抗冲耐磨的 C30 混凝土，闸墩浇筑 C25 混凝土。

3.1.3　泄流能力、流态

3.1.3.1　泄流能力

经整体水工模型试验验证，本枢纽泄流能力可以满足要求。当宣泄 1 000 年一遇洪水时（$Q = 3\ 286$ m³/s），测得库水位 $H_上 = 776.60$ m，低于调洪设计水位（$H_上 = 776.72$ m）0.12 m；当宣泄 200 年一遇洪水时（$Q = 2\ 876$ m³/s），测得库水位 $H_上 = 775.55$ m，低于设计水位（$H_上 = 775.67$ m）0.12 m。宣泄 1 000 年一遇洪水时的单宽流量为 91.3 m³/s。流量关系曲线见图 3-1-1。

3.1.3.2　水流流态

（1）库区流态。库区水面较为平静，进流顺畅，敞泄时闸墩附近未见漩涡，两边孔边墩进口下游侧有收缩。控泄时闸墩处有漩涡。

（2）水舌流态。由于齿坎作用，各孔水舌分层错开，出口后呈弧线扩散跌落水垫塘中。当三孔全开时，在水面上两边孔水舌以 3/4 椭圆曲线、中孔水舌以小椭圆曲线，分区分层弧线形均匀散开。各工况水舌入水距离最远约 80.00 m，最近约 48.00 m（距坝脚距离）。

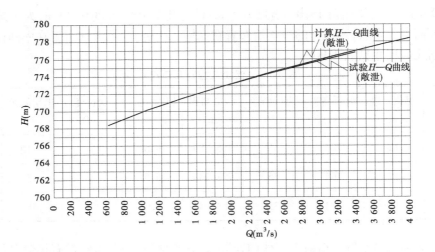

图 3-1-1 泄流能力 H—Q 曲线

3.2 水垫塘设计

藤子沟水库为多年调节水库,电站为引水式电站,不泄洪时的坝后河道处于无水状态,水垫塘具有良好的维护检修条件。

水垫塘为Ⅲ级建筑物,按 50 年一遇洪水设计。

3.2.1 水垫塘总体布置

水垫塘轴线与泄洪消能中心线相同,即 NW339°30′50″,轴线与泄洪孔平面轴线相交点为水垫塘轴线 0 + 000 m 桩号,水垫塘末端桩号为 0 + 160.42 m。

水垫塘底板长度 102.05 m,底板高程按不同部位和承受冲击力情况分段设定:水垫塘前部(挡水坝脚 ~0 + 059.82 m 段)高程为 656.00 m;水垫塘中部 0 + 059.82 m ~ 0 + 092.82 m 共 33 m 长深挖 4.50 m,增加水垫厚度,底板高程确定为 651.50 m;0 + 092.82 m ~ 0 + 109.13 m 段以 1∶4 坡度将底板抬高至 655.50 m 高程,与二道坝前的塘底衔接。底板厚度均为 2.50 m。

塘底基本宽度 55.00 m,随着地形变化少量变动。

根据水垫塘两岸山体的地形、地质条件,确定两岸边墙采用贴坡式边墙,坡度为 1∶0.8 ~ 1∶0.4,边墙底部厚度 1.2 m,顶部厚度 0.8 m,左侧边墙顶高程 682.00 m,右侧边墙顶高程 681.00 m。两岸边墙顶部以上的裸露岩石,喷射混凝土保护。

塘后设置混凝土二道坝,建于泥岩与砂岩互层基础,建基高程 653.00 m,坝脚有 3.5 m 深齿墙,二道坝顶高程 663.00 m,顶宽 2.00 m,上、下游坡均为 1∶0.7。

二道坝下游设 20.00 m 长的护坦,护坦顶面高程 655.00 m,护坦板厚度 2.00 m,为了防止水流淘刷护坦基础,在尾部设置 5.5 m 深齿墙。

在底板、边墙的结构缝上布置了止水系统。

为有效降低底板、边墙的扬压力,底板、边墙结构缝下部设置软式透水管自流式排水系统,将渗水引至排水廊道,然后汇集到集水井,抽排出地面。

3.2.2 水垫塘底板设计

3.2.2.1 地质条件

水垫塘底板多分布于 J_{2s}^6 层泥质粉砂岩与粉砂质泥岩互层上,其饱和抗压强度为 $30 \sim 40$ MPa,变形模量 $3 \sim 4$ GPa,岩层倾向上游,倾角较缓,未见较大的断层破碎带分布,水垫塘基础岩体为中等透水岩体。

3.2.2.2 结构布置

水垫塘底板长度 102.05 m,底板高程按不同部位和承受冲击力情况分段设定:水垫塘前部(挡水坝脚~0+059.82 m 段)为非主要水舌落点,承受冲击力相对较小,该部位的岩石为砂岩,需要保持一定的砂岩厚度来保证大坝的稳定性,故底板高程确定为 656.00 m;0+059.82 m~0+092.82 m 共 33 m 长为主水舌落点,承受最大的冲击荷载,为了控制冲击动水压力小于 15×9.81 kPa,挖深 4.50 m,增加水垫厚度,减小对底板的冲击力,底板高程确定为 651.50 m,经水工模型试验验证,该部位最大冲击动水压力为($P=0.1\%$) 13.25×9.81 kPa;0+092.82 m 至二道坝为水流整流段,此段长度决定二道坝轴线桩号,为了使高速水流尽快恢复正常缓流流态,需要 41.0 m 的长度,即二道坝轴线桩号为 0+133.82 m,综合考虑节省工程量等因素,从挖深坑的底板高程 651.50 m 以 1:4 坡度将底板抬高至 655.50 m 高程,与二道坝前的塘底衔接。底板厚度均为 2.50 m。

水垫塘宽度以避免水舌严重打击岸坡为原侧,由于受地形条件限制,确定塘底基本宽度为 55.00 m,随着地形变化,宽度也跟随着少量变动。

水垫塘底板设纵、横向结构缝,将底板沿宽度方向分成 4~5 块,纵向分成 9 块,每块面积约 200 m²,所有缝均设键槽咬合。

底板表面浇筑 50 cm 厚 C30 抗冲耐磨混凝土,下部为 C20 普通混凝土。

水垫塘底板沿结构缝设置二道止水,即一道铜片止水和一道橡胶止水,整个止水系统连接成一个封闭的系统。

为有效降低底板底部水压力,避免底板上、下部水流贯穿,破坏底板稳定,在底板内分别布置了两套排水系统。一套排水系统在两道止水中间,布设软式透水管,当上层止水发生局部破坏时,压力水可以通过软式透水管排到排水廊道中,然后自流到集水井,以削减塘内压力水对第二道止水的破坏。第二套排水系统布设在底板底部,为软式透水管自流式排水系统,软式透水管设置在结构缝下部基岩面上。所有地基渗水和塘内漏水均自流到集水井,由水泵抽排出地面。

3.2.2.3 稳定计算

底板抗浮稳定计算了三种工况:设计洪水工况($P=2\%$)、检修工况和止排水失效工况。

设计洪水工况和止排水失效工况下的塘内水位为 674.52 m。

各种工况荷载作用下应达到的安全系数:

设计洪水工况:$K_f = 1.1$;

检修工况：$K_f = 1.05$；

止排水失效工况：$K_f = 1.0$。

计算公式采用《溢洪道设计规范》（SL 253—2000）中推荐的公式：

$$K_f = \frac{P_1 + P_2 + P_3}{Q_1 + Q_2}$$

式中　K_f——底板抗浮稳定安全系数；

　　　P_1——底板自重；

　　　P_2——底板顶面上的时均压力，检修工况时不存在；

　　　P_3——当采用锚固时，地基的有效重量；

　　　Q_1——底板顶面上的脉动压力；

　　　Q_2——底板底面的扬压力。

采用《溢洪道设计规范》（SL 253—2000）C.10 中推荐的锚固地基的有效重计算公式：

$$P_3 = \gamma_R' T A$$

$$T = S - \frac{L}{3} - 30d$$

式中　P_3——锚固地基的有效重量；

　　　γ_R'——岩石重度；

　　　A——n 根锚筋底板的计算面积；

　　　T——锚固地基的有效深度；

　　　d——锚筋直径；

　　　L——锚筋间距；

　　　S——锚筋锚入岩石深度。

稳定计算采用反推算法，即根据已经确定要满足的安全系数，反算出锚筋的直径、间距和锚固深度。

分别对水垫塘前部（底板高程 656.00 m）、挖深部位（底板高程 651.50 m）、二道坝前（底板高程 655.50 m）的底板进行了抗浮稳定计算，计算结果表明，要布设锚筋才能满足安全要求。止排水失效工况在任何部位都不是控制工况。计算的水垫塘底板锚筋设置情况见表 3-2-1。

表 3-2-1　水垫塘底板锚筋设置情况

锚筋布置	水垫塘前部底板（检修工况）	挖深部位底板（$P = 3.33\%$ 控制）	二道坝前底板
锚筋组成	锚筋束 2 ϕ 32	锚筋束 2 ϕ 32	1 ϕ 32
锚筋间排距	1.5 m × 1.5 m	1.5 m × 1.5 m	1.5 m × 1.5 m
锚入岩石深度	10.00 m	10.00 m	7.00 m

3.2.3　水垫塘边墙设计

3.2.3.1　地质条件

左岸边坡开挖地形为一上、下陡,中间平缓的台阶状地形,岸坡走向与岩层夹角35°~40°。出露地层主要为中等风化的 $J_{2s}^{7(1)}$、$J_{2s}^{7(3)}$ 等较坚硬的厚层~巨厚层状长石石英砂岩及 J_{2s}^6、$J_{2s}^{7(2)}$、$J_{2s}^{7(4)}$ 层泥质粉砂岩、粉砂质泥岩互层;未见较大的平行于河床的断层破碎带切割边坡岩体,虽见有 RJ_1、RJ_{1-1}、RJ_4 等6条软弱夹层分布,但仅 RJ_1、RJ_{1-1} 性状较差、分布较广,经挖除并喷混凝土处理后,于水垫塘左岸边坡680~695 m高程形成宽缓平台,对边坡上部岩体稳定较为有利。

右岸边坡出露地层主要为中等风化的 $J_{2s}^{7(1)}$、$J_{2s}^{7(3)}$ 等较坚硬的厚层~巨厚层状长石石英砂岩及 $J_{2s}^{7(2)}$ 层泥质粉砂岩、粉砂质泥岩互层;未见较大的平行于河床的断层破碎带切割边坡岩体,虽见有 RJ_1、RJ_{1-1} 等4条软弱夹层分布,仅 RJ_1、RJ_{1-1} 性状较差,但也需要采取加固保护措施。

3.2.3.2　结构布置

根据宣泄100年一遇洪水时水垫塘的最高水位,结合两岸山体的地形、地质条件,确定两岸边墙采用贴坡式边墙,左岸边墙坡度为1:0.5~1:0.8,右岸边墙坡度为1:0.4~1:0.55,由于左右岸边墙的坡度相差较大,导致左侧壅水高于右侧,为了节省工程量,确定两侧边墙顶高程不等高的布置,即左侧边墙顶高程682.00 m,右侧边墙顶高程681.00 m。边墙底部厚度1.2 m,顶部厚度0.8 m。

为保证大坝稳定,在边坡设计中,原则上清坡后不再开挖,而是随坡就势,尽量少开挖两岸山体。

边墙顺水流方向每隔11 m左右设一道结构缝,结构缝与底板横缝对齐。为了提高边墙稳定安全度,边墙纵向不分缝,所有缝均设键槽咬合。

边墙665.00 m高程以下浇筑C30抗冲耐磨混凝土,665.00 m高程以上为C20普通混凝土。

水垫塘边墙665.00 m高程以下沿结构缝设置二道止水,即一道铜片止水和一道橡胶止水,665.00 m高程以上设置一道铜止水。边墙止水与底板止水系统连接成一个封闭的系统。

为有效降低边墙的渗水压力,在结构缝下部设置300 mm×300 mm的排水暗沟,沟内填排水碎石,内包φ50软式透水管,山体渗水通过排水暗沟排入底板的排水廊道中,然后自流到集水井,由水泵抽排出地面。

3.2.3.3　稳定计算

由于右岸边墙陡于左岸边墙,在基本相同的地质条件下,左岸边墙的稳定安全度高于右岸边墙,故只对水垫塘右岸边墙进行了抗滑稳定和抗倾覆稳定计算。

显而易见,当水垫塘检修时(特殊组合),对边墙稳定为最不利荷载组合,故只计算了一种工况:检修工况。

检修工况荷载作用下应达到的安全系数:

抗滑稳定(抗剪断)安全系数:$K' \geqslant 2.5$。

抗倾稳定安全系数：$K_c \geqslant 1.5$。

抗剪断强度指标：$f' = 1.1$。

$C' = 1.1$ MPa。

抗滑稳定按抗剪断强度公式计算：

$$K' = \frac{\sum Wf' + AC'}{\sum P}$$

式中　　K'——边墙抗滑稳定安全系数；

　　　　$\sum W$——垂直于滑动面荷载；

　　　　$\sum P$——滑动荷载；

　　　　A——滑动面积；

　　　　f'、C'——抗剪断强度指标。

抗倾覆稳定计算公式：

$$K = \frac{M_y}{M_0}$$

式中　　K——边墙抗倾覆稳定安全系数；

　　　　M_y——抗倾覆力矩；

　　　　M_0——倾覆力矩。

由于边墙设了排水系统，且在两岸山体内还布置有排水孔，均能有效地降低边墙后部的渗透水压力，故墙外渗水压力的折减系数取0.4。

锚筋采用直径36 mm的二级钢筋，间排距1.5 m×1.5 m。

锚筋计算有效系数 $m = 1.5$。

计算结果：抗滑稳定安全系数：$K' = 7.63 > [K'] = 2.5$，满足要求；

抗倾稳定安全系数：$K_c = 1.71 > [K_c] = 1.5$，满足要求。

3.2.4　二道坝设计

二道坝基地层为 J_{2s}^6 层泥质粉砂岩、粉砂质泥岩互层，岩质较软弱，呈中等风化状态，坝基岩体为中等透水岩石。未见较大的断层破碎带通过，基岩节理不发育，岩体完整性较好。

塘后布置的混凝土二道坝，坝轴线桩号为 0 + 133.82 m，建基高程653.00 m，二道坝顶高程663.00 m，最大坝高10 m，顶宽2.00 m，上、下游坡均为1:0.7。为了提高抗滑稳定性，坝脚设置3.5 m深齿墙。坝基布设锚筋，锚筋直径28 mm，间距1.5 m×1.5 m，锚入岩石5.0 m。

二道坝上、下游坡面及坝顶浇筑50 cm厚C30抗冲耐磨混凝土，坝内部为C20普通混凝土。

沿二道坝轴线方向用结构缝将坝分成6个小坝段，结构缝设置键槽。

二道坝的结构缝设置止水，与水垫塘的止水系统形成一个封闭系统。

由于二道坝上游侧的水垫塘底板设有止、排水系统，下游侧的护坦后为天然河道，所以不可能产生很大的扬压力,故二道坝基础不布置排水系统。

鉴于二道坝具有较好的岩石基础,结构布置尺寸符合常规设计要求,且坝后有 20 m 长护坦保护,显而易见,这样的结构是可以满足稳定要求的。

3.2.5 护坦和边坡防护

护坦基础的地质情况与二道坝基础基本相同,地层为 J_{2s}^6 层泥质粉砂岩、粉砂质泥岩互层,岩质较软弱,呈中等风化状态,坝基岩体为中等透水岩石。未见较大的断层破碎带通过,基岩节理不发育,岩体完整性较好。

在二道坝下游设置的护坦长 20 m,末端桩号 0 + 160.42 m,护坦板顶面高程 655.00 m,护坦板厚度 2 m,为了防止水流淘刷护坦基础,在尾部设置 5.5 m 深齿墙。

护坦表面浇筑 50 cm 厚 C30 抗冲耐磨混凝土,下部为 C20 普通混凝土。

护坦基础布设锚筋,锚筋直径 28 mm,间距 1.5 m × 1.5 m,锚入岩石 5.0 m。

护坦设纵、横向结构缝,将护坦沿宽度方向分成 5 块,纵向分成 2 块,单块最大面积 120 m^2,所有缝均设键槽咬合。

护坦只设止水,不设排水。

由于水垫塘两岸无建筑物,且岩石完整性较好,所以边墙以上的裸露岩石喷射混凝土保护。

3.2.6 水工模型试验主要结果

3.2.6.1 水流流态、流速

水垫塘内水流翻滚剧烈,水面跌落不明显。水流出塘后 200 m 左右基本调整平顺,与下游河道水流基本平稳衔接。

由于下游河道陡峭狭窄,岸边流速比较大。当宣泄 50 年一遇洪水时,在 0 + 197.9 m 断面右岸岸边流速为 5.75 m/s。

塘内水舌入水的上游侧回流流速较大,当宣泄 50 年一遇洪水时达 7.3 m/s。宣泄 2 年一遇洪水时达到 6.7 m/s。

3.2.6.2 水垫塘底板动水冲击压力

根据国内外已建工程资料,底板上的冲击动水压力宜控制在 (10 ~ 15) × 9.81 kPa。从 1/50 水工整体模型试验成果看,最大冲击动水压力为 13.25 × 9.81 kPa($P = 0.1\%$),表明选定的水垫塘底板高程是基本合适的。水垫塘底板最大动水冲击压力见表 3-2-2。

3.2.6.3 水垫塘底板脉动压力特性

各工况下水垫塘底板上的脉动压力过程属于低频大振幅脉动,脉动压力能量主要集中在 0 ~ 10 Hz 范围内($\lambda_f = 1$ 时),冲击区脉动压力基本符合正态分布。当宣泄 50 年一遇洪水和 100 年一遇洪水时,底板脉动压力均方根 σ 最大分别为 6.86 × 9.81 kPa 和 6.68 × 9.81 kPa,常遇洪水频率 5 年一遇和 2 年一遇洪水小流量泄洪时,σ 最大分别为 4.38 × 9.81 kPa 和 2.71 × 9.81 kPa。

表 3-2-2　水垫塘底板最大动水冲击压力

洪水频率(%)	泄洪组合	泄流量(m³/s)	冲击压力最大值 ΔP (×9.81 kPa)
0.1	三孔全开	3 286	13.25
0.2	三孔全开	3 085	12.14
1	三孔全开	2 755	11.69
2	三孔全开	2 638	10.22
3.3	1#孔开 5 m,2#、3#孔全开	2 340	10.60
20	1#孔关,2#、3#孔开 5.8 m	1 220	5.33
50	1#、2#孔全关,3#孔开 6.7 m	700	9.5

3.2.6.4　水工模型试验报告结论

（1）本工程泄洪消能方案推荐跌流与水垫塘相结合的布置型式,其泄流能力满足设计要求。

（2）由于在水垫塘集中受力区域通过局部挖深使水垫厚度增加 4 m 后,减小了水垫塘底板的受力,使在 50 年一遇和 100 年一遇洪水泄洪时,水垫塘底板动水冲击力 ΔP 小于15 ×9.81 kPa 的控制标准,可以满足设计要求。

（3）水垫塘内波动剧烈,涌浪水位较高,引起的溅水降雨的范围和强度都较大,二道坝后两岸水流流速比较大。因此,从坝脚直到 0 + 200 m 断面两岸应注意分区防护,水垫塘内两岸亦应注意防护。

（4）对水垫塘底板稳定问题进一步分析,可考虑在适当时机展开专题研究。

4 引水系统设计

引水系统是连接水源与发电厂房之间的纽带,承担一定的压力水头和流量,是保证厂房正常发电不可缺少的组成部分。一般包括进水口设计、水工隧洞设计、调压设施设计和压力管道设计。

藤子沟水电站引水系统包括进水口、引水隧洞、上下管桥、调压井和压力管道等,下面分别进行介绍。

4.1 进水口设计

一般引水式水电站的进水口多为深式进水口,又称有压进水口,它是为在水位变幅很大的天然河道、湖泊或是人工水库等取水需要而修建的一种取水建筑物。其特征是进水口处于水位变幅区以下一定深度,在一定压力水头下工作。进水口作用主要是在规定的水位变化范围内引水发电或引进所需用的水量,并尽可能阻止泥沙和污物的进入,防止发生汽蚀破坏,提高水质和水流的平顺性。

进水口可以单独设置,也可与挡水建筑物结合在一起,这需根据枢纽布置、地形地质条件等因素综合考虑,一般初步设计阶段进水口需进行位置及型式比选。

深式进水口结构型式按在枢纽中的布置位置,可分为集中式和独立式。集中式主要有河床式进水口和坝式进水口;独立式主要有塔式和岸式,对于岸式又分为岸坡式、岸塔式和闸门竖井式。

4.1.1 进水口位置及型式比较

据进水口设备布置要求和地形条件,进水口由拦污栅墩段和闸门井段两部分组成,拦污栅检修平台高程为 777.00 m。按进水口淹没深度要求,进水口底板高程为 714.00 m。

根据现有的地形和地质资料研究分析,可布置进水口较优的位置有两个:位置一,进水口布置于河道右岸、坝址上游约 400 m 处;位置二,进水口布置于坝址上游的右坝肩处,距坝轴线约 30 m。

4.1.1.1 位置一进水口型式选择

进水口布置于河道右岸、坝址上游约 400 m 处,该处河岸地形高程为 714.00 ~ 790.00 m,地形陡峻,为 J_{2s}^8 长石石英砂岩形成的基岩陡崖,坡度 75°~80°,岩层倾向坡里,边坡整体稳定。岸底坡麓地带为 J_{2s}^8 泥质粉砂岩、粉砂质泥岩形成的缓坡,坡度 30°~40°。其上第四系松散堆积物厚度 4.0~8.0 m,主要由壤土、孤石、块石夹壤土等组成。

根据该处地形和地质情况,考虑了两种进水口布置型式,即岸塔式和竖井式。岸塔式进水口:将进水口拦污栅墩和闸门井结合布置在岸边,形成一塔式结构,由交通桥与岸上公路连接。竖井式进水口:将进水口拦污栅墩布置在岸边、闸门井布置在岸后山体内,闸门井为竖井式结构。

（1）岸塔式进水口。进水口拦污栅墩和闸门井结合布置,进水口底板约 13.0 m ×
26.0 m(宽×长)。在该位置处布置进水口,若不进行大的岸边边坡开挖,则需将进水口整
体结构布置于岸边第四系松散堆积物位置处,该处基础开挖处理难度高,且工程量很大。
若进行大的岸边边坡开挖,因该处为基岩陡崖,石方明挖量很大。从该处地形和地质条件
可明显看出,该处不宜布置岸塔式进水口。

（2）竖井式进水口。进水口拦污栅墩布置在岸边、闸门井布置在岸后山体内,使进水
口拦污栅墩和闸门井结构分开布置。从该处地形和地质条件看,可充分利用该处为 J_{2s}^9 长
石石英砂岩陡崖和地形坡度 75°~80° 的特点,将拦污栅布置成倾角为 78° 的斜式结构,使
拦污栅墩以阶梯形布置在岸边砂岩陡崖上,这样既可减少大量的石方明挖,又可解决进水
口结构整体稳定问题。

通过以上对岸塔式进水口和竖井式进水口方案布置比较看,在该处布置竖井式进水
口明显优于布置岸塔式进水口,因此该处推荐竖井式进水口结构型式。

4.1.1.2　位置二进水口型式选择

进水口布置于坝址上游的右坝肩处,距坝轴线约 30 m。该处布置进水口的目的是想
由坝顶或坝头交通直接上进水口检修平台。

该处位于坝基和坝肩开挖边坡处,边坡地质岩层自下而上依次为 J_{2s}^7、J_{2s}^8、J_{2s}^9、J_{2s}^{10},其中
7、9 层为砂岩,8、10 层为泥岩,高程 740.00 m 以下为 7 层,高程 740.00~775.00 m 为泥
岩第 8 层,高程 775.00~795.00 m 为砂岩第 9 层,高程 795.00 m 以上为泥岩第 10 层,该
处山体雄厚,第 10 层泥岩顶高程在 870.00 m 左右。

根据该处地形和地质情况,同样考虑了两种进水口布置型式,即竖井式和岸塔式。

（1）竖井式进水口。进水口拦污栅墩布置在岸边,闸门井布置在岸后山体内,使进水
口污栅墩和闸门井结构分开布置。从该处地形和地质条件看,若将闸门井结构布置于岸
后山体内,因该处山体雄厚,地面高程 870.00 m,闸门井地面高程 777.00 m。闸门井石方
明挖量很大,故该处不具备布置竖井式进水口条件。

（2）岸塔式进水口。进水口拦污栅墩和闸门井结合布置,进水口底板约 13.0 m ×
26.0 m(宽×长)。在该位置处布置进水口,需在坝基和坝肩开挖边坡上重新开挖,开挖出
可布置进水口的位置,进水口为岸边塔式结构,结构顶部有交通桥与坝顶连接。

通过以上对竖井式进水口和岸塔式进水口方案布置比较看,在该处只具备布置岸塔
式进水口的条件,因此该处推荐布置岸塔式进水口结构型式。

4.1.1.3　进水口位置比较

进水口位置有两个,位置一为竖井式进水口,位置二为岸塔式进水口。两个位置相
比,具有如下特点。

1)位置一

（1）优点:进水口底板位于第 9 层厚层砂岩下部,使引水洞进洞后在第 9 层砂岩中穿
过,引水洞结构设计简单;充分利用该处为砂岩陡崖和地形坡度为 75°~80° 的特点,将拦
污栅结构以阶梯形布置在岸边砂岩陡崖上,这样既可减少大量的石方明挖,又可解决进水
口结构整体稳定问题。

（2）缺点：为解决进水口交通，需从坝头公路修建一条约 300 m 长交通洞与进水口回车场相连，交通洞断面为 8.0 m×5.0 m（宽×高）。

2）位置二

（1）优点：进水口结构顶部有交通桥与坝顶连接，交通便利，节省一条交通洞；引水洞洞长比位置一缩短 54 m。

（2）缺点：石方明挖量较大；进水口底板位于第 7 层砂岩上部，因该岩层走向 NE 20°～35°，倾向 NW，倾角 10°～20°，使引水洞进洞后有约 300 m 洞段在第 8 层泥岩中穿过，引水洞结构设计较复杂，且增加投资；该进水口位置布置，使引水洞 1# 和 2# 洞段洞线走向改变，造成下管桥上游埋藏管段上覆岩体变薄，钢管段长度增加 40 m，增加钢材量；进水口位于坝基和坝肩开挖边坡处，无论是岩石开挖还是混凝土施工，相互施工干扰较严重。

位置一和位置二布置进水口工程量及直接投资见表4-1-1。

表 4-1-1　位置一和位置二布置进水口工程量及直接投资

项目	单位	位置一（贴坡式拦污栅）	位置二（拦污栅与闸门井结合布置）
土方明挖	m³	7 624	
石方明挖	m³	14 159	49 291
结构混凝土	m³	8 179	10 758
钢筋	t	604	850
锚杆	根	662	2 018
喷混凝土	m³	881	1 024
石方洞挖	m³	3 665	515
石方井挖	m³	7 846	
钢材	t		77
洞衬混凝土	m³	335	
交通洞石方洞挖	m³	10 513	
直接投资合计	万元	968	1 127
投资差	万元	0	+159

4.1.1.4　结论

通过以上对两个进水口位置及型式选择比较，位置一即贴坡式拦污栅 + 山体内布置闸门竖井的竖井式进水口结构方案，无论在技术上还是经济上均较优，因此位置一竖井式进水口结构型式为推荐方案。

4.1.2　进水口布置

进水口布置于河道右岸、坝址上游约400 m 处，根据该处地形及地质条件，将拦污栅结构沿岸坡地形布置为斜栅，闸门井设置于拦污栅后的山体内，进水口闸门井内布置事故门一道,闸门检修平台高程为 777 m,有上进水口公路与之相连。

进水口处岸坡较陡,根据地形及地质条件,拦污栅与水平夹角为 80.74°,拦污栅墩以阶梯形布置在岸边砂岩陡崖上,且有锚筋与岩基相连,结构两侧 5 m 范围均进行清坡和喷混凝土护坡。由水库死水位 723.00 m 和进水口淹没深度要求,进水口底板高程确定为 714.00 m。底板厚 1.5 m,底板沿水流方向长 5.00 m,总宽 9.0 m。坝址区 50 年泥沙淤积高程 700.70 m,低于进水口底板高程,无须设置拦沙设施。拦污栅为单孔,取栅前流速 0.8 m/s,确定拦污栅孔口尺寸为 6 m×10 m(宽×高)。按水库运行水位,拦污栅检修平台定为 777.00 m,比水库正常蓄水位高 2 m,并略高于校核洪水位 776.72 m,拦污栅检修平台上设有启闭机,用于启吊拦污栅。启闭机室地面高程 783.50 m,启闭机室屋顶高程 787.60 m。进水口闸门井位于拦污栅后 36.14 m 的山体内,为竖井式结构,闸门井内布置一道事故门,闸门孔口尺寸为 3.4×4.3 m(宽×高),闸门井后设一 0.8 m×1.20 m(宽×长)的通气孔,通气孔内设有爬梯。闸门井底板高程为 714.00 m,检修平台高程为 777.00 m,闸门井的顶部为启闭机室,启闭机室地面高程 788.0 m,启闭机室屋顶高程 793.50 m。拦污栅检修平台、闸门检修平台和进口回车场高程均为 777.00 m,回车场布置在建筑物左侧(下游),有一交通洞与大坝右坝头对外公路相通。

4.1.3 进水口最小淹没深度计算

根据《水利水电工程进水口设计规范》(SL 285—2003),进水口最小淹没深度按下式计算:

$$S = CVd^{1/2}$$

式中　S——进水口最小淹没深度,m;

　　　C——系数,对称水流取 0.55;

　　　V——闸孔断面平均流速,m/s;

　　　d——闸孔高度,m。

进水口最小淹没深度计算值为 4.03 m,设计采用值为 4.7 m,按水库死水位 723.00 m 确定闸孔顶板高程为 718.3 m,进水口底板高程为 714.00 m。

4.1.4 进水口结构设计

(1)由于贴坡式拦污栅边墩锚固在岩质边坡上,且在水中平压,故只需按构造配筋。

(2)闸门井结构计算。

计算工况:完建无水、运行、检修。

主要计算荷载包括以下几种。

完建工况:结构自重、风载。

运行工况:结构自重、水重、水压力、侧向山岩压力等。

检修工况:结构自重、水重、水压力、侧向山岩压力等。

闸门井作为独立的结构进行计算,整体稳定计算不计地震荷载。闸门采用后止水型式,完建工况时,由于开挖影响,闸门井结构主要荷载为侧向山岩压力;运行工况时,闸门井结构在水中平压;检修工况时(库水位放至死水位 723 m 时),闸门井结构主要荷载为外水压力和侧向山岩压力。根据三种工况分析,计算控制工况为检修工况,井筒切取水平单元宽度,按矩形框架进行计算,经结构计算,按构造配筋。其主要配筋见表4-1-2。

表 4-1-2　进水口主要配筋

拦污栅底板	拦污栅边墩	闸门井底板	闸门井井壁	
			▽ 714 m ~ ▽ 728 m	▽ 728 m ~ ▽ 777 m
Φ 20	Φ 20	Φ 20,Φ 25	Φ 22	Φ 16

因进水口为岸边斜式拦污栅结构,拦污栅墩以阶梯形岩槽布置在岸边砂岩陡崖上,每10 m 高程设一个台阶,岩槽内布有锚筋,锚筋长 4 m,直径 22 mm,间排距 1 m × 1 m,深入岩石 3 m,使拦污栅墩与岩壁之间联结成整体,闸门井在山体内,因此进水口不存在抗滑、抗浮等问题。

4.2　引水隧洞设计

4.2.1　引水隧洞布置

自进水口闸后渐变段至调压井底洞段为引水隧洞,引水隧洞两次跨越龙河,将引水隧洞分为三段,分别为 $1^{\#}$、$2^{\#}$ 和 $3^{\#}$ 洞段,跨越龙河段采用管桥架钢管型式连接,管桥分为上管桥和下管桥。

引水隧洞沿线山体雄厚、陡峻,洞身主要穿行于微新泥质粉砂岩、粉砂质泥岩互层及长石石英砂岩岩体中,未见较大的断层破碎带,上覆岩体厚度一般为 80 ~ 250 m,地下水位于洞身段高程多为 754 ~ 781 m,出口地段高程多为 597 ~ 651 m。引水隧洞通过地段,泥岩段为Ⅲ类围岩,砂岩段多为Ⅱ类围岩,岩体多较新鲜,上覆岩体多较深厚,未见大的断层破碎带通过,大部分洞段洞轴线与岩层走向具有一定交角,成洞条件较好。对于泥岩部位,在进行隧洞开挖时,采取及时喷混凝土的方法,防止泥岩软化,喷混凝土厚 10 cm。

1)$1^{\#}$ 洞段布置

自闸门井后桩号 0 +007.00 m 至上管桥上游渐缩段桩号 0 +994.759 m 为 $1^{\#}$ 洞段,该段长 987.759 m。

该洞段桩号 0 +007.00 m 至桩号 0 +014.263 m 之间方位角为 SW188°04′42″,自桩号 0 +014.263 m 后开始平面转弯,转弯角 37°15′13″,转弯半径 18 m,弧长 11.70 m,至桩号 0 +025.967 m 处平面转弯结束。桩号 0 +025.967 m 至桩号 0 +979.00 m 之间洞线为直线布置,方位角为 SW225°19′55″,自桩号 0 +150.00 m 处隧洞开始立面起坡,至桩号 0 +979.00 m 处为终坡点,坡度 i =0.065 2。

初步设计时,该段为圆形钢筋混凝土衬砌,内径4.3 m,衬砌厚 0.4 m,双层配筋。技施设计时,根据实际开挖出露的围岩条件,对桩号 0 +240.00 m 至桩号 0 +440.00 m 洞段衬砌型式进行了设计优化,采用喷锚衬砌,内径 6.6 m,喷混凝土厚 0.1 m;对桩号 0 +440.00 m 至桩号 0 +740.00 m 洞段衬砌型式进行了设计优化,采用喷锚衬砌,内径采用已开挖形成的洞径 5.44 m,喷混凝土厚 0.1 m。喷锚衬砌末端(按水流方向)设有集渣坑。

2)2# 洞段布置

自上管桥下游桩号 1 + 214.692 m 至下管桥上游渐缩段桩号 1 + 568.571 m 之间为 2# 洞段,该段长 353.879 m。

该洞段为直线布置,方位角为 SW225°19′55″,自桩号 1 + 227.137 m 处隧洞开始立面起坡,至桩号 1 + 556.306 m 处为终坡点,坡度 i = 0.075 9。

初步设计时,该段为圆形钢筋混凝土衬砌,内径 4.3 m,衬砌厚 0.4 m,双层配筋。技施设计时,根据实际开挖出露的围岩条件,对桩号 1 + 290.00 m 至桩号 1 + 490.00 m 洞段衬砌型式进行了设计优化,采用喷锚衬砌,内径采用已开挖形成的平均洞径 5.44 m,喷混凝土厚 0.1 m。喷锚衬砌末端(按水流方向)设有集渣坑。

3)3# 洞段布置

自下管桥下游桩号 1 + 967.44 m 至调压井底洞段桩号 4 + 847.895 m 之间为 3# 洞段,该段长 2 880.455 m。

该洞段为直线布置,方位角为 SW241°53′32″,自桩号 1 + 987.664 m 处隧洞开始立面起坡,至桩号 4 + 845.00 m 处为终坡点,坡度 i = 0.000 65。

初步设计时,该段为圆形钢筋混凝土衬砌,内径 4.3 m,衬砌厚 0.4 m,双层配筋。技施设计时,根据实际开挖出露的围岩条件,对个别洞段衬砌型式进行了设计优化,采用单层配筋,取消了外层配筋。

4.2.2 引水隧洞结构设计

4.2.2.1 围岩条件

(1)1# 洞穿过地段地面高程为 740 ~ 880 m,隧洞埋深 70 ~ 190 m,隧洞在第 9 层砂岩和第 8 层泥岩交接面穿过,个别洞段隧洞结构腰线以下存在砂岩泥岩互层情况,洞身围岩分类为Ⅱ类和Ⅲ类,相应围岩单位弹性抗力系数 K_0 为 5 ~ 6 GPa/m 和 2.5 ~ 3.5 GPa/m。

(2)2# 洞穿过地段地面高程为 710 ~ 797 m,隧洞埋深 67 ~ 140 m,隧洞在第 9 层砂岩中穿过,洞身围岩分类为Ⅱ类,围岩单位弹性抗力系数 K_0 为 6 ~ 7 GPa/m。

(3)3# 洞穿过地段地面高程为 710 ~ 925 m,隧洞埋深 70 ~ 280 m,该段地层为第 7 层至第 18 层,为砂岩泥岩互层,岩层走向 N30° ~ 40°E,倾向 NW,倾角 10° ~ 25°。隧洞在第 9 层至第 18 层砂岩和泥岩互层中穿过,隧洞围岩条件较复杂,洞身围岩分类为Ⅱ类和Ⅲ类,相应围岩单位弹性抗力系数 K_0 为 6 ~ 7 GPa/m 和 2.5 ~ 3.5 GPa/m。

4.2.2.2 计算方法、原则及结果

引水隧洞结构计算采用《水工隧洞设计规范》(SL 279—2002)附录 B 的计算方法,混凝土衬砌均按限裂宽度小于 0.25 mm 计算。考虑到围岩自稳条件较好,山岩压力只计垂直山岩压力,不计水平山岩压力,根据山岩压力公式:垂直山岩压力 $q = S_y R_1 B$。对于外水压力,考虑到围岩是砂岩和泥岩互层,其中泥岩层为隔水层,并根据多处洞段开挖后渗水和滴水较少情况,外水压力取值为山体覆盖厚度的 0.5 倍。

引水隧洞计算工况考虑施工、运行、检修三种工况,计算荷载有内水压力、外水压力、

衬砌自重、山岩压力、灌浆压力等。内水压力按调压井最高涌浪时水位与水库正常蓄水位是压坡线,计算出各段内水压力值。

引水隧洞荷载组合:

施工工况:灌浆压力 + 衬砌自重 + 山岩压力;

运行工况:内水压力 + 外水压力 + 衬砌自重 + 山岩压力;

检修工况:外水压力 + 衬砌自重 + 山岩压力。

根据计算,其主要配筋见表4-2-1。

表 4-2-1 引水洞主要配筋

Ⅱ类	Ⅲ类	Ⅳ类	渐变段	钢管加强段
Φ 16@ 20	Φ 16@ 20	Φ 20@ 20	Φ 22@ 20	Φ 20@ 20

4.2.2.3 灌浆设计

为加固隧洞开挖时对围岩的松动影响,特对整个引水洞钢筋混凝土衬砌结构全断面做固结灌浆,顶拱120°做回填灌浆,固结灌浆孔排距为2.5 m,每排6孔,深入岩石2.5 m,顶拱固结灌浆孔兼作回填灌浆孔,固结灌浆压力为0.4 MPa,回填灌浆压力为0.2 MPa。

4.2.3 引水隧洞优化设计

根据引水隧洞开挖围岩出露实际情况,1#和2#引水隧洞围岩岩性单一,多为Ⅱ类砂岩。对于3#引水隧洞,由于穿过地质围岩为互层结构,穿过岩层为J_{2S}^8至J_{2S}^{18}共计11层,地质条件比较复杂,且3#引水隧洞承受内水头在137～151.5 m,水头相对1#、2#引水隧洞较高,为加快引水隧洞施工进度,降低工程造价,对1#、2#和3#引水隧洞衬砌型式进行优化研究。

4.2.3.1 优化原则

(1)依据围岩开挖的实际出露资料,以Ⅱ类围岩为主,Ⅲ类围岩为辅。

(2)为保证水轮机组正常的工作水头,使电站发挥额定工作效率,引水隧洞优化设计时,在保证隧洞运行安全的前提下,以引水系统水头损失不变为原则,研究将引水隧洞混凝土衬砌型式改为锚喷衬砌的技术可行性和经济合理性。

(3)有压隧洞洞身的垂直和侧向覆盖厚度(不包括覆盖层),当围岩较完整无不利结构面、采用锚喷衬砌时,按不小于1.0倍内水压力水头控制。

(4)水工隧洞为地下结构,钢筋混凝土衬砌隧洞由衬砌结构与围岩联合共同承受内水压力,而锚喷衬砌则完全由围岩承担内水压力,因此要求围岩必须具有承担内水压力的能力,亦即在内水压力作用下,围岩不会发生水力劈裂破坏,并且围岩本身在内水压力作用下应长期稳定,同时围岩应具有一定的抗渗性,不会发生渗透破坏和过大的水量损失。

(5)本工程引水隧洞主要为砂岩和泥岩,因泥岩遇水易软化,不适合采用锚喷衬砌,故本次优化设计主要针对完整性较好的砂岩洞段。

4.2.3.2 优化结果

根据上述优化原则,通过分析计算,优化结果如下:

1)1#引水隧洞

对1#引水隧洞桩号 0 +240.00 m 至桩号 0 +740.00 m 段衬砌型式进行优化,将原钢筋混凝土衬砌改为锚喷衬砌,喷混凝土厚 10 cm,洞长 500 m。

对1#引水隧洞桩号 0 +195.00 m 至桩号 0 +240.00 m、桩号 0 +740.00 m 至桩号 0 +940.00 m 段衬砌型式进行优化,将原有混凝土衬砌双层钢筋混凝土改为单层钢筋混凝土衬砌,即取消外层钢筋,只设置内层钢筋,主受力钢筋为 Φ 16@20,分布筋为 Φ 10@20。在优化后的单层配筋混凝土结构中掺入玻璃纤维,以增加混凝土的抗裂性能。

2)2#引水隧洞

对2#引水隧洞桩号 1 +290.00 m 至桩号 1 +490.00 m 段衬砌型式进行优化,将原有混凝土衬砌改为锚喷衬砌,喷混凝土厚 10 cm,洞长 200 m。

对2#引水隧洞桩号 1 +490.00 m 至桩号 1 +540.00 m 段衬砌型式进行优化,将原有混凝土衬砌双层钢筋混凝土改为单层钢筋混凝土衬砌,即取消外层钢筋,只设置内层钢筋,主受力钢筋为 Φ 16@20,分布筋为 Φ 10@20。在优化后的单层配筋混凝土结构中掺入玻璃纤维,以增加混凝土的抗裂性能。

3)3#引水隧洞

对3#引水隧洞号 2 +330.00 m 至桩号 2 +515.00 m、桩号 2 +700.00 m 至桩号 2 +750.00 m、桩号 4 +270.00 m 至桩号 4 +330.00 m 段衬砌型式进行优化,将原有混凝土衬砌双层钢筋混凝土改为单层钢筋混凝土衬砌,即取消外层钢筋,只设置内层钢筋,主受力钢筋为 Φ 16@20,分布筋为 Φ 10@20。

对3#引水隧洞桩号 4 +330 m 至桩号 4 +530 m 段衬砌型式进行优化,将原有混凝土衬砌双层钢筋混凝土改为单层钢筋混凝土衬砌,即取消外层钢筋,只设置内层钢筋,主受力钢筋为 Φ 20@20,分布筋为 Φ 12@20。

4.3 上下管桥设计

根据该电站引水发电系统的整体布置,引水隧洞两次跨越龙河,跨越段采用混凝土桥架设明钢管型式连接。按引水系统水流方向管桥分别为上、下管桥。管桥建筑物包括埋管、明钢管和支承明钢管的桥梁。因引水隧洞两次穿越龙河,在进、出口段上覆岩体较薄,对上覆岩体厚度不足 0.4 倍内水水头的引水隧洞衬砌采用钢板衬砌。

4.3.1 上管桥布置

桩号 0 +990.759 m ~0 +994.759 m、1 +214.692 m ~1 +218.692 m 为钢筋混凝土渐变段,连接钢筋混凝土段与埋藏钢管段,钢筋混凝土衬砌为圆形断面,内径 4.30 m,钢板衬砌为圆形断面,内径 3.90 m,两种衬砌型式断面开挖直径相同,均为 5.10 m。桩号 0 +990.759 m ~1 +048.732 m、1 +164.332 m ~1 +214.692 m 为埋藏钢管段,钢管内径 3.90 m,管壁厚度为 1.2 cm,加劲环间距 2.0 m,钢管外回填素混凝土(C15)厚度为 0.6 m。桩号 1 +048.732 m ~1 +164.332 m 为明钢管,钢管设于钢筋混凝土桥墩上,明钢管内径 3.90 m,管壁厚度为 2.0 cm。明钢管的支座型式采用滑动支座,支座间距为 20 m,支座上设有支承环,支承环为城门洞断面,厚 3.0 cm,高度 30 cm。钢管两端各布置一个波纹管伸缩节,钢筋混凝土桥梁采用简支梁式桥,桥梁共五跨,单桥跨度 20 m,桥主梁为两根,梁断面尺寸为 1.0 m×1.5 m。因上管桥处龙河河床覆盖层较厚,砂卵石层达 6 m,而且龙河常年有水,不宜进行基础明挖,设计采用钻孔桩做基础。钻孔桩直径为 2.0 m,钻孔桩支承在泥岩层的上部,钻孔桩顶端按不低于龙河 5 年一遇水位控制,确定为 645.00 m,四个桥墩桩基础高度分别为 12 m、14 m、14 m 和 11 m。钻孔桩基础上为双柱式桥墩,桥墩直径为 1.5 m,双柱桥墩之间设两层联系梁,联系梁间距为 5 m,梁断面尺寸为 1.0 m×1.2 m,柱墩高度为 12 m。

4.3.2　下管桥布置

桩号 1+564.571 m~1+568.571 m、1+967.44 m~1+971.44 m 为钢筋混凝土渐变段,连接钢筋混凝土段与埋藏钢管段,钢筋混凝土衬砌为圆形断面,内径 4.30 m,钢板衬砌为圆形断面,内径 3.90 m,两种衬砌型式断面开挖直径相同,均为 5.10 m。桩号 1+568.571 m~1+642.621 m、1+754.821 m~1+967.44 m 为埋藏钢管段,钢管内径为 3.90 m,管壁厚度为 1.4 cm,加劲环间距 2.0 m,钢管外回填素混凝土(C15)厚度为 0.6 m。桩号 1+642.621 m~1+754.821 m 为明钢管,钢管设于钢筋混凝土桥墩上。明钢管内径为 3.90 m,管壁厚度为 2.2 cm,明钢管的支座型式亦为滚动支座,支座间距为 20 m,支座上设有支承环,支承环为城门洞断面,厚 3.0 cm,高 30 cm。钢管两端各布置一个波纹管伸缩节,钢筋混凝土桥梁采用简支梁式桥,桥梁共五跨,单桥跨度 20 m,桥主梁为两根,梁断面尺寸为 1.0 m×1.5 m。下管桥也采用钻孔桩作基础,钻孔桩直径为 2.0 m,钻孔桩支承在泥岩层的上部,钻孔桩顶端按不低于龙河五年一遇水位控制,确定为 619.00 m,四个桥墩桩基础高度分别为 12 m、17 m、17 m 和 11 m。钻孔桩基础上为双柱式桥墩,直径为 1.5 m。双柱桥墩之间设两层或三层联系梁,联系梁间距为 5 m,梁断面尺寸为 1.0 m×1.2 m,河床两侧柱墩高度为 11 m;中间柱墩高度为 17 m。

4.3.3　上下管桥结构设计

4.3.3.1　计算基本参数的选取

(1)内水压力。按调压井最高涌浪时水位与水库正常蓄水位是压坡线,计算出上、下管桥位置的压力管道内水压力值:上管桥为 110 m,下管桥为 135 m。

(2)材料基本物理参数。混凝土采用设计规定标号,灌注桩为 C35,墩柱和横梁为 C30;钢材为低合金钢 Q345-C。材料的弹性模量和容重等参数,均按照材料的标准值采用。地基泥岩在中,地基承载力:中等弱风化为 3~3.5 MPa,微新岩石为 4.0~4.5 MPa。

其他参数:上管桥河道水位 651 m,下管桥河道水位 628 m,设计风压 450 Pa,最大风速 12 m/s。

4.3.3.2　计算方法和过程

上下管桥结构研究计算是委托大连理工大学与本院联合研究计算的,计算方法采用空间三维有限元法。详见第 9 章引水隧洞上下管桥结构研究。

4.3.3.3 **计算结果**

通过计算研究,上下管桥选用的钢管厚度是合适的,支撑环间距采用 20 m 跨是可行的,同时计算出了波纹管伸缩节的三向变位参数,为波纹管选择提供依据。

4.4 调压井设计

4.4.1 调压井布置

考虑结构安全和运行方便,应尽量将调压室布置在山体中,由于水库的校核洪水高程为 776.72 m,在工程区根据地形选择后,将调压室中心线位置选在桩号 4 + 854.695 m 处,此处山体坡度较缓,调压井周围山体宽厚,未见较大的断层破碎带通过,成井条件较好,但泥岩类型多为Ⅲb 类岩体,抗风化能力差,且极易软化;此外,调压井地段水文地质条件较为复杂,地层为泥岩和砂岩互层。调压井基本位于山体中,而且下游侧岩石较厚,不会对后山坡产生不利的影响,在此位置设置调压井是可行的。

调压井布置在引水隧洞末端,中心线桩号 4 + 854.695 m,地面高程 780.00 m。调压井底板高程 636.00 m,底洞段前部通过 4.0 m 长的渐变段和引水隧洞相连,后部通过 4.0 m 长的渐变段和压力管道相连。

调压井在高程 639.90 ~ 704.00 m 段为升管,内径为 3.4 m,钢筋混凝土衬砌厚 0.4 m,升管开挖时,对泥岩部分,采取及时喷混凝土的方法,防止泥岩软化,喷混凝土厚 0.1 m。高程 704.00 ~ 794.50 m 段为大井,最高涌浪为 791.50 m,最低涌浪为 707.01 m,大井底板厚 1.0 m,内径为 15.0 m,衬砌厚 1.0 m,调压井露出地面 14.5 m。大井开挖时,对泥岩部分,采取及时喷混凝土的方法,防止泥岩软化,喷混凝土厚 0.1 m。

4.4.2 调压井结构计算

4.4.2.1 **基本参数**

调压井最高涌浪为 791.50 m,最低涌浪为 707.01 m,围岩单位弹性抗力系数 K_0 为 3.5 ~ 4.5 GPa/m,衬砌混凝土为 C20。

4.4.2.2 **计算方法及工况**

对大井结构,采用《水工设计手册》第七卷调压设施中介绍的结构计算方法,考虑圆筒与底板为刚性连接;对于升管结构,按《水工隧洞设计规范》(SL 279—2002)附录 B 的计算方法,混凝土均按限裂宽度小于 0.25 mm 计算。

荷载:围岩压力、内水压力、外水压力、衬砌自重、风荷载(地面外露部分)。

调压井计算工况:施工、运行、检修三种工况。由于施工和检修工况时结构只受围岩压力和外水压力,二者数值较小,与运行工况比较,不为控制工况。因此,结构计算控制工况为运行工况。

4.4.2.3 **计算结果**

经结构计算其主要配筋见表4-4-1。

表 4-4-1 调压井主要配筋汇总

序号	名称	配筋
1	升管	$\Phi 14@20$
2	大井底板	$\Phi 20@20$、$\Phi 28@20$
3	大井井壁	$\Phi 20@20$、$\Phi 22@20$、$\Phi 25@20$、$\Phi 28@20$、$\Phi 32@20$

4.5 压力管道设计

4.5.1 压力管道布置

自调压井后桩号 4 + 854.695 m（即桩号压 0 + 000.00 m）至厂房上游边墙（桩号压 0 + 781.547 m）为压力管道，从调压井渐变段后算起，该段长 786.479 m。在桩号 0 + 006.80 m 至桩号 0 + 034.92 m 段采用钢筋混凝土衬砌，其他段采用钢板衬砌，压力管道采用一洞两机的方式布置，主管采用 Y 形岔管分岔形式分出两条支管。

管道沿线为阶梯状地形，地面高程为 590 ~ 780 m，长石石英砂岩为陡崖、陡坡，泥岩形成缓坡，坡度为 20° ~ 25°。管道主要在第 16 层薄层泥岩与砂岩中穿过，岩体强风化下限埋深一般 5 ~ 6 m，中等风化岩下限埋深 10 ~ 15 m。

压力管道出调压井后，在桩号压 0 + 010.00 m 后开始平面转弯，转弯角 16°11′50″，转弯半径 20 m，弧长 5.65 m，至桩号压 0 + 015.808 m 处平面转弯结束。桩号压 0 + 015.808 m 至桩号压 0 + 560.727 m 之间洞线为直线布置，方位角为 SW225°41′43″。自桩号压 0 + 036.70 m 处开始立面转弯，至桩号压 0 + 084.482 m 处立面转弯结束，上立面转弯角 45°，转弯半径 20 m，弧长 15.70 m，下立面转弯角 41.5°，转弯半径 20 m，弧长 14.49 m。管道自桩号压 0 + 084.482 m 处开始起坡，至桩号压 0 + 546.748 m 处终坡，坡度 $i = 0.032\ 2$。在桩号压 0 + 560.727 m 后开始平面转弯，转弯角 11°10′31″，转弯半径 20 m，弧长 3.901 m，至桩号压 0 + 564.628 m 处平面转弯结束。桩号压 0 + 564.628 m 至桩号压 0 + 752.775 m 之间洞线为直线布置，方位角为 SW214°31′12″。在桩号压 0 + 752.775 m 后开始平面转弯，转弯角 27°59′03″，转弯半径 9.5 m，弧长 4.64 m，至桩号压 0 + 757.415 m 处平面转弯结束。桩号压 0 + 757.416 m 至桩号压 0 + 765.047 m（岔管中心点）之间洞线为直线布置，岔管前布置一渐变段，钢管直径由 4.3 m 渐缩为 3.9 m，根据地形及地质条件，桩号压 0 + 006.80 m 至桩号压 0 + 598.497 m 之间为洞挖段，以后至厂房为明挖段。洞挖段为砂岩和泥岩互层，隧洞围岩条件较复杂，洞身围岩分类为 Ⅲ 类和 Ⅳ 类，相应围岩单位弹性抗力系数 K_0 为 3 ~ 4 GPa/m 和 1 ~ 2 GPa/m，相应泊松比为 0.30 ~ 0.35 和 0.35。

在桩号压 0 + 006.80 m 至桩号压 0 + 034.92 m 段采用钢筋混凝土衬砌，内径为 4.3 m，衬砌厚 0.4 m。在桩号压 0 + 034.92 m 至厂房上游边墙（桩号压 0 + 781.547 m）为钢板衬砌，钢管内径为 4.3 m，管壁厚度分为 1.6 cm、1.8 cm、2.0 cm、2.4 cm、2.6 cm、3.4 cm 和 3.8 cm 七种，加劲环厚分为 2.0 cm、2.4 cm、2.6 cm 和 3.0 cm 四种，加劲环高分为 10

cm 和 15 cm 两种，钢管外回填素混凝土（C15）厚度为 0.6 m。对明管段，先浇筑混凝土套拱结构，然后在套拱内进行钢管安装，套拱为城门洞形结构，边墙厚 1.0 m，顶拱最大厚度为 2.0 m，经结构计算，主受力钢筋为 Φ 25@20。对于泥岩部位，在进行隧洞开挖时，采取及时喷混凝土的方法，防止泥岩软化，喷混凝土厚 10 cm。

初步设计时，压力管道内径为 3.9 m，技施设计时，厂房靠近后山坡，为上厂位布置，施工开挖过程中，由于长期下雨，造成厂房左侧山体滑坡，滑坡体掩埋厂房基坑，迫使厂位后移至中厂位，使压力管道出现 183 m 明挖段。为满足引水系统调保计算，压力管道内径由 3.9 m 调整为 4.3 m，在钢管安装之前，对明管段先浇筑混凝土套拱结构，待结构到 70% 强度时，上回填碎石壤土，以防止滑坡段在雨季再次下滑而影响施工。

4.5.2　压力管道结构计算

4.5.2.1　基本参数选取

围岩为Ⅲ类和Ⅳ类，相应围岩单位弹性抗力系数 K_0 为 3 ~ 4 GPa/m 和 1 ~ 2 GPa/m。钢材为低合金钢 Q345 - C，调压井最高涌浪为 791.50 m，蜗壳进口处最大水击压力 2.6 MPa，内水压力按调压井最高涌浪时水位与水库正常蓄水位是压坡线，计算出各段内水压力值。外水压力，对于洞挖段，考虑到围岩是砂岩和泥岩互层，其中泥岩层为隔水层，并根据多处洞段开挖后渗水和滴水较少情况，外水压力取值为山体覆盖厚度的 0.5 倍；对于明挖段，考虑到后期运行时雨水下渗，其外水取至地面回填高程。

4.5.2.2　计算方法、原则及结果

对于钢筋混凝土衬砌段，隧洞结构计算采用《水工隧洞设计规范》（SL 279—2002）附录 B 的计算方法，混凝土衬砌均按限裂宽度小于 0.25 mm 计算。对于钢管结构计算采用《水电站压力钢管设计规范（附条文说明）》（SL 281—2003）附录 A 和附录 B 的计算方法。以上两种结构的计算工况均为施工、运行、检修三种工况，计算荷载组合有如下 3 种。

施工工况：灌浆压力 + 衬砌自重 + 山岩压力。

运行工况：内水压力 + 外水压力 + 衬砌自重 + 山岩压力。

检修工况：外水压力 + 衬砌自重 + 山岩压力。

钢筋混凝土衬砌段压力管道配筋见表 4-5-1。

表 4-5-1　钢筋混凝土衬砌段压力管道配筋

渐变段	Ⅳ类	钢管加强段
Φ 16@20	Φ 20@20	Φ 20@20

钢管计算结果见表 4-5-2。

Y 形钢岔管计算工况考虑运行、检修两种工况，Y 形岔管计算采用《水电站压力钢管设计规范（附条文说明）》（SL 281—2003）附录 E 岔管结构分析方法。内水压力：机组最大压力上升值作为内压计算值。外压：根据规范规定，外水压力值应与管道放空时所产生的真空度相叠加，真空度取 0.05 MPa（ - 5 m 水柱）。正常运行情况是内压控制管壁厚度，放空时，外压和真空度控制外稳定。

表 4-5-2　钢管计算结果汇总

钢管直径（mm）	钢管壁厚（mm）	加劲环		
		环高（mm）	环厚（mm）	环间距（mm）
4 300	18	150	24	900
	20	100	26	
	16	150	24	
	26	100	26	
	34	100	26	
	38	100	30	
3 900	38	100	30	
2 300	34	100	30	
	30	100	20	
	24	100	20	

岔管计算结果见表4-5-3。

表 4-5-3　岔管计算结果汇总

钢管直径（mm）	钢管壁厚（mm）	加劲环	
		环高（mm）	环厚（mm）
主管	38	100	30
支管	38	100	30
U 梁	—	2 200	80
腰梁	—	1 000	80

4.5.2.3　灌浆设计

为加固隧洞开挖时对围岩的松动影响,特对整个压力管道洞挖段全断面做固结灌浆,顶拱120°做回填灌浆,钢筋混凝土衬砌段,固结灌浆孔排距为 2.5 m,每排 6 孔,深入岩石 2.5 m,钢板衬砌段固结灌浆孔排距为 1.8 m,每节钢管设置一排,每排 6 孔,深入岩石 2.5 m,顶拱固结灌浆孔兼作回填灌浆孔,固结灌浆压力为 0.4 MPa,回填灌浆压力为 0.2 MPa。对于钢板衬砌段做接触灌浆,接触灌浆压力为 0.2 MPa,在实际进行接触灌浆时,通过敲击检查测定接触灌浆范围,对于面积小于 0.4 m² 的可不进行灌浆处理。

4.6　施工支洞封堵设计

施工支洞封堵有两处,其一位于引水隧洞桩号 2 + 615.05 m 处,洞径 5.20 m（文中作为 1#封堵体）;其二位于调压井附近（此处有两个支洞封堵,由于结构相同,文中作为 2#封堵体)。

4.6.1 封堵长度计算

施工支洞封堵采用三种设计标准进行计算,封堵长度取其最大值:

(1)方法一。基于抗滑稳定理论的计算方法进行计算。其计算公式为:

$$F = fN + cA$$
$$A = bL$$
$$N = A'L\gamma$$

式中 F——作用于封堵段的水平推力,kN;

f——摩擦系数;

c——凝聚力系数,kN/m^2;

A——封堵段与围岩接触面面积,m^2;

N——封堵段重力,kN;

b——封堵断面宽度,m;

L——封堵段长度,m;

γ——封堵材料容重,$kN \cdot m$;

A'——封堵断面面积,m^2。

(2)方法二。按经验公式 $L = 0.0125HD$ 进行封堵段长度计算,其计算公式为:

$$L = 0.0125HD$$

式中 L——封堵段长度,m;

H——作用于封堵段的水头,m;

D——封堵断面直径(堵头为非圆形时,取竖向或水平向的较大尺寸),m。

(3)方法三:按"圆柱面冲压剪切原则"确定封堵段长度,其计算公式为:

$$L = P/([\tau]A)$$

式中 L——封堵体长度,m;

P——封堵体迎水面承受的总水压,MN;

$[\tau]$——容许剪应力,取 $0.2 \sim 0.3$ MP,这里取 0.2 MP;

A——封堵段剪切面周长,m。

经计算,并参考类似工程经验,最终确定在引水隧洞桩号 2 + 615.05 m 处即 1# 封堵体长度为 21.09 m;调压井处即 2# 封堵体长度为 19.54 m。

4.6.2 封堵体设计

封堵体采用 C20 混凝土,混凝土内掺入适量微膨胀剂,在封堵体与引水隧洞间设一道遇水膨胀止水条。1# 封堵体长 21.09 m,顶部预埋 4 排回填灌浆管,3 排排气管,并设预留廊道 5 m;2# 封堵体长 19.54 m,顶部预埋 3 排回填灌浆管,2 排排气管,并设预留廊道 5 m;在封堵施工结束后,对顶部进行回填灌浆,回填灌浆压力为 0.3 MPa,使封堵体与围岩紧密结合。

4.7 水力学计算

4.7.1 水头损失计算

4.7.1.1 沿程水头损失

引水系统沿程水头损失 h_f 按下式计算：

$$h_f = LQ^2/(C^2RA^2)$$

式中　L——洞长，m；

　　　Q——单机额定流量，m^3/s；

　　　C——谢才系数，$C = R^{1/6}/n$，其中 n 为糙率系数，钢筋混凝土为 0.013，钢管为 0.011；

　　　R——水力半径，m；

　　　A——过水断面平均面积，m^2。

4.7.1.2 局部水头损失

局部水头损失 h_w 按下式计算：

$$h_w = \xi V^2/(2g)$$

式中　ξ——局部水头损失；

　　　V——过水断面平均流速，m/s；

　　　g——重力加速度，取 $9.81 \ m/s^2$。

局部水头损失 ξ 值见表 4-7-1。

表 4-7-1　局部水头损失 ξ

序号	部位	局损系数 ξ
1	拦污栅	0.11
2	进口喇叭口	0.1
3	进口检修门槽	0.1
4	进口事故门槽	0.1
5	事故门槽后渐变段	0.05
6	平面转弯1	0.085
7	集渣坑1	0.2
8	上管桥上游渐缩段	0.03
9	上管桥下游渐扩段	0.025
10	平面转弯2	0.066
11	集渣坑2	0.2
12	下管桥上游渐缩段	0.03
13	下管桥下游渐扩段	0.025

序号	部位	局损系数 ξ
14	平面转弯 3	0.087
15	调压井前渐变段	0.1
16	过调压井	0.1
17	调压井后渐变	0.1
18	渐缩段 1	0.03
19	平面转弯 4	0.063
20	立面转弯 1	0.098
21	立面转弯 2	0.095
22	渐缩段 2	0.03
23	岔管	0.912
24	蝶阀	0.2

表 4-7-1 中系数 ξ 值参考《水电站调压室设计规范》(DL/T 5058—1996)和《水电站进水口设计规范》(SL 285—2003)等有关资料选取。

4.7.1.3 水头损失计算结果

1#机水头损失 $h = 5\ 290.671 \times 10^{-6}Q^2$；

2#机水头损失 $h = 5\ 290.671 \times 10^{-6}Q^2$。

注:式中 Q 为引水隧洞引用流量。

4.7.2 调压室

4.7.2.1 调压室面积

根据《水电站调压室设计规范》(DL/T 5058—1996),设置上游调压室的条件为:

$$T_W = \sum L_i V_i / g H_p \geq [T_W]$$

式中　T_W——压力水道中水流惯性时间常数,s;

　　　L_i——压力水道及蜗壳和尾水管各分段的长度,m;

　　　V_i——各分段内相应的流速,m/s;

　　　g——重力加速度,m/s^2;

　　　H_p——设计水头,m;

　　　$[T_W]$——T_W 的允许值,一般取 2~4 s。

计算得 $T_W = 18$ s,需设置调压室。

调压室的稳定断面面积按照托马准则计算,为 42.79 m^2,折成圆形后直径为 7.39 m。根据此处地形和地质条件,并通过对调压室大波动稳定计算,调压室上部大井直径采用 15 m。

4.7.2.2 调压室涌浪计算

由于调压室结构采用简单升管型式,电站正常运行时,阻抗孔面积为升管的面积,因此调压室内最高涌浪和最低涌浪按检修和正常运行的不同工况考虑。

1)阻抗孔面积

阻抗孔的面积大小和调压室内涌浪高低及工程量有直接关系,在满足机组调节保证计算的前提下,应选择合适的阻抗孔面积。经过比较后选用:阻抗面积为9.08 m²,即升管直径为3.4 m,占隧洞面积的62.5%。

2)涌浪计算

涌浪计算分为最高涌浪计算和最低涌浪计算,根据《水电站调压室设计规范》(DL/T 5058—1996),最高涌浪水位计算工况:按水库正常蓄水位时,共用同一调压室的两台机组满载运行瞬时丢弃全部负荷,或两台机先后丢弃负荷的涌波叠加,作为设计工况;按水库校核洪水位时,相应工况作校核。最高涌浪水位应论证是否存在丢弃全部负荷的运行情况,然后按照丢弃全部或部分负荷计算。最低涌浪水位计算工况:按水库死水位时,机组由一台机增至两台机满发时为设计工况;并复核水库死水位时,两台机组瞬时丢弃全部负荷时的第二振幅。

根据上述原则,在水库校核洪水位时,两台机组满载运行瞬时丢弃全部负荷,最高涌浪为791.50 m。由于本水电站主接线只有一条,存在发生事故的可能性,因此按照水库死水位时,机组由一台机增至两台机满发时,最低涌浪为707.01 m。经复核,水库为死水位时,两台机组丢弃全部负荷时的第二振幅均高于707.01 m。因此,最低涌浪为707.01 m。

4.7.3 引水系统调节保证计算

经引水系统调节保证计算,机组压力上升和速率上升均满足要求,机组蜗壳进口最大压力为2.6 MPa。

5 厂房设计

5.1 概　述

水电站厂房设计首先要根据自然条件和总体枢纽布置选择厂址、厂轴及厂房布置型式,如河床式厂房、坝后式厂房、岸边式厂房和地下厂房;然后根据机组运行条件(水头、流量等参数),选择机组型式,如立轴式、贯流式、水斗式、卧式等;确定厂址、厂轴及机组型式后,进行厂区布置→厂内布置→厂房整体稳定分析及地基处理→厂房结构设计→厂房构造设计。

本章通过藤子沟水电站厂房详细阐述了岸边式厂房主要设计内容和主要结构计算过程,供广大设计者参考。

5.2　厂址选择

藤子沟水电站采用岸边式厂房,立轴混流式机组。初步设计时,根据厂址处地形及地质条件,自沟内至沟口布置了上、中、下三个厂位方案,三个方案机组总装机容量均为66 MW,经厂位和压力管道综合比较,推荐下厂位方案。依据初设审查意见要求,机组装机容量由66 MW改为70 MW,机组引用流量增加,经机组调保计算,初设时三个厂位相应压力管道管径均为3.9 m方案已不成立,需调整压力管道管径,上厂位压力管道管径仍为3.9 m,中厂位压力管道管径为4.3 m,下厂位压力管道管径大于4.3 m。鉴于上述变化,在初设调整报告中,又对上、中、下三个厂位方案进行了进一步比较。根据比较结果,下厂位明显不经济,上、中厂位从地理环境及地质条件看,二者均无较大差异,从投资看,中厂位略高于上厂位,因此初设最终推荐上厂位方案。

在厂房基坑开挖施工过程中,由于长时间连续下雨,厂房和压力管道出口左侧山体发生大面积山体滑坡,滑坡范围大约方圆200 m,滑坡体体积约45万 m^3,为避开山体滑坡的影响,对厂房位置进行了三个方案的布置比选,通过三个方案的综合分析比较,最终选择初步设计时的中厂位方案,即将厂位下移。

5.3　厂区布置

厂区系统由厂前区、主副厂房、尾水渠、开关站和绝缘油库组成。厂前区布置有综合办公楼、职工食堂、停车场和花坛等。厂位下移后,新厂位选在原厂位下游约160 m处后,根据该处地形地质条件,需对厂区各建筑物进行重新布置。

厂位下移后,厂区地面高程由原厂位的596.00 m高程调整为592.80 m高程,厂区高程降低后,原有厂房设备及结构布置均需做相应调整,将厂房下部房间取消一层,取消高度为3.20 m,主厂房机组纵轴线方位角由NW304.52°调整为NW332.50°。尾水平台顶高程为586.60 m,与厂房内发电机层同高。变电站设在厂房上游右侧的平台上,与厂前区地面同高。进厂永久交通由厂房左侧的公路进入厂区。

开关站位于厂房上游右岸靠山侧,该处为移民搬迁后空地,地面高程在594~599 m,经过覆盖层开挖后,是开关站较为理想的布置位置,这样可使上游副厂房基础处的钢岔管安装、回填施工与开关站施工同时进行,解决了原有厂位在布置时压力钢管岔管施工工期制约开关站施工工期的问题。开关站平面尺寸为32 m×53 m,地面高程为592.80 m,在两侧各设一宽3.5 m的门。变电站内布置两台为110 kV的主变,两台主变压器共用一个事故油池。从上游副厂房布置的母线道及电缆沟延伸至变电站内部。变电站内设两回出线,共有设备支架64根,母线构架8根,出线构架8根,在变电站周边设3个避雷针。开关站对外永久道路,待压力钢管套拱结构浇筑完成,且强度达到70%后,对其顶部分层回填碎石土,形成从厂房上游通往开关站的永久道路。

尾水渠紧邻厂房尾水边墩下游侧布置,尾水渠宽为14.48 m,反坡段水平长度为29.96 m,反坡段坡比为1:4。尾水渠两侧设有混凝土尾水挡土墙,挡土墙为衡重式,挡土墙接尾水边墩布置,挡土墙顶高程比厂区地面高30 cm,确定为593.10 m。尾水渠护底采用混凝土砌护,厚度为30 cm,尾水渠反坡段顶高程为579.60 m。反坡段末端至尾水出口长158 m,该段采用浆砌石护坡,护坡平均厚0.5 m。

5.4 厂内布置

厂房由主厂房、上游副厂房、生产副厂房等组成。主厂房由主机间及安装间组成,主机间上游分别布置有电气副厂房及水机副厂房,安装间上游亦布置了电气副厂房,在厂房右端部布置有生产副厂房。

5.4.1 厂房主要尺寸的确定

5.4.1.1 机组段长度

本电站为高水头电站,发电机尺寸较大,$1^{\#}$机组段$-X$向长度由发电机和蜗壳尺寸控制,风罩内径为3.50 m,风罩壁厚为0.5 m。考虑检修通道和边排架确定机组段$-X$向长度为5.40 m,$+X$向长度为6.00 m,故$1^{\#}$机组段长度为11.40 m。

$2^{\#}$机组段为厂房端头边机组段,机组段长度由发电机尺寸以及为满足水平和垂直交通布置楼梯、检修通道、边排架布置和厂房吊车运行控制和山墙厚度等确定。$-X$向长度为8.90 m,$+X$向长度为5.60 m,边机组段长度为14.50 m。$1^{\#}$、$2^{\#}$机组间距为11.00 m,$1^{\#}$、$2^{\#}$机组段总长度为25.40 m。初步设计时$1^{\#}$、$2^{\#}$两台机组间设置结构缝,根据《水电站厂房设计规范》(SL 266—2001)规定,$1^{\#}$、$2^{\#}$机组之间可以不设结构缝,技施设计时对此进行了调整,取消了两机组之间的结构缝。

5.4.1.2 主厂房宽度确定

厂房机组纵轴线上游侧宽度由蜗壳进口蝶阀布置控制,机组纵轴线下游侧宽度除考虑发电机尺寸及设备布置外,下游侧为厂房各层主要通道。上游侧宽度确定为10.20 m,下游侧宽度确定为7.70 m,故确定厂房宽度为17.90 m。

5.4.1.3 安装间尺寸确定

安装间宽度与主机间相同。安装间长度按满足一台机组安装及扩大性检修时,能同时布置发电机转子、水轮机转轮、水轮机顶盖、发电机上机架等部件,且需考虑检修通道以及安装间下部空压机室、透平油罐室、油处理室等布置要求,确定安装间长度为16.20 m。

5.4.2 厂房各层高程确定

5.4.2.1 机组安装高程的确定

为避免水轮机转轮轮叶受汽蚀破坏,按一台机运行时的尾水位580.68 m,以及水轮机吸出高度 $H_s = -3.0$ m,确定机组安装高程为577.60 m。

5.4.2.2 厂房建基高程

厂房建基高程由机组安装高程、尾水管高度和尾水管底板厚度确定。尾水管为弯肘型,其高度为5.72 m(尾水管底板至机组安装高程),底板混凝土厚1.0 m,厂房建基高程为570.88 m。

5.4.2.3 水轮机层地面高程

水轮机层地面高程,即蜗壳二期混凝土顶面高程,根据蜗壳进口处顶板混凝土厚度确定。顶板需承受发电时最大内水压力(包括水锤压力),经计算,蜗壳进口处顶板混凝土厚度为1.5 m,确定水轮机层地面高程为580.10 m。

5.4.2.4 母线层地面高程

发电机层至水轮机层地面高度为8.50 m,为便于机组设备运行维护和检修、增加机电设备布置场地,有利于风罩和机墩结构,在发电机定子基础附近设置一层楼板,形成母线层,母线层地面高程为584.90 m。

5.4.2.5 发电机层地面高程

发电机层地面高程是由发电机和大轴的高度确定的,发电机外形尺寸较大,为使得厂房发电机层地面以上宽敞明亮,采用上机架埋入式布置,由此确定发电机层地面高程为588.60 m。

5.4.2.6 安装间层地面高程

由于厂区地面较高,厂区地面至水轮机安装高程高差达15.4 m,为便于大件运输,并有利于内外交通联系,安装间层与发电机层分层布置,确定其高程为593.00 m。

5.4.2.7 厂房吊车轨顶高程

厂房吊车轨顶高程,由安装间吊运的最大设备——发电机转子带轴的高度控制。采用单钩起吊,其下部至安装间地面留有一定的安全距离,并考虑吊车本身设计参数,确定厂房吊车轨顶高程为602.70 m。

5.4.2.8 厂房顶高程

厂房顶高程根据吊车高度、吊车距钢屋架安全距离,以及屋面槽型板高度等确定,其高程为609.00 m。

综上所述,厂房建基高程为570.88 m,屋面顶高程为609.00 m,主厂房高度为38.12

m,主机间长度为 25.90 m,安装间长度为 16.20 m。

5.4.3　主机间布置

厂房内装有两台水轮发电机组,水轮机型号为 HL－LJ－175 型,单机容量为 35 MW,总装机容量为 70 MW。共分五层,即发电机层、母线层、水轮机层、蜗壳层和尾水管层,各层布置分述如下。

5.4.3.1　发电机层布置

发电机层设备较少,厂内宽敞明亮,发电机层上游侧布置一排机旁盘,以及为满足蝶阀垂直运输而设置的 3.6 m×1.4 m 的蝶阀吊物孔,主机间中央为两台发电机。下游侧靠边墙布置一排机旁盘。在 1# 机下游侧留有通往室外尾水平台的通道。在 2# 机组侧设有一通往母线层及水轮机层的楼梯。

根据吊运设备需要,厂内设置一台跨度为 14.5 m、起吊重量为 100 t/20 t/10 t 的桥式吊车。主钩限制线距上游侧为 2.62 m,距下游侧为 3.40 m,靠安装间侧山墙处为 6.00 m,另一侧山墙处为 6.00 m,副钩限制线距上游侧为 4.10 m,距下游侧为 4.88 m。

5.4.3.2　母线层布置

母线层除布置有与上层对应的楼梯和吊物孔外,在风罩的第Ⅱ象限与机组中心线成 45°夹角方向布置发电机主引出线,风罩的第Ⅲ象限与机组中心线成 30°夹角处中性点引出线。油压装置及调速器分别设在蝶阀吊物孔的旁边及下游。在下游靠边墙处布置有消防柜。

5.4.3.3　水轮机层布置

水轮机层除布置有与上层对应的楼梯、蝶阀吊物孔外,在每台机组上游侧布置有油压装置,在下游侧布置有尾水管盘型阀。在每台机组下游侧第Ⅳ象限与机组中心线成 22.5°夹角方向布置有蜗壳进人孔,进人孔尺寸为 1.1 m×2.0 m。机墩为圆形混凝土结构,内径 2.80 m,外径 6.80 m,机墩厚 2.00 m。

5.4.3.4　蜗壳层布置

蜗壳层空间较少,大部分为二期混凝土结构,上游侧布置有贯通主机间的蝶阀廊道,蝶阀廊道底高程 574.40 m,宽 5.20 m,此廊道除布置蝶阀及附属设备外,还布置有机组技术供水泵、消防泵。通往上层的楼梯布置在 2# 机组段端部,在机组中心线处设 1.2 m×2.20 m 尾水管进人门。

5.4.3.5　尾水管层布置

尾水管层为厂房最低层,尾水管为不规则型,总宽 3.47 m,出口处不设中墩,尾水管采用整体钢筋混凝土结构。

尾水管层布置有机组检修排水系统和厂房渗漏排水系统。机组检修排水系统是在尾水管扩散段底板下埋设贯穿全厂的 ϕ200 排水钢管,需排出的水由尾水管盘型阀进入排水钢管,再由排水钢管进入机组检修集水井,经排水泵排至下游尾水渠。厂房渗漏集水井紧邻机组检修集水井布置,全厂的渗漏水均排入此井,经排水泵排至下游尾水渠。

5.4.4　安装间布置

安装间段位于主机间段端部,安装间最下部为渗漏及检修集水井,上部共分五层布置。

第一层地面高程为574.40 m,此层为渗漏及检修泵室和消防水泵室。

第二层地面高程为579.20 m,水轮机层地面高程为580.10 m,两层之间有0.9 m高差,设有台阶相通。此层布置有消防水泵、渗漏检修排水动力盘等,并设有吊物孔与上层相通。

第三层地面高程为583.00 m,此层布置有油处理室、烘箱室、透平油罐室、通风机房等,配电盘室,并设有吊物孔与上层、下层相通。

第四层地面高程为588.60 m,与发电机层同高,此层布置有空压机室、储气罐室、厂内机修间以及通风机房等,并设有吊物孔与上层、下层相通。

第五层地面高程593.00 m,高出发电机层4.4 m,靠主机间侧设有活动安全护栏,并设有吊物孔与下层相通,较重的工具及设备零件等可通过它吊运至以下各层,紧靠主机间的下游侧设有楼梯,可到安装间下部各层。机组安装及扩大性检修时,能满足发电机转子、水轮机转轮、水轮机顶盖、发电机上机架等平面布置及检修通道的要求,同时能满足汽车进安装间运输吊装配件的要求。进厂大门位于安装间下游墙上,大门宽4.25 m,高6.0 m。

5.4.5 上游副厂房布置

上游副厂房共分四层。

第一层地面高程为580.90 m,与水轮机层之间有台阶相通,主机间侧布置房间主要为机修仓库,该层在安装间侧无设置。楼梯设置在主机间端部,上可至副厂房各层,并可至安装间。

第二层地面高程主机间侧为584.90 m,与母线层相通,布置PT柜室,楼梯设置在副厂房的中部并与各层相通。安装间侧地面高程为583.00m,布置有净水室和空调室。

第三层地面高程为588.60 m,与发电机层同层,布置有高压开关柜室、低压配电盘室等,楼梯设置在副厂房的中部并与各层相通。

第四层地面高程为593.00 m,与安装间同层,布置有蓄电池室、直流屏室、中央控制室、休息室、洗手间以及值班室等,楼梯设置在副厂房的中部并与各层相通。

5.4.6 生产副厂房布置

生产副厂房共分三层,紧靠主厂房布置,设在主机间端部,副厂房长25.40 m,宽13.70 m。

第一层地面高程593.00 m,此层布置有门厅、机械加工间、空调机房、水泵及新风机组室、配电室、洗手间等。

第二层地面高程596.90 m,此层布置有通信机房、通信值班室、通信配电室、自压实验室、电工仪表实验室、新风机组室、油化验室等。

第三层地面高程600.50 m,布置有仪器仪表室、新风机组室、计算机室、电工班、焊工班等。

5.5　厂房稳定计算

5.5.1　计算原则

（1）对主厂房的主机间段、安装间段分别进行抗滑、抗浮稳定计算及地基应力计算。

（2）抗滑稳定计算用抗剪断强度的方法进行计算。

（3）地基应力计算应满足最大压应力不超出基岩承载能力，并且地基与基础间不出现拉应力。

5.5.2　基本资料及方法

5.5.2.1　基本资料

校核洪水尾水位（$P = 0.5\%$）$H = 586.83$ m；

设计洪水尾水位（$P = 1\%$）$H = 585.56$ m；

一台机发电尾水位 $H = 580.68$ m。

建筑物级别：3 级

地震烈度为 6 度，本工程不考虑地震设防。

岩基状况：浅灰色长石石英砂岩和紫红色粉砂质泥岩、泥质粉砂岩夹石石英砂岩。

5.5.2.2　计算公式

（1）抗滑稳定按抗剪断强度公式进行计算

$$K' = \frac{f' \sum W + c'A}{\sum P}$$

式中　K'——按抗剪断强度计算的抗滑稳定安全系数；

　　　f'、c'——滑动面的抗剪断摩擦系数及抗剪断凝聚力；

　　　A——基础面受压部分的计算截面面积，m^2；

　　　$\sum W$——全部荷载对滑动面的法向分值（包括扬压力）：

　　　$\sum P$——全部荷载对滑动面的切向分值（包括扬压力）。

正常情况：$K = 3$；

非常情况：$K = 2.5 \sim 3.5$；

取混凝土与基岩间的抗剪断摩擦系数 $f' = 1.1$ MPa；

取混凝土与基岩间的抗剪断凝聚力 $c' = 1.0$ MPa。

（2）厂房的抗浮稳定性计算：

$$K_f = \frac{\sum W}{\sum U}$$

式中　K_f——抗浮稳定安全系数，任何情况下不得小于 1.1；

　　　$\sum W$——机组段（或安装间段）的全部重量（力），kN；

$\sum U$——作用于机组段(或安装间段)的扬压力总和,kN。

由于主机间段与安装间段底部高程不同,分别进行了抗浮稳定计算。

(3)地基应力按材料力学公式进行计算:

$$\sigma = \frac{\sum W}{A} \pm \frac{\sum M_x y}{J_x} \pm \frac{\sum M_y x}{J_y}$$

式中 σ——厂房地基面上垂直正应力;

$\sum W$——作用于机组段(或安装间段)上全部荷载(包括或不包括扬压力)在计算截面上法向分力的总和,kN;

$\sum M_x$、$\sum M_y$——作用于机组段(或安装间段)上全部荷载(包括或不包括扬压力)对计算截面形心轴 X、Y 的力矩总和,kN·m;

x、y——计算截面上计算点至形心轴 Y、X 的距离,m;

J_x、J_y——计算截面对形心轴 X、Y 的惯性距,m^4;

5.5.2.3 荷载及组合

计算工况介绍如下。

1)抗浮稳定计算

(1)主机间段。

正常运行工况:$P = 0.5\%$ 及 $P = 1\%$;

机组检修工况:$P = 0.5\%$ 及 $P = 1\%$;

机组未安装工况:$P = 0.5\%$ 及 $P = 1\%$。

(2)安装间段。

正常运行工况:$P = 0.5\%$ 及 $P = 1\%$。

2)抗滑稳定计算

(1)主机间段。

正常运行工况:$P = 0.5\%$ 及 $P = 1\%$;

机组检修工况:$P = 0.5\%$ 及 $P = 1\%$。

(2)安装间段。

正常运行工况:$P = 0.5\%$ 及 $P = 1\%$。

3)地基应力

(1)主机间段。正常运行工况:$P = 0.5\%$ 及 $P = 1\%$。

(2)安装间段。正常运行工况:$P = 0.5\%$ 及 $P = 1\%$。

5.5.2.4 计算成果

厂房整体稳定及地基应力计算成果见表 5-5-1。

从表 5-5-1 可以看出,厂房抗浮稳定性计算、抗滑稳定性计算及地基应力计算均满足《水电站厂房设计规范》(SL 266—2001)要求,因此厂房整体是稳定的。

表 5-5-1　厂房整体稳定安全系数及地基应力计算成果

荷载组合		稳定安全系数		地基应力（kPa）	
		抗浮稳定	抗滑稳定	σ_{max}	σ_{min}
主机间段	正常运行工况（$P=0.5\%$）	1.85	83.3	208.5	30.9
	正常运行工况（$P=1\%$）	2.03	85	243.3	21.1
	机组检修（$P=0.5\%$）	1.78	82.5		
	机组检修（$P=1\%$）	1.96	84.2		
	机组未安装（$P=0.5\%$）	1.58			
	机组未安装（$P=1\%$）	1.73			
安装间	正常运行工况（$P=0.5\%$）	1.29	44.7	57.6	2.6
	正常运行工况（$P=1\%$）	1.46	45.7	71	14.6

5.6　厂房结构设计

5.6.1　厂房总体结构

主厂房下部为大体积混凝土,上部为板梁柱混凝土框架结构,墙体为红砖充填。除主厂房屋面结构为钢屋架配钢筋混凝土预制屋面板的结构型式及钢筋混凝土吊车梁为预制吊车梁外,其余均为现场浇筑的钢筋混凝土整体结构。钢筋混凝土强度等级除吊车梁为C30 外,其余部位均为 C20,钢筋采用Ⅰ级钢筋或Ⅱ级钢筋。

为适应混凝土温度应力及基础的不均匀沉陷,在主机间与安装间之间设沉陷缝一道。$1^{\#}$、$2^{\#}$机组段总长度为 25.90 m。根据《水电站厂房设计规范》(SL 266—2001)规定,由于机组段总长度小于 30 m,所以 $1^{\#}$、$2^{\#}$机组之间可以不设结构缝。

为满足厂房分期施工及机组安装和埋件要求,将主机间结构又分成一期混凝土结构(不受机组安装及埋件影响)及二期混凝土结构,二期混凝土结构包括钢蜗壳周边混凝土、机墩、风罩、母线层楼板及发电机层楼板,除二期混凝土结构以外,主机间的其他结构及安装间各部位结构均为一期混凝土结构。

5.6.2　主机间一期混凝土结构

5.6.2.1　排架柱

排架柱为主厂房上部结构的骨架,由排架柱及钢屋架组成厂房上部主要承重结构。排架柱上悬出牛腿,以支撑吊车梁,承担由桥机传来的荷载,排架柱采用钢筋混凝土材料,矩形断面,牛腿顶面以上断面尺寸为 0.8 m×2.05 m,牛腿顶面高程以下断面尺寸为0.8 m×1.50 m。排架柱采取不等间距布设,主机间段共设置 5 柱,柱中心间距 6.67 m、6.68 m、5.50 m、5.50 m。

5.6.2.2 吊车梁

吊车梁主要承受厂内桥式吊车的使用荷载,吊车梁支撑在排架柱悬出的牛腿上,采用钢筋混凝土预制梁结构。吊车梁支撑型式为简支梁结构,矩形断面,断面尺寸为 0.45 m × 1.10 m,吊车梁顶部与外墙间有走道板相连,走道板亦为钢筋混凝土结构,与厂房 602.43 m 高程圈梁相连接,板厚 0.20 m。

5.6.2.3 尾水管

尾水管位于厂房的最下部,由锥管段、肘管段和扩散段组成,锥管段逐渐由圆形断面变成方圆形断面的肘管段,再由方圆形断面渐变成矩形断面的扩散段。尾水管中心线与机组中心线重合,扩散段出口处宽 3.47 m,出口处高 2.33 m。尾水管结构为厂房下部主要承重结构,整个厂房上部荷载大部分经由尾水管传给地基,故采用整体式尾水管结构,由底板、边墩和顶板组成封闭式框架,肘管段底板厚 1.00 m,扩散段底板厚 1.00 m,边墩厚为 1.50 m。

5.6.3 主机间二期混凝土结构

5.6.3.1 钢蜗壳周边混凝土结构

本工程设计中,用弹性垫层将钢蜗壳顶部半圆周与外包钢筋混凝土结构分隔开来,外包钢筋混凝土结构承受结构自重及上部传来的荷载,而钢蜗壳承担全部内水压力,不考虑外包钢筋混凝土和钢蜗壳联合作用。因此,结构设计的方法是沿蜗壳中心径向取若干单位宽度的截面,按平面"F"形框架进行计算。根据实际计算结果,并结合有关工程实例,进行断面的设计。其断面控制尺寸为顶板最小厚度 1.5 m,侧向厚度 2.75 m,混凝土采用 C20,钢筋采用Ⅰ、Ⅱ级钢。另在 292.5°方向布置有进入蜗壳的进人孔通道,通道宽 1.1 m。

5.6.3.2 机墩、风罩

机墩是水轮发电机组的支承结构,其承受巨大的静荷载及动荷载,本工程采用了圆筒形机墩,机墩外径 6.80 m,内径 2.80 m,机坑直径 2.80 m。机墩高 1.92 m,定子基础高 0.56 m。为机组检修维护方便,在机墩 -Y 方向,布置了进人孔,孔宽 1.10 m,孔高 2.00 m。

风罩为一薄壁结构,外径为 8.00 m,内径为 7.00 m,即风罩厚 0.50 m。风罩下部连接在机墩上,顶部与发电机层楼板整体浇筑,发电机上支架设有 4 个水平千斤顶,顶于风罩上。

5.6.3.3 母线层和发电机层板梁

本工程发电机层高程为 588.60 m,水轮机层高程为 580.10 m,两层间高差达 8.50 m,为缩小楼层间高差,加大使用面积,增加厂房上游墙及风罩的稳定性和整体刚度,故在发电机层至水轮机层之间增设一层母线层楼板,其高程为 584.90 m。母线层和发电机层楼板均为钢筋混凝土板梁结构,靠风罩侧与其整体浇筑,靠上下游墙处均简支于墙上。

5.6.4 主厂房屋面结构

主厂房屋面采用梯形钢屋架及钢筋混凝土预制屋面板,上部做保温及防水层。屋架跨度为 17.40 m。预制槽形屋面板宽 1.5 m,最大板跨 6.68 m。

5.7 厂内止水排水设计

5.7.1 结构缝内止水设置

主机间与安装间之间设有结构缝,为防止外水进入厂内各部位,在 593.00 m 地面以下,设有上下游垂直止水和联系上下游垂直止水的水平止水,形成半封闭的止水系统。止水材料选用橡胶止水带。

5.7.2 厂内渗漏排水

为防止墙外渗入水和厂内设备、管路漏水而造成的室内潮湿,危及电气设备受潮失灵现象,在厂房上游廊道 574.40 m 墙脚处和主厂房水轮机层下游墙墙脚处均设置 15 cm × 15 cm 的排水沟,汇集导引渗漏水至厂内渗漏集水井,再由设备排出厂外。

5.8 厂房浇筑分层分块设计

5.8.1 一、二期混凝土划分

为满足埋设尾水管里衬、水轮机座环及组装焊接金属蜗壳等要求,需要对主机间混凝土分期浇筑施工。将尾水管顶板以上、发电机层楼板以下的主机间上下游墙之间的中心部位作为二期混凝土浇筑,这样不仅能满足机组埋设件的要求,同时为厂房一期混凝土的先期施工创造了有利条件。

5.8.2 浇筑分层分块设计原则

由于电站厂房的长宽高尺寸均很大,为保证工程质量,方便施工,混凝土浇筑时必须分层分块进行。分层分块划分的原则是考虑结构型式和结构尺寸、施工程序及混凝土浇筑能力等因素,按照施工原理设置浇筑缝。

浇筑缝位置不应设在结构应力较大的部位,不应破坏结构的整体性,分层分块的尺寸不应过大或过小,浇筑缝应相互错升,绝对避免通天缝,浇筑块在平面上也不宜出现尖角或薄片。

5.8.3 浇筑缝处理

浇筑缝为一临时施工分缝,是整体结构的薄弱环节和渗漏水的途径,为此,必须对浇筑缝进行处理,尽量弥补其所造成的不良影响。

为减小混凝土干缩影响和温度应力,相邻浇筑层、块间必须保证一定的浇筑间隔时间,要求水平缝间隔时间不少于 168 h,垂直缝间隔时间不少于 120 h。为增强相邻浇筑块混凝土的结合能力,在浇筑缝面上均应进行凿毛处理,并做键槽,键槽面积应为浇筑缝面积的 1/3 左右。为防止外水经由浇筑缝渗入厂内,在高程 593.00 m(地面高程)以下的施工缝均设置遇水膨胀止水条。

5.9 厂房基础处理设计

厂房基础为侏罗系中统上沙溪庙组(J_{2s}^{17})浅灰色长石石英砂岩和紫红色粉砂质泥岩、泥质粉砂岩夹石英砂岩(J_{2s}^{18})互层。无发育裂隙和断层破碎带出现,基础强度满足承载力要求,故对厂房基础未进行特殊的基础处理。只是基础开挖时,对个别纯泥岩部位开挖后及时进行喷混凝土保护,或基础开挖时预留一定保护层,防止泥岩软化而降低基础强度。

5.10 厂房主要结构计算

5.10.1 尾水管结构计算

尾水管是水电站厂房主要承重结构之一,除承受自重外,还承受顶板以上的设备和结构自重,此外还有管内静水压力、扬压力、地基反力、岩体压力等。本电站尾水管为一空间结构,主要由三部分组成:锥管段、肘管段和扩散段。锥管段四周均为大体积混凝土,肘管段和扩散段底板厚均为 1.0 m,边墙厚度为 1.5 m。尾水管的几何形状比较复杂,为简化计算,不考虑空间结构的整体作用,而是顺水流方向取典型截面进行近似计算。设计中尾水管按 3 级建筑物计算。

5.10.1.1 尾水管计算原则及计算假定

(1)尾水管构件的断面尺寸均较厚大,因此在计算时,考虑剪切变形和节点刚度的影响。

(2)尾水管深埋地下,且经常浸于水中,温度变化较小,考虑混凝土的干缩应力影响,采用合理的分层、分块浇筑,养护等施工措施,故计算中不计入温度应力。

(3)对于金属蜗壳,尾水管顶板不考虑承受蜗壳内水压力。

5.10.1.2 尾水管各部分的计算方法

在采用金属蜗壳的情况下,锥管段四周都是大块体混凝土,按经验不进行结构计算,仅配置构造钢筋。

在计算尾水管肘管段时,尾水管底板与边墙采用整体式结构,按边墙与底板联成整体框架进行计算;肘管段顶板按深梁进行计算。

在计算尾水管扩散段时,选取最不利的断面按平面框架进行计算,考虑剪切变形节点刚度的影响。

5.10.1.3 荷载组合

(1)尾水管承受的荷载包括:

结构自重 A_1;

上部设备及结构传下荷载 A_2;

内水压力 A_3;

外水压力 A_4,水位按校核洪水尾水位 586.83 m($P=0.5\%$)计算;

基础反力 A_5,考虑到尾水管下部岩石较好,其荷载按三角形荷载考虑;

岩体压力 A_6:岩体压力未计入计算中,故 $A_6=0$;

回填灌浆压力 A_7。

(2)荷载组合。

正常情况:$A_1+A_2+A_3+A_4+A_5+A_6$

校核情况:$A_1+A_2+A_3+A_4+A_5+A_6$

检修情况:$A_1+A_2+A_4+A_5$

施工情况:$A_1+A_2+A_4+A_5+A_7$

从荷载组合情况分析,认为检修及施工情况为控制工况,故其余工况未进行计算。

(3)材料及安全系数。

混凝土采用 C20:$r=24$ kN/m³,$f_c=10$ N/mm²,$E_n=2.55\times10^4$ N/mm²,钢筋采用Ⅰ、Ⅱ级钢,Ⅰ级钢,$f_{yk}=235$ N/mm²,Ⅱ级钢:$f_{yk}=335$ N/mm²。

5.10.1.4 配筋计算结果

通过计算,最后进行综合分析确定了尾水管的配筋,配筋结果如下。

锥管段构造配筋:主筋为 Φ 16@20,分布筋为 Φ 16@20。

肘管段底板、侧墙和顶板内外层钢筋均采用主筋为 Φ 18@20,分布筋为 Φ 14@20。

扩散段底板和边墙内外层钢筋主筋采用了 Φ 18@20,分布筋采用了 Φ 16@20,扩散段顶板内外层钢筋主筋采用 Φ 18@20,分布筋采用 Φ 16@20。

5.10.2 蜗壳结构计算

蜗壳的进口与压力钢管相连接,它是一个空间的整体结构,几何形状复杂,内部应力情况也较复杂。本电站的蜗壳设计采用了金属钢蜗壳,并设置了弹性垫层,计算时按照金属钢蜗壳只承受内水压力,不承受外压进行计算。

5.10.2.1 蜗壳计算原则和基本假定

(1)蜗壳的外围结构不承受内水压力。机墩以及上部结构传来的荷载全部由外围结构承受。

(2)外围结构为一空间整体结构,可简化为平面问题考虑。

(3)考虑节点刚度及剪切变形的影响。

(4)不计算环向应力,但考虑蜗壳外围结构实际上整体受力作用,因此环向配置足够的构造钢筋。

(5)机墩传来荷载不考虑动力系数。

(6)不考虑温度应力。

(7)蜗壳外围混凝土允许开裂,但限制裂缝开展宽度。

5.10.2.2 计算方法及简图

在计算外围结构时"┎"形刚架下部固结于弹性垫层底部的边墙上,内端视为铰支于水轮座环上,计算简图见图 5-10-1。外围结构的荷载以正常运行情况为设计情况,荷载组合包括机墩传来的荷载及结构自重。

5.10.2.3 计算结果

经过计算,最后根据实际工程经验进行综合分析确定了蜗壳层的配筋形式:径向、竖向和环向均采用了 Φ 16@20 的钢筋。蜗壳弹性垫层采用 L－600 型高压聚乙烯低发泡闭孔塑料板,板厚为 3 cm,其技术参数满足国标有关规范要求。

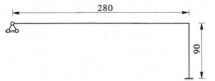

图 5-10-1 计算简图

5.10.3 机墩、风罩结构计算

本水电站机墩、风罩采用了圆筒式结构。机墩内径为 2.80 m,厚度为 2.00 m,顶高程为 581.99 m,起始高程为 580.10 m;风罩内径为 7.00 m,厚度为 0.5 m,顶部高程为 588.60 m。

机墩进行了静力计算和动力计算。静力计算求出机墩截面的内力,作为配筋的依据,以保证结构的强度条件。动力计算则分别根据正常运行、短路时和飞逸时的三种荷载组合情况,验算机墩的共振、振幅和动力系数,以保证结构的刚度和抗振条件。

5.10.3.1 机墩、风罩的计算原则和假定

(1)在静力计算中假定圆筒底部为固定端,顶部为自由端,不考虑楼板刚度的作用。静力计算不考虑蜗壳顶板变形影响。在动力计算中,则计入顶板变形的影响。

(2)圆筒内力按圆筒中心周长截取单位宽度按偏心受压柱计算,最大纵向力 N 和相应弯矩 M 发生在圆筒底部。

(3)作用于机墩的楼板荷载、风罩自重及机组荷载均假定均布在机墩顶部,并换算成相当圆筒中心圆周的荷载。

(4)静力计算中的动荷载均乘以动力系数,动力系数取 1.5。在动力计算中动荷载均不乘动力系数。

(5)动力系数的验算值满足 $\eta \leqslant 1.2$。

5.10.3.2 荷载组合

1. 荷载

垂直静荷(结构自重 + 发电机层楼板荷载 + 发电机定子重 + 机架重 + 附属设备重)A_1。

垂直动荷(发电机转子重 + 励磁机转子重 + 水轮机转轮重 + 轴向水推力)A_2。

水平动荷:正常运行时 A_3,飞逸时 B_1。

扭矩:正常运行时 A_4,短路时 B_2。

2. 组合

基本组合:正常运行 $A_1 + A_2 + A_3 + A_4$。

特殊组合:短路时 $A_1 + A_2 + A_3 + B_2$,飞逸时 $A_1 + A_2 + B_1$。

5.10.3.3 计算方法及简图

1. 计算简图

计算简图如图 5-10-2 所示。

2.计算机墩时的荷载

（1）垂直恒荷载：

风罩自重 P_1 和机墩自重 P_2。

楼板传来的荷载 P_3：一个机组段的楼板总荷载，假定其一半作用在风罩上，而其余一半传到四周的支承结构上。

发电机固定部分传来的荷载 P_4。

下机架传来的荷载 P_5。

（2）垂直动荷载：

机组转动部分传来的荷载 P_6。

轴向水推力传来的荷载 P_7。

机墩计算时，沿中心周长截取单位宽度按上端自由、下端固定的偏心受压柱计算。

作用在风罩上的荷载有风罩自重、发电机层楼板荷载、母线层楼板荷载及正常或短路扭矩。风罩计算应分两个方向进行：竖向和水平向。

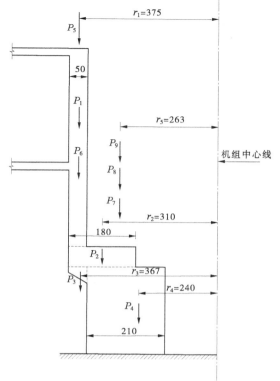

图 5-10-2　计算简图

5.10.3.4　计算结果

通过计算后分析，并根据实际工程经验进行综合分析，机墩竖向配筋为 Φ 22 和横向为 Φ 16 的钢筋，间距均为 20 cm；风罩的配筋结果：竖向为 Φ 22，水平向为 Φ 18，间距均为 20 cm。

5.10.4　吊车梁结构计算

本水电站吊车梁采用钢筋混凝土预制 T 形吊车梁，断面尺寸为 40 cm×90 cm，吊车梁计算跨度分为 $L_1 = 6.68$ m 及 $L_2 = 5.50$ m 两种工况进行计算。吊车梁是直接承受吊车荷载的承重结构，除吊车梁自重、轨道及附件等均布恒载外，主要承受移动的竖向集中荷载和横向水平刹车力，因此需用影响线求出各计算截面的最大（或最小）内力，画出内力包络图，并据此进行截面强度设计及抗裂或限裂、变形等验算。在选择钢筋、确定钢筋弯起点、切断点时，需绘制梁的材料图。

5.10.4.1　吊车梁计算原则

（1）在计算吊车梁内力及挠度时应考虑荷载组合。

（2）计算方法按结构力学方法计算吊车梁的内力，并做出吊车梁的弯距、剪力包络图。

（3）吊车梁上翼缘应根据最大横向弯曲计算,其荷载为水平荷载 T 代替竖向计算中的竖向荷载 UP_{max},而自重等均布荷载则不予考虑。

（4）吊车梁需做挠度验算,以保证吊车梁正常运行,挠度应控制在 $L/600$,挠度计算可按结构力学方法进行。

（5）吊车梁在端部与柱连接部位应满足支座局部承压要求。

5.10.4.2　吊车梁计算结果

经过计算,吊车梁下层主钢筋采用了 6 Φ 28,箍筋选用四肢箍 Φ 16@20,混凝土强度等级采用 C30,挠度验算及限裂计算均满足要求。

6 双曲拱坝整体稳定地质力学模型试验研究

6.1 研究目的

藤子沟水电站双曲拱坝地质力学模型试验主要研究双曲拱坝在设计正常蓄水位和超载情况下大坝的位移场,了解拱坝和坝肩的变形规律、破坏机制及对超载安全度做出评价,并对藤子沟水电站拱坝左坝肩基础处理方案进行验证。

6.2 研究技术路线

由于地质力学模型具有它独到的特点:

(1)它和一般常规静力模型用集中力系模拟自重不同,地质力学模型可以利用其材料自身的容重,按体积力模拟结构自重,因此它能正确反映自重应力场。

(2)地质力学模型可以用模型块砌筑而成,不同的砌筑方式,可以模拟不同的地质构造,因此它能较好地反映各种复杂的地质条件,例如节理裂隙的不同连通率等。

(3)线弹性静力模型把模拟的对象视为一弹性体,而地质力学模型则把模拟地质视为一个由不同弹塑体组成的弹塑性复合体,它的非线性既与组成块体本身的弹塑性有关,又与互相接触的条件有关,且模拟的是变形模量而非弹性模量。

(4)模型材料的特点是容重高、强度低、变模低,适合于做超载破坏试验,并研究其破坏机制。

因此,地质力学模型可定性或定量地反映岩体受力特性与之相联系建筑物的相互影响。可与数学模型相互验证。尤其重要的是它可以在一个模型中模拟较多地质构造和较复杂的建筑物而避开了数学和力学上的困难,将模型加载到完全破坏。

本次试验采用整体稳定地质力学模型进行试验,并根据具体要求进行取舍,在进行超载试验时,由于要求避免坝体先行发生破坏,侧重于研究基础处理后两岸坝肩的超载能力。因此,试验中适当地提高了坝体模型材料的强度,当然这对坝体模型材料的变形模量也有一定影响。

6.3 模型试验的设计

6.3.1 相似关系

根据地质力学模型相似理论,模型相似必须满足下列关系式:

$C_\varepsilon = 1, C_\gamma = 1, C_f = 1$

$C_\sigma = C_E \times C_\varepsilon,\ C_\sigma = C_E = C_L,\ C_P = C_\sigma \times C_L^2 = C_\gamma \times C_L^3$

式中 C_ε、C_γ、C_f、C_σ、C_E、C_P、C_L 分别为应变、重度、摩擦系数、应力、变形模量、集中力、几何尺度的相似系数。根据相似关系得出相似系数,见表 6-3-1。

表 6-3-1　原型与模型相似系数

物理名称	变形模量	应变	应力	重度	摩擦系数	泊松比	集中力
相似系数	C_E	C_ε	C_σ	C_γ	C_f	C_μ	C_P
数值	140	1	140	1	1	1	2.744×10^6

6.3.2　模型比尺的选用及模拟范围

模型选用的几何比尺为 1:140。

模型模拟的范围:以拱坝、坝轴线和拱坝中心线的交点为原点,以拱坝中心线为基准线分别为:

(1)模型上游边界模拟 110 m 近 0.8 倍坝高。

(2)模型下游边界模拟 200 m。

(3)左、右岸边界模拟了 420 m,坝肩部分大于 5 倍拱端厚度。

(4)模型基础深度取约为 0.95 倍坝高,取为 112 m,模型总高约为 2.09 m。

这样整个模型范围为 420 m×310 m×294 m,模型结构示意图见图 6-3-1。

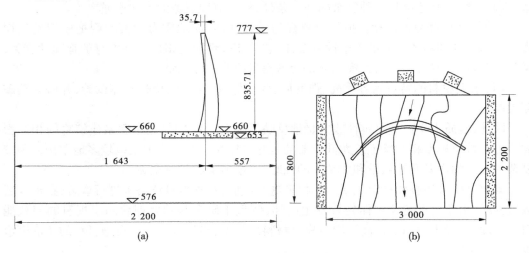

图 6-3-1　模型结构示意图

6.3.3　地质条件的模拟

地质概化:

各岩体分区的综合变形模量值为

$(12 \sim 14)$ GPa:$J_{2S}^{7(1)}$、$J_{2S}^{7(3)}$、$J_{2S}^{7(5)}$(长石石英砂岩);

$(3.5 \sim 4.3)$ GPa：$J_{2S}^{7(2)}$、$J_{2S}^{7(4)}$、$J_{2S}^{7(6)}$、$J_{2S}^{7(8)}$（泥岩类岩石）。

坝址区结构面模拟：

软弱夹层模拟，主要模拟的夹层有 7 条，即 RJ_1、RJ_2、RJ_4、RJ_5、RJ_6、RJ_7、RJ_{13}、RJ_{1-1}。

此外，还模拟了左岸卸荷裂隙后缘（F）。

结构面的模型材料选用聚酯薄膜、电容纸等材料来模拟其摩擦系数。由于结构面的凝聚力 C'（原型）仅为 $0.03 \sim 0.1$ MPa。根据模型相似理论换算得到模型 C' 值只有 $2.1 \times 10^{-4} \sim 7.1 \times 10^{-4}$ MPa，近似为 0。

裂隙：模型中模拟了两组设计考虑最不利的裂隙分别为左岸走向 $N20° \sim 40°E$ 和右岸走向 $N50° \sim 75°W$。裂隙连通率根据表 6-3-2 中所列的统计值进行模拟，具体方法是，裂隙面连通部分通过模型小块体本身光面对光面模拟，不需要添加任何黏合剂，不连通部分通过块体间涂刷特制的合成胶，并控制涂层的面积来保证模拟岩体本身的抗剪强度指标。裂隙面的侧面都呈铅直状模拟，裂隙的间距等于所制备的块体材料尺寸。

表 6-3-2 坝址裂隙连通率统计

位置	层位	裂隙方向	连通率	高程(m)
左岸	$J_{2S}^{7(5)}$	$N20° \sim 40°E$	50%	756 以上
		$N10° \sim 30°W$	20%	
	$J_{2S}^{7(3)}$	$N20° \sim 40°E$	41%	$680 \sim 756$
		$N10° \sim 30°W$	56%	
		$N50° \sim 75°W$	50%	
右岸	J_{2S}^{8}	$N10° \sim 25°E$	45%	740 以上
		$N10° \sim 30°W$	35%	
	$J_{2S}^{7(5)}$ $J_{2S}^{7(3)}$	$N10° \sim 25°E$	55%	$662 \sim 740$
		$N10° \sim 30°W$	45%	
		$N50° \sim 75°W$	35%	

注：设计考虑最不利的裂隙走向为左岸走向 $N20° \sim 40°E$、右岸走向 $N50° \sim 75°W$。

坝基基础处理：

（1）大坝基础 660 m 高程以下浇筑的混凝土垫座（见图 6-3-2），采用了和模型坝体相近的模型材料对坝基下的垫座进行了模拟。

（2）左岸坝基范围内 $J_{2S}^{7(2)}$ 泥岩层基础处理（见图 6-3-3、图 6-3-4），在模型上对该区域的泥岩层进行了开挖，并用和模型坝相同的模型材料模拟了开挖后的混凝土置换体。

6.3.4 模型材料的选用

由于地质力学模型所模拟岩体的物理力学特性，通常是十分复杂的，它不是简单均匀连续弹性体而是非均质、多裂隙的黏弹塑性体，因此地质力学模型能够研究建筑物从弹性阶段经塑性阶段一直到破坏整个全过程的变形规律以及破坏机制。所以，试验中模型材

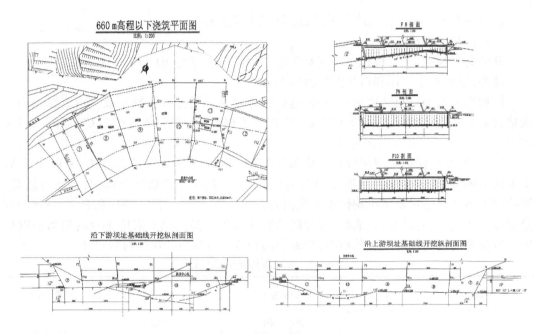

图 6-3-2　大坝基础高程 660 m 以下处理图

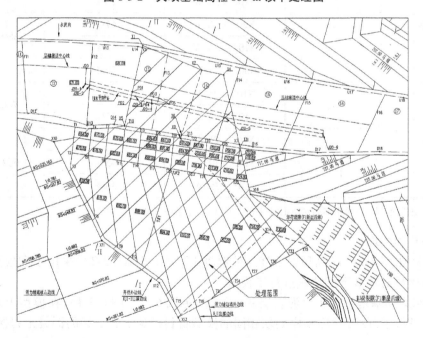

图6-3-3　左岸坝基范围内 $J_{2S}^{7(2)}$ 泥岩层基础处理平面图

料除了必须满足弹性结构的几何相似条件外,还要严格满足以下条件:

(1)原型与模型的应变相同,即 $C_ε=1$。

(2)原型岩体与模型材料的应力—应变关系曲线要求全过程相似。

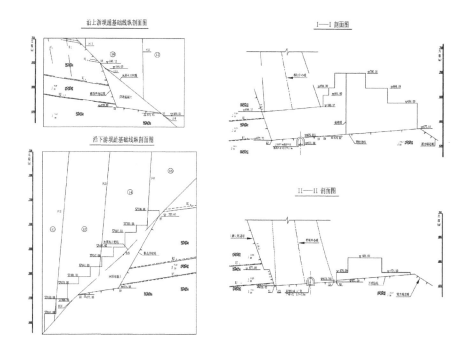

图 6-3-4　左岸坝基范围内 $J_{2S}^{7(2)}$ 泥岩层基础处理剖面图

（3）原、模型材料强度相似：$C_c = C_\sigma = C_E$，$C_f = 1$。

经过大量的试验研究，岩体模型材料选用以重晶石粉和铁粉为基本充填料，以机油为黏合保湿剂，以皂化油加水（按一定比例）为防锈剂，以膨润土为添加剂，根据不同的变形模量和强度要求，按照不同的配比经搅拌机充分搅拌，并经过专用压力机压制而成小块体，即尺寸为 10 cm ×10 cm×10 cm 的立方体，该模型材料可以满足模型相似条件所要求的物理力学性能指标，并且不受环境温度和湿度的影响，成型制模很方便，大大缩短了制模工期。坝体材料选用重晶石、铁粉为基本充填剂，以甘油为黏合保湿剂，添加皂化油和水，按照一定比例浇筑成大块，并在烘房烘到一定程度（以重度控制为准）。根据原、模型相似关系得出的模型材料物理力学参数见表 6-3-3。

6.3.5　模型制作

整个山体用上述 10 cm×10 cm×10 cm 的小块体砌筑而成。共消耗 12 000 余块，耗费材料 32 t。这样的小块体，模型自上而下分 15 层浇筑，每层都根据提供的水平地质平切图将夹层、断层及裂隙，先行放样至模型的水平面上，以此控制它们的走向和倾角，对地质构造进行准确的模拟。

在模型小块体之间的水平接触面和铅直接触面用黏结剂进行部分黏结，以此满足岩体本身的抗剪强度和裂隙连通率的要求。

山头和坝体之间及坝块之间用专门研制的合成胶来黏结，以满足它们之间的强度要求。

表 6-3-3　模型材料物理力学参数选用表

名称		密度(g/cm³)		变形模量(MPa)		摩擦系数 f'		黏聚力 C'(MPa)	
		要求值	实测值	要求值	实测值	要求值	实测值	要求值	实测值
混凝土坝体 660 m 以下坝基垫座 $J_{2S}^{7(3)}$ 泥岩层混凝土置换体		2.40	2.3~2.5	142.80	213~242.2				
岩体	长石石英砂岩 $J_{2S}^{7(1)}$、$J_{2S}^{7(3)}$、$J_{2S}^{7(5)}$	2.55~2.6	2.55~2.58	85.7~100	88.0~114.7	1.1~1.2(底滑面)	0.80~0.90	0.007≈0(底滑面)	0
	泥岩类岩石 $J_{2S}^{7(1)}$、$J_{2S}^{7(3)}$、$J_{2S}^{7(5)}$	2.59~2.66	2.605~2.645	25.0~30.7	28.10~32.0	0.65~0.70	0.61~0.69	0.002~0.003 6≈0	0
软弱夹层	RJ_1					0.3	0.25~0.33	0.000 2~0.000 25≈0	0
	RJ_2、RJ_4、RJ_5、RJ_{1-1}					0.35~0.4	0.35~0.4	0.000 2~0.000 25≈0	0
	RJ_{13}、RJ_7					0.4~0.45	0.41~0.45	0.000 2~0.000 25≈0	0
左岸卸荷裂隙后缘(F)						0.4~0.5	0.41~0.45	0.000 2~0.000 25≈0	0
岩体裂隙	连通部分					0.55~0.65	0.61~0.67	0.000 7≈0	0
	不连通部分					1.0	0.8~0.9	0.000 7≈0	0

6.3.6　荷载模拟

模拟原型岩体和坝体的自重由模型材料本身的自重来实现,即模型材料的重度与原型一致。水压力只加上游水荷载,水位按正常蓄水位高程 775.00 m 施加;采用油压千斤顶加载,本次试验共用 32 只千斤顶,超载只超上游水压,其步骤是:首先逐级加到正常蓄水位,取得正常蓄水位下的坝体和山体的变形资料后,再按三角形超载方式继续逐级增加水压力到 $1.5P_0$,$2.0P_0$,$2.5P_0$,$3.0P_0$,$3.5P_0$,$4.0P_0$,$4.5P_0$,$5.0P_0$,$5.5P_0$,$6.0P_0$,$6.5P_0$,$7.0P_0$,直至模型破坏,P_0 为正常蓄水位荷载。

6.3.7　量测设施

为了获得坝体、坝肩及夹层、泥岩层混凝土置换体和左岸 F 卸荷体后缘等不同部位的变形特性,我们在模型上一共布置了近 90 个测点,其中坝体拱冠梁下游面顶拱及相关高程的径向和切向共布置了 43 个测点,左右岸山体沿不同高程主要夹层走向在河床出露处的上盘布置了12个测点,在山体内部主要夹层、泥岩层混凝土置换体、左岸 F 卸荷体后缘等敏感部位布设了内部测点,一共 29 个,具体测点布置见图 6-3-5 ~ 图 6-3-8。

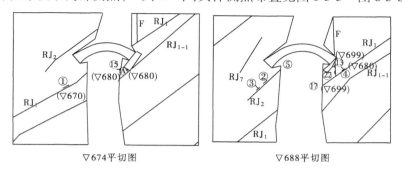

图 6-3-5　模型测点布置示意图(一)

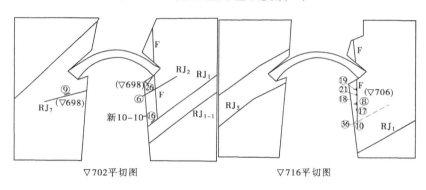

图 6-3-6　模型测点布置示意图(二)

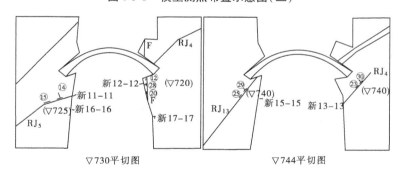

图 6-3-7　模型测点布置示意图(三)

　　位移通过电阻式位移计、电感式位移计测量。特别指出的是,这次使用了我们新研制的电感式位移计,它具有体积小、测试数值稳定、灵敏度高、便于安装的特点,在这次试验中应用很成功。

　　试验时电阻式位移计通过 ZY－01 型智能型应变仪、电感式位移计通过自制电感测试仪连接,连续测量、记录并打印出结果,测量精度较高。

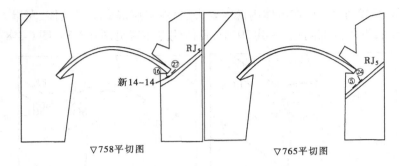

图 6-3-8　模型测点布置示意图(四)

6.4　试验成果分析

坝体径向位移方向规定:位移指向下游为正,指向上游为负。
坝体切向位移方向:沿左右岸水平方向。
山体夹层河谷出露处的位移方向规定:指向河谷为正,指向山里为负。
夹层的相对位移值是指夹层的下盘位移值和上盘位移测值之差。

6.4.1　坝体位移

我们沿坝体下游面高程 777 m（顶拱）、高程 745 m 、高程 707 m、高程 660 m 的四拱五梁的径向和切向布置了 42 个测点。拱顶上抬方向亦布置了测点,见图 6-4-1。

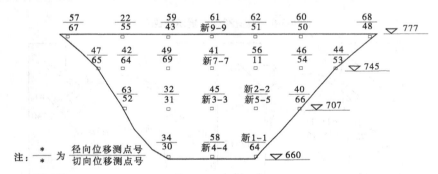

图 6-4-1　坝体下游面测点布置图

6.4.1.1　正常蓄水位工况坝体位移分布规律

坝体位移分布规律见图 6-4-2、图 6-4-3,从图中可以看出,径向较大位移发生在拱冠梁顶,顶拱位移值为 33.60 mm,方向指向下游,从高程 777 m、745 m、707 m、660 m 各测点径向位移看,右边位移比左边略大,这可能与两岸拱座区的岩体强度有关,相比较右岸拱座区山体雄厚,但拱座岩体中除有多条软弱夹层外,强度较低的泥岩类岩层偏多。左岸变形稳定条件较右岸好。切向位移最大值发生在顶拱右拱端指向山里,数值为 5.60 mm,拱冠上抬垂直向位移在正常蓄水位作用下只有 2.80 mm。

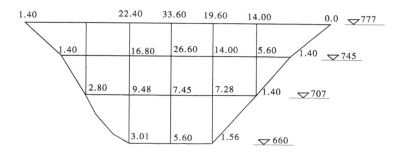

图 6-4-2 正常蓄水位下坝体下游面径向位移分布图 （单位:mm）

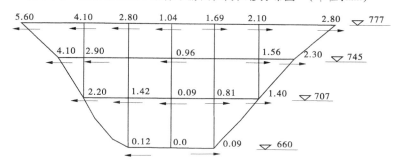

图 6-4-3 正常蓄水位下坝体下游面切向位移分布图 （单位:mm）

6.4.1.2 坝体超载位移规律

在进行超载的过程中,随着荷载的不断增加,位移值也不断增加。图 6-4-4 是坝体拱冠梁在各级荷载作用下的径向位移曲线,图 6-4-5 是坝体顶拱的拱冠梁测点 61# 在各级荷载作用下的径向位移曲线。从图 6-4-4 来看,超载到 $4.0P_0$（P_0 指正常蓄水位下荷载)时高程 777 m 顶拱拱冠梁的径向位移达到 324.80 mm,比拱冠梁上其他高程的径向位移要大得多。荷载从 $4.0P_0 \rightarrow 5.0P_0 \rightarrow 6.0P_0 \rightarrow 7.0P_0$ 位移变化的速率越来越快,这时坝体下游面和两岸坝肩拱座内出现了裂缝,见图 6-4-6、图 6-4-7。而坝本身上下游面未出现很多裂缝,这可能是与我们模型设计时,适当提高了坝体的强度有关。

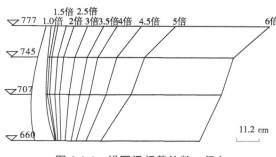

图 6-4-4 拱冠梁超载倍数—径向
位移曲线

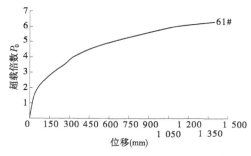

图 6-4-5 坝体顶拱的拱冠梁测点 61#
径向位移过程线

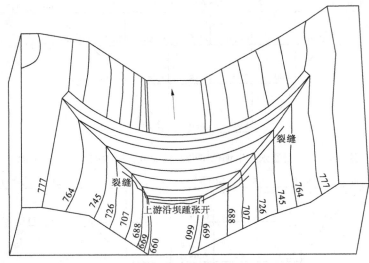

图 6-4-6　模型上游破坏裂缝示意图

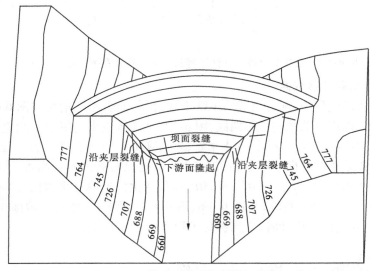

图 6-4-7　模型下游破坏裂缝示意图

6.4.2　两岸坝肩的抗滑稳定分析

6.4.2.1　左岸坝基 $J_{2S}^{7(2)}$ 泥岩层基础混凝土置换体的敏感性分析

　　根据工程地质平切图和左岸坝基 $J_{2S}^{7(2)}$ 泥岩层基础处理图,我们在模型上对左岸坝基 $J_{2S}^{7(2)}$ 泥岩层由高程 670 m 向上开挖,然后用和模型坝体相同的材料作为混凝土置换体进行了准确的模拟,并在该混凝土置换体下游侧法线方向布置了测点 A(高程 680)、26(高程 698)以监测该置换体在上游水荷载作用和超载过程中是否向下游河谷滑移,具体位置见图 6-3-4。另外,在左岸高程 680 $J_{2S}^{7(2)}$ 泥岩类岩下游外侧陡崖临空面布置了测点 57,该方向和监测混凝土置换体的测点方向基本相同。

由于左岸拱座下游侧抗力岩体主要层位是 $J_{2S}^{7(2)}$、$J_{2S}^{7(3)}$（高程 660 ~ 745 m），其中 $J_{2S}^{7(3)}$ 为 Ⅱ 类长石石英砂岩，其岩体变形模量、单轴抗压强度和抗剪断强度均较高，抗滑和抗变形能力较好，而 $J_{2S}^{7(2)}$ 为 Ⅲ 类较软的泥岩类主要分布在高程 660 ~ 700 m，其岩体变形模量、单轴抗压强度、抗剪断强度较低，因此其抗滑和抗压缩变形能力较差，故需要进行工程处理，对岩体进行适当补强。

由图 6-4-15、图 6-4-22、图 6-4-28 和表 6-4-1、表 6-4-2 中可以看出，在正常蓄水位 P_0 作用下，该混凝土置换体向下游侧法线方向的相对位移量都很小，几乎可以忽略不计，这时相对应的 $J_{2S}^{7(2)}$ 泥岩类岩下游外侧陡崖临空面所测的绝对位移值也只有 2.80 mm。当超载到 $2.0P_0$ 时，该混凝土置换体下游侧法线方向的相对位移量为 2.10 mm，相对应的 $J_{2S}^{7(2)}$ 泥岩类岩下游外侧陡崖临空面的绝对位移量为 5.6 mm（指向河谷）；当超载到 $4.0P_0$ 时，该混凝土置换体沿下游方向的相对位移量最大值只有 5.6 mm，超载到 $6.0P_0$ 时，其相对位移量才达到 29.4 mm，而这时相对应的 $J_{2S}^{7(2)}$ 泥岩类岩下游外侧陡崖临空面所测的绝对位移值（测点 57）在 $4.0P_0$ 时为 12.6 mm（指向河谷），$6.0P_0$ 时为 −25.2 mm（指向山里）。

表 6-4-1　左岸坝基 $J_{2S}^{7(2)}$ 泥岩类混凝土置换体相对位移　　（单位：mm）

测点	荷载						
	$1.0P_0$	$2.0P_0$	$3.0P_0$	$3.5P_0$	$4.0P_0$	$5.0P_0$	$6.0P_0$
A（高程 680 m）	1.40	2.10	3.30	4.20	5.60	8.40	29.4
26（高程 698 m）	0.19	0.56	1.40	1.86	2.42	4.20	9.80

表 6-4-2　左岸高程 680 m $J_{2S}^{7(2)}$ 泥岩类岩下游外侧陡崖临空面绝对位移　　（单位：mm）

测点	荷载						
	$1.0P_0$	$2.0P_0$	$3.0P_0$	$3.5P_0$	$4.0P_0$	$5.0P_0$	$6.0P_0$
57（高程 680 m）	2.80	5.60	8.96	10.78	12.60	7.0	−25.2

这些说明了，$J_{2S}^{7(2)}$ 泥岩类岩层采取挖除并用混凝土置换体替代后，在正常蓄水位 P_0 作用下，该混凝土置换体沿下游侧法线方向几乎没有相对位移，其相对应的点绝对位移值亦很小。在超载情况下，由 $2.0P_0$ 逐级超载到 $4.0P_0$ 时，该混凝土置换体相对位移值也不大，最大只有 5.6 mm。相对应的下游外侧陡崖临空面的绝对位移值随荷载逐级呈线性增加，增加的幅度不大；当超载到 $6.0P_0$ 时，该混凝土置换体已经进入较大的变形状态。

因此，对变形模量较低的 $J_{2S}^{7(2)}$ 泥岩类岩层进行挖除处理并置换混凝土，这对左岸拱座的补强起了较好的作用，对抵抗拱座变形十分有利，改善了拱坝抗滑和变形稳定条件，故对 $J_{2S}^{7(2)}$ 泥岩类岩层进行工程处理是成功的。

6.4.2.2　左岸卸荷裂隙后缘体（F）的抗滑稳定分析

左岸结构面卸荷裂隙后缘体（F）产状：走向 N20° ~ 40°W，倾向 SW，倾角 75° ~ 85°，分布高程 674 ~ 730 m。它切割了倾向河床、偏上游的软弱夹层 RJ_1，因此当其与 NWW 组结构面组合后，将构成下游侧滑动块体，而且该区域又和 $J_{2S}^{7(2)}$ 泥岩层挖除后的混凝土置换体交织在一起：在试验中既要保证该测点很好地观察混凝土置换体的稳定，又要不失时机地观察好由 F、RJ₁、RJ₂ 和 NWW 组结构面组合成的下游侧滑动块体的变形稳定。我们在 698 m、706 m、720 m 高程的 F(垂直向、走向)、RJ_1、RJ_2(走向、倾向)内部共设置了 9 个测点,以监测它们的变形和相对位移,并在该下游侧滑动体的临空面,垂直于河谷方向也布置了 3 个测点,以量测它们的绝对位移(具体测点布置见图 6-3-5、图 6-3-6、图 6-3-7)。

由图 6-4-16、图 6-4-17、图 6-4-21、图 6-4-23 ~ 图 6-4-26、图 6-4-29 ~ 图 6-4-35 和表 6-4-3 ~ 表 6-4-6 可以看出:所测结果令人非常满意,它形象地记录了左岸卸载裂隙后缘 F,软弱夹层且 RJ_1、RJ_2 和 NWW 结构面组合成下游侧滑动体在正常蓄水位和超载情况下的变形情况。在正常蓄水位下,左岸卸荷裂隙后缘 F 发生压缩变形,其数值很小,在超载到 $2.0P_0$ 时,其变形值均很小;在超载到 $3.0P_0$ 时,由于 F 结构面倾角接近 90°,F 结构面距坝近的地方开始发生张开变形,但张开度较小,只有 1.4 mm;在超载到 $5.0P_0$ 时,F 结构面张开度有所增加,图上发现了拐点,且距坝近的 19 测点张开度达到 7.00 mm,比距坝远的 8 测点张开度 2.80 mm 要大一些;在超载到 $6.0P_0$ 时,F 结构面明显脱开,距坝近的 19 测点张开度达到 30.80 mm,远远大于距坝远的 8 测点张开度 21.00 mm。相对应软弱夹层 RJ_1、RJ_2 沿着倾向的相对位移的变化规律和 F 结构面基本相同,该下游侧滑动体下游河谷临空面的垂直于河谷的绝对位移是指向山里,在超载到 6.0 Pa 时,最大值达到 14.83 mm。

表 6-4-3　左岸卸荷裂隙后缘 F 的变形特征　　　　　　　(单位:mm)

测点	荷载								备注
	$1.0P_0$	$2.0P_0$	$3.0P_0$	$3.5P_0$	$4.0P_0$	$5.0P_0$	$6.0P_0$	$7.0P_0$	
19#(高程 708 m)	1.40	1.40	-1.40	-1.40	-2.8	-7.0	-30.8	-58.8	"-"表示结构面张开
8#(高程 706 m)	1.40	0	0	0	0	-2.8	-21.0	36.4	
28#(高程 720 m)	1.40	1.40	0	0	0	0	0	-1.4	
13#(高程 698 m)	1.40	1.40	0	-1.40	-2.8	-9.8	-49.0	-77	

表 6-4-4　左岸卸荷裂隙后缘 F 沿走向的相对位移　　　　　(单位:mm)

测点	荷载								备注
	$1.0P_0$	$2.0P_0$	$3.0P_0$	$3.5P_0$	$4.0P_0$	$5.0P_0$	$6.0P_0$	$7.0P_0$	
22 (高程 698 m)	1.40	1.40	0	11.20	14.00	9.8	124.6	222.6	距坝近
21 (高程 706 m)	1.40	1.40	2.80	1.40	2.80	4.20	5.60	5.60	距坝近
17 (高程 706 m)	1.40	1.40	1.40	2.80	1.40	2.80	-14.0	-18.2	距坝远
20 (高程 720 m)	1.40	1.40	1.40	1.40	1.40	1.40	-1.40	-1.40	距坝远
12 (高程 720 m)	1.40	1.40	2.80	2.80	2.80	7.00	19.60	33.60	距坝近

表 6-4-5　软弱夹层 RJ_1、RJ_2 的相对位移　　　　　　　（单位:mm）

测点	荷载							备注
	$1.0P_0$	$2.0P_0$	$3.0P_0$	$3.5P_0$	$4.0P_0$	$5.0P_0$	$6.0P_0$	$7.0P_0$	
4（高程 698 m）	1.40	1.40	4.20	7.00	11.20	28	71.4	95.20	沿倾向 RJ_1
6（高程 698 m）	1.40	1.40	1.40	1.40	2.80	9.8	14	18.2	沿倾向 RJ_2

左岸 F、RJ_1、RJ_2、NWW 结构面组合成下游侧滑动体。

表 6-4-6　下游河谷临界面的绝对位移　　　　　　　（单位:mm）

测点	荷载							备注
	$1.0P_0$	$2.0P_0$	$3.0P_0$	$3.5P_0$	$4.0P_0$	$5.0P_0$	$6.0P_0$	
10（高程 688 m）	0.31	-4.33	-9.27	-11.28	-12.36	-18.54	-14.83	
29B（高程 702 m）	-0.42	1.77	3.54	5.84	3.65	3.23	12.72	垂直于河谷
48（高程 716 m）	-0.26	-4.64	-9.40	-11.79	-12.98	-15.23	-9.54	

综上所述，左岸卸荷裂隙后缘 F、软弱夹层 RJ_1、RJ_2 和 NWW 结构面组合成的下游侧滑动块体，在正常蓄水位下局部变形很小，没有发生滑动，是安全的。在超载到 $4.0P_0$ 时，F 的张开度有所增加;仍有足够的稳定安全系数。在超载到 $5.0P_0 \sim 6.0P_0$ 时才发生大的变形。

6.4.2.3　两岸坝肩的软弱夹层稳定分析

根据两岸山体的地形和地质构造，模型中模拟的软弱夹层主要为:右坝肩为 RJ_2、RJ_7、RJ_5、RJ_{13};左坝肩为 RJ_{1-1}、RJ_1、RJ_2、RJ_4、RJ_5;以及左岸卸荷裂隙后缘 F。模拟的岩体裂隙:左岸走向 N20° ~ 40°E，右岸走向 N50° ~ 75°W，两岸坝肩山头沿夹层的走向和倾向分别布置了内部位移测点，在部分夹层的河谷出露处的上盘布置了外部位移测点，具体测点布置见图 6-3-5 ~ 图 6-3-7。

由于右岸的软弱夹层的走向与拱推力方向夹角 <30°，且其倾向山里，因此右岸的软弱夹层向下游侧滑移的可能性几乎没有，这从图 6-4-8 ~ 图 6-4-10、图 6-4-42 ~ 图 6-4-49 和表 6-4-7 中可以看出，RJ_1、RJ_2、RJ_7、RJ_5、RJ_{13} 在正常蓄水位下几乎没有相对位移，在超载到 $3.5P_0 \sim 4.0P_0$ 时，相对位移量也不大，相对应于夹层河谷出露处的绝对位移也不大，超载到 $5.0P_0 \sim 6.0P_0$ 时，RJ_2、RJ_{13} 沿夹层的走向才发生较大的相对位移。

左岸的软弱夹层除了前面已经讨论了卸载裂隙后缘 F 和 RJ_1、RJ_2 组成的下游侧抗力体的抗滑稳定，其余的软弱夹层均倾向河床偏上游，由图 6-4-19、图 6-4-20、图 6-4-36 ~ 图 6-4-41 和表 6-4-8 中可以看出，在正常蓄水位作用下，软弱夹层 RJ_4、RJ_5 的走向和倾向的相对位移值非常小，几乎可以忽略不计，在超载到 $3.5P_0 \sim 4.0P_0$ 时，沿这些夹层走向的相对位移量也只有几毫米，其相对应夹层河谷出露处的绝对位移值亦较小。这些夹层沿着其倾向的相对位移量稍大(16.80 ~ 19.60) mm，尽管这些夹层倾向河床但偏上游，对稳定影响不大。没有发现明显向下游滑移的现象。

表 6-4-7　右岸夹层的相对位移　　　　　　　　　　　　　　　　（单位：mm）

测点	荷载					备注
	$1.0P_0$	$3.5P_0$	$4.0P_0$	$5.0P_0$	$6.0P_0$	
1（高程 670 m，RJ_1 走向）	1.40	2.80	4.20	11.20	61.60	垂直于河谷
2（高程 680 m，RJ_2 走向）	0	9.80	15.40	36.40	100.80	
3（高程 680 m，RJ_2 倾向）	0	0	0	1.40	4.20	
9（高程 698 m，RJ_7 走向）	1.40	2.80	5.60	25.20	61.60	
14（高程 725 m，RJ_5 走向）	1.40	7.00	9.80	19.60	36.40	
15B（高程 725 m，RJ_5 倾向）	1.40	2.80	4.20	9.80	26.60	
25（高程 740 m，RJ_{13} 走向）	1.40	15.40	19.60	40.60	71.40	
29（高程 740 m，RJ_{13} 倾向）	0	0	0	−1.40	−2.80	
05（高程 688 m，RJ_2 走向）	−3.14	8.00	12.00	45.57	103.29	外部河谷出露点
60（高程 674 m，RJ_1 走向）	−0.14	9.26	14.00	46.67	117.99	
新 11−11（高程 730 m，RJ_5 走向）	0	−0.16	−0.08	0	51.14	

由图 6-4-6 和图 6-4-7 可看出，在超载破坏情况下，模型坝沿上游坝踵周边都已发生张开裂缝：上游面右岸高程 702~766 m 沿裂隙出现较宽裂缝，这是由于该部分的岩体是 $J_{2S}^{7(4)}$ 泥岩类岩层，强度较低，变形大所致。模型坝下游坝趾附近发生隆起，两岸拱座内出现了周边裂缝，左岸山头沿 RJ_{1-1}、RJ_4、RJ_5 等夹层出露处出现裂缝，右岸山头沿 RJ_2、RJ_7 等夹层出露处出现裂缝。

表 6-4-8　左岸夹层的相对位移　　　　　　　　　　　　　　　　（单位：mm）

测点	荷载					备注
	$1.0P_0$	$3.5P_0$	$4.0P_0$	$5.0P_0$	$6.0P_0$	
23（高程 740 RJ_4 走向）	0	0	1.4	2.8	2.8	内部点
30（高程 740 m，RJ_4 倾向）	1.40	14	19.6	56	120.4	
27（高程 760 m，RJ_5 走向）	0	0	−1.4	−4.2	−9.8	
18（高程 760 m，RJ_5 倾向）	1.40	12.6	16.8	37.8	84	
5（高程 765 m，RJ_5 走向）	1.40	−1.4	−1.4	−4.2	−5.6	
24（高程 765 m，RJ_5 走向）	0	0	1.4	7.0	21	
新 13−13（高程 740 m，RJ_4 走向）	−0.33	3.2	4.76	7.79	13.7	外部河谷出露点
新 14−14（高程 758 m，RJ_5 走向）	−0.96	−10.63	−12.86	−15.95	−39.12	

试验结果表明,在正常蓄水位作用下,左右岸夹层的相对位移都很小,只有 1.40 mm,在超载到 3.5P_0 时,左、右岸夹层的相对位移也不大,左岸最大值为:沿夹层走向为 11.20 mm,沿夹层倾向为 14.00 mm;右岸最大值为:沿夹层走向为 15.40 mm,沿夹层倾向为 2.80 mm。在超载到 6.0P_0 时,左、右岸表层的相对位移值已经很大,左岸最大值为 124.60 mm(沿夹层走向),右岸最大值为 100.80 mm(沿夹层走向)。从整体位移规律来看,在超

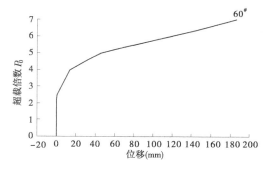

图 6-4-8 右岸高程 674 m RJ$_1$ 表面
走向测点 60# 位移过程线

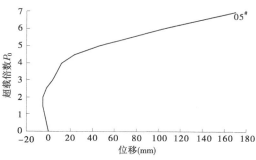

图 6-4-9 右岸高程 688 m RJ$_2$ 表面
走向测点 05# 位移过程线

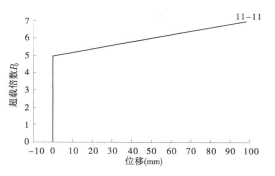

图 6-4-10 右岸高程 730 m RJ$_5$ 表面
走向测点新 11 – 11 位移过程线

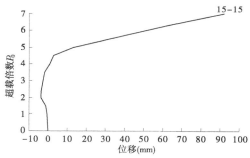

图 6-4-11 右岸高程 744 m 垂直河向
下游 80 测点新 15 – 15 位移过程线

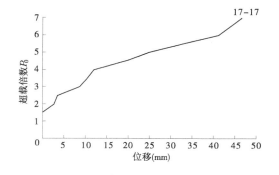

图 6-4-12 左岸高程 730 m 顺河向坝
下游 200 测点新 17 – 17 位移过程线

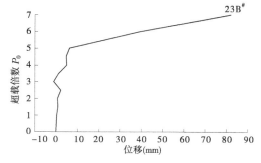

图 6-4-13 左岸高程 674 m RJ$_{1-1}$ 表面
走向测点 23B# 位移过程线

载到 $5.0P_0 \sim 6.0P_0$ 时,左岸相对位移比右岸大,特别是左岸裂隙后缘 F 的张开度较大。但两岸山头并没有产生明显向下游滑移现象。各测点位移过程线见图 6-4-8 ~ 图 6-4-49。

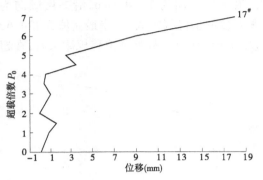

图 6-4-14 左岸高程 688 m RJ_1 表面
走向测点 17# 位移过程线

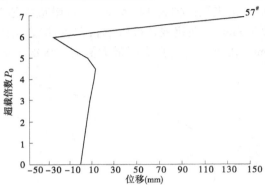

图 6-4-15 左岸高程 680 m 置换体外侧
岩体表面测点 57# 径向位移过程线

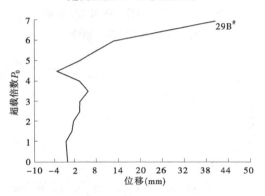

图 6-4-16 左岸高程 702 m RJ_2 垂直
河谷测点 29B# 位移过程线

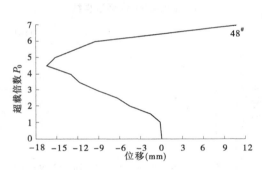

图 6-4-17 左岸高程 716 m 卸荷体垂直
河谷测点 48# 位移过程线

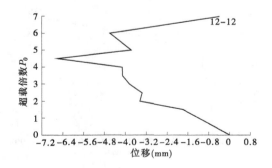

图 6-4-18 左岸高程 730 m 卸荷体垂直
河向测点新 12 - 12 位移过程线

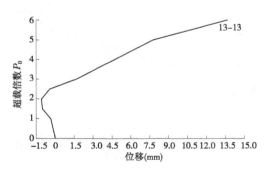

图 6-4-19 左岸高程 744 m RJ_4 表面
走向测点新 13 - 13 位移过程线

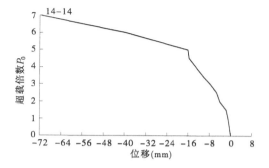

图 6-4-20　左岸高程 758 m RJ_5 表面
走向测点新 14 - 14 位移过程线

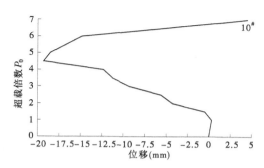

图 6-4-21　左岸高程 688 m F 表面垂直
测点 10# 位移过程线

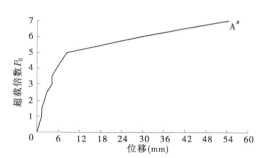

图 6-4-22　左岸高程 680 m 置换体径向
位移测点 A# 位移过程线

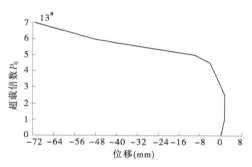

图 6-4-23　左岸高程 699 m 卸荷体 F 倾向
测点 13# 位移过程线

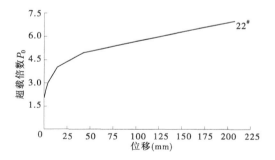

图 6-4-24　左岸高程 699 m 卸荷体 F 走向
测点 22# 位移过程线

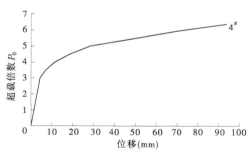

图 6-4-25　左岸高程 680 m RJ_1 倾向
测点 4# 位移过程线

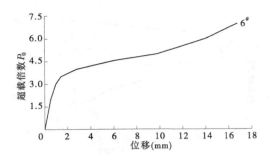

图 6-4-26　左岸高程 698 m RJ$_2$ 倾向
测点 6$^#$位移过程线

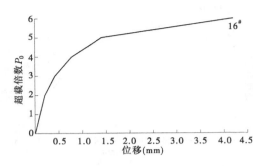

图 6-4-27　左岸高程 698 m RJ$_1$ 走向
测点 16$^#$位移过程线

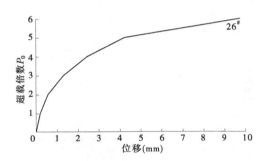

图 6-4-28　左岸高程 698 m 置换体径向
位移测点 26$^#$位移过程线

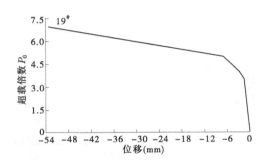

图 6-4-29　左岸高程 706 m 卸荷体 F 倾向
测点 19$^#$位移过程线

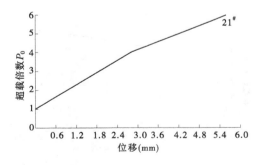

图 6-4-30　左岸高程 706 m 卸荷体 F 走向
测点 21$^#$位移过程线

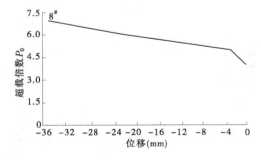

图 6-4-31　左岸高程 706 m 卸荷体 F 倾向
测点 8$^#$位移过程线

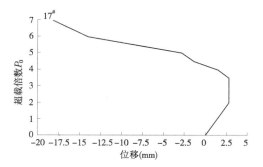

图 6-4-32　左岸高程 706 m 卸荷体 F 走向
测点 17# 位移过程线

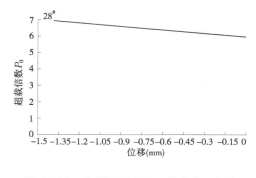

图 6-4-33　左岸高程 720 m 卸荷体 F 倾向
测点 28# 位移过程线

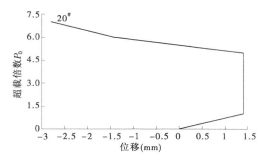

图 6-4-34　左岸高程 720 m 卸荷体 F 走向
测点 20# 位移过程线

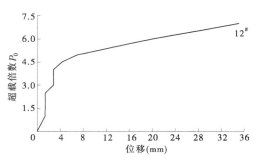

图 6-4-35　左岸高程 720 m 卸荷体 F 走向
测点 12# 位移过程线

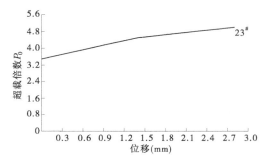

图 6-4-36　左岸高程 740 m RJ₄ 走向
测点 23# 位移过程线

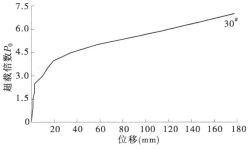

图 6-4-37　左岸高程 740 m RJ₄ 倾向
测点 30# 位移过程线

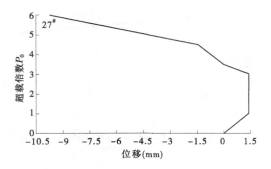

图 6-4-38　左岸高程 760 m RJ₅ 走向
测点 27# 位移过程线

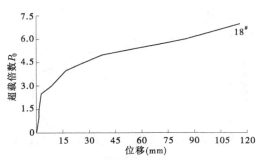

图 6-4-39　左岸高程 760 m RJ₅ 倾向
测点 18# 位移过程线

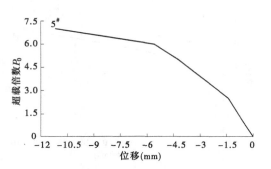

图 6-4-40　左岸高程 765 m RJ₅ 走向
测点 5# 位移过程线

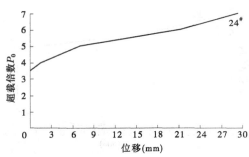

图 6-4-41　左岸高程 765 m RJ₅ 倾向
测点 24# 位移过程线

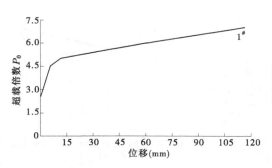

图 6-4-42　左岸高程 670 m RJ₁ 走向
测点 1# 位移过程线

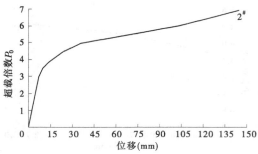

图 6-4-43　左岸高程 680 m RJ₂ 走向
测点 2# 位移过程线

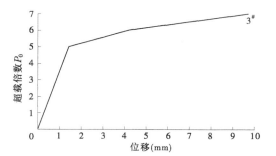

图 6-4-44　左岸高程 680 m RJ_2 走向
测点 3# 位移过程线

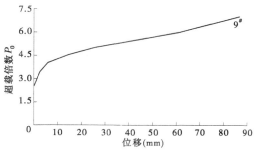

图 6-4-45　左岸高程 698 m RJ_7 走向
测点 9# 位移过程线

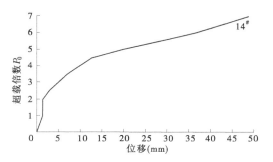

图 6-4-46　右岸高程 725 m RJ_5 倾向
测点 14# 位移过程线

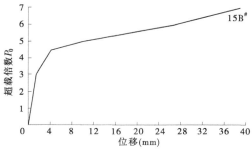

图 6-4-47　右岸高程 725 m RJ_5 走向
测点 15B# 位移过程线

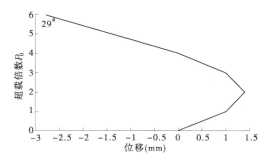

图 6-4-48　右岸高程 740 m RJ_{13} 倾向
测点 29# 位移过程线

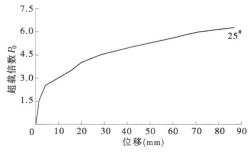

图 6-4-49　右岸高程 740 m RJ_{13} 走向
测点 25# 位移过程线

6.5 结 论

通过整体地质力学模型试验,研究了藤子沟水电站双曲拱坝在正常蓄水位和超载作用下的坝体位移、坝基夹层的位移规律、超载能力和左岸泥岩层挖除并用混凝土置换处理的效果。试验研究结果表明:藤子沟水电站在正常蓄水位作用下,坝体的绝对位移、夹层的相对位移及左岸裂隙后缘的压缩变形都较小,因此正常运行期,坝体和两岸坝肩是稳定的。左岸泥岩层挖除处理并用混凝土置换对左岸坝肩的补强起了很好的作用,效果是好的。坝基弹性极限为$(3.5 \sim 4.0)P_0$,坝基产生较大塑性变形荷载为$(5.0 \sim 6.0)P_0$,在超载到$6.0P_0$时,左岸夹层下游出露部位出现明显错位现象。

7 双曲拱坝整体稳定三维非线性有限元研究

7.1 工程概况及研究内容

7.1.1 工程概况

藤子沟水电站位于重庆市石柱土家族自治县境内、长江右岸一级支流龙河上游河段上,坝址距下游县城27 km,距上游桥头坝5 km。交通条件尚好,有简易公路可达石柱县城。

藤子沟水电站是龙河梯级开发的龙头工程,以发电为主,兼有防洪、养殖、旅游等多种功能。工程由大坝、引水系统和厂区系统三部分组成,厂区距大坝11 km,距石柱县城13 km。枢纽建筑物主要由混凝土双曲拱坝和水垫塘组成,引水发电系统由进口、输水隧洞、跨河管桥、调压井和压力管道组成,厂房系统由主厂房、副厂房、尾水渠和开关站组成。工程总混凝土量约40万 m³。

混凝土双曲拱坝最大坝高117.00 m,电站装机容量66 MW,年发电量1.97×10^8 kW/h,正常蓄水位▽ 775.00 m,总库容为1.93×10^8 m³。根据《防洪标准》(GB 50201—94)的规定,该工程为大(2)型工程。

7.1.2 地质概况

藤子沟水电站双曲拱坝坝址区位于藤子沟口至大沟口约475 m长的"V"形峡谷河段上。坝轴线附近两岸谷坡坡度60°左右,左岸呈下陡上缓的折线坡,岩层最不利的裂隙产状走向N20°～40°E,右岸多为逆向坡,呈陡崖,岩层最不利的裂隙产状走向N50°～75°W。岩石类型主要为长石石英砂岩、泥岩类岩石。长石石英砂岩强度较高,泥岩类岩石强度较低。由于河谷不断下切,岩层为软硬相间岩层,且走向又近平行河流,故坝址区两岸多呈陡缓相间层状地貌。断裂构造不发育,规模小。坝区岩体内有多条软弱夹层通过(见表7-1-1),据软弱夹层的物质组成及其性状可分为碎屑夹泥型夹层和破碎夹层,产状与岩层产状基本一致,软弱夹层是坝址的主要工程地质问题。

7.1.3 主要研究内容

藤子沟水电站双曲拱坝地质条件复杂,它在设计正常蓄水位和超载情况下大坝的位移场、拱坝和坝肩的变形规律、破坏机制及超载安全度是工程设计人员所关心的主要课题之一。研究内容主要采用三维非线性有限元分析方法研究在自重、水压力、渗透力等荷载作用下的藤子沟水电站双曲拱坝整体稳定性,包括坝肩稳定安全度和坝体的应力、位移分布及破坏发展过程。

表 7-1-1　坝址主要软弱夹层

位置	编号	厚度 (cm)	分布层位	产状			地质说明
				走向	倾向	倾角	
右坝肩	RJ_{13}	5～10	J_{2S}^8 底板	N22°E	NW	11°～13°	碎块夹碎屑状破碎物
	RJ_5	4～8	$J_{2S}^{7(4)}$ 顶板	N10°～20°E	NW	10°	碎块状、片状破碎物夹碎屑，面附泥膜
	RJ_7	5～30	$J_{2S}^{7(3)}$ 层内	N10°～30°E	NW	5°～11°	主要为薄板状，局部为碎块、碎屑状破碎物夹少量泥
	RJ_2	3～10	$J_{2S}^{7(3)}$ 层内	N10°～35°E	NW	5°～15°	主要为薄板状，局部为薄板状碎块，面附炭化黑云母薄片
	RJ_5	5～10	$J_{2S}^{7(4)}$ 顶板	N21°～25°E	NW	15°～20°	主要为薄板状、碎块状破碎物，局部夹碎屑和泥
	RJ_4	5～10	$J_{2S}^{7(3)}$ 层内	N27°E	NW	15°	碎块、碎屑状破碎物夹少量泥，局部为泥夹碎块、碎屑
左坝肩	RJ_2	3～5	$J_{2S}^{7(3)}$ 层内	N15°～30°E	NW	10°～16°	主要为薄板状破碎物，局部夹泥，具 0.5 mm 厚水云母片
	RJ_1	10～30	$J_{2S}^{7(2)}$ 顶板	N30°E	NW	12°	主要为碎块、碎屑状破碎物夹泥和泥，单层泥厚一般为 2～3 mm
	RJ_{1-1}	5～10	$J_{2S}^{7(2)}$ 底板	N30°E	NW	12°	主要为薄板状、薄片状碎屑物夹褐黄色碎屑和泥，薄板状岩面上多附着着泥膜

分析时首先根据渗控措施研究坝基稳定渗流场,然后由该渗流场计算渗透力,在计及自重和水压力荷载作用下按水压超载和降低坝肩材料抗剪强度两种方法评价拱坝的整体安全度。水压超载分析时按自重不变,加大水荷载进行。研究在正常水位和超载情况下,坝体和地基的变形、位移、抗滑稳定性、破坏发生和发展的全过程及超载能力;用降低坝肩材料抗剪强度分析时按荷载不变,研究在不断降低坝肩材料抗剪强度的情况下,坝体和地基的变形、位移、破坏发生和发展的全过程。最终根据分析成果评价藤子沟拱坝的整体安全度。

7.2　计算分析方法

拱坝一般在混凝土的弹性特性阶段工作,所以在设计中采用线性分析,可基本满足精度要求。但对于高、中拱坝,由于应力较高,可能有局部坝体应力超过混凝土材料的屈服应力,进入塑性状态,应力应变不再呈线性关系。在坝基中,由于存在各种地质构造,在坝肩推力作用下,岩体也会表现出非线性的特性。因此,对于建在复杂地基上的高拱坝,在设计中往往需要对拱坝—地基系统进行非线性有限元分析。一般拱坝和坝基在承受荷载后的变位相对结构本身很小,不存在大变形产生的非线性问题,只有极少数情况,如在强烈地震过程中,横缝可能张开、闭合,表现出非线性特性。对于这类问题,目前实际工程设计中还很少涉及。拱坝非线性问题主要是由材料的塑性等性质产生的。材料非线性的性质主要有两种表现:一是当应力状态达到某一程度后,材料的应力应变关系不再呈线性变化,并出现不可恢复的塑性变形。另一种是当应力达到某一程度后,材料就发生破坏,如拉裂、剪切错动或压碎等。对于裂开或错动后的结构,材料破坏后就不再是连续的弹性体,它的应力会重新分布。

7.2.1　非线性有限元基本原理

7.2.1.1　弹塑性分析的基本方程

弹塑性问题研究系统的应力和变形需要依据力的平衡关系、变形的几何关系和材料的物理关系(本构关系)。因为弹塑性材料的非线性是由本构关系的非线性引起的,但它和线弹性有限元一样,都属于小变形问题,因而关于形函数的选取、应变矩阵及劲度矩阵的形式都是相同的,不同的仅在于劲度矩阵是按弹塑性计算的,其中,平衡关系和几何关系并不涉及材料的力学性质,所以与弹性力学中的一样,所不同的是塑性状态下材料的本构方程。

1)平衡微分方程

变形体 Ω 内任一点的平衡方程的矩阵形式为:

$$L^T\sigma + P = 0 \qquad 在 \Omega 域内 \qquad (7-2-1)$$

其中 , L^T 是微分算子矩阵,形式为:

$$L^{\mathrm{T}} = \begin{bmatrix} \dfrac{\partial}{\partial x} & 0 & 0 & \dfrac{\partial}{\partial y} & 0 & \dfrac{\partial}{\partial z} \\[2mm] 0 & \dfrac{\partial}{\partial y} & 0 & \dfrac{\partial}{\partial x} & \dfrac{\partial}{\partial z} & 0 \\[2mm] 0 & 0 & \dfrac{\partial}{\partial z} & 0 & \dfrac{\partial}{\partial y} & \dfrac{\partial}{\partial x} \end{bmatrix} \tag{7-2-2}$$

σ 是变形体内任一点的应力:

$$\sigma = \begin{bmatrix} \sigma_x & \sigma_y & \sigma : \tau_{xy} \tau_{yz} & \tau_{zx} \end{bmatrix}^{\mathrm{T}} \tag{7-2-3}$$

p 是作用在变形体上的体力向量:

$$p = \begin{bmatrix} p_x & p_y & p_z \end{bmatrix}^{\mathrm{T}} \tag{7-2-4}$$

用张量形式可表示为:

$$\sigma_{ij,j} + P_i = 0 \qquad 在 \Omega 域内 \tag{7-2-5}$$

2)几何方程

根据弹性力学,在小变形情况下,略去位移导数的高次项,则应变向量与位移向量间的几何关系可表示为:

$$\varepsilon = Lf \qquad 在 \Omega 域内 \tag{7-2-6}$$

其中,ε 是变形体内任一点的应变:

$$\varepsilon = \begin{bmatrix} \varepsilon_x & \varepsilon_y & \varepsilon_z : v_{xy} & v_{yz} & v_{zx} \end{bmatrix}^{\mathrm{T}} \tag{7-2-7}$$

该点的位移为:

$$f = \begin{bmatrix} u & v & w \end{bmatrix}^{\mathrm{T}} \tag{7-2-8}$$

几何方程的张量形式为:

$$\varepsilon_{ij} = \frac{1}{2}(u_{i,j} + u_{j,i}) \tag{7-2-9}$$

7.2.1.2 材料的本构模型

1)混凝土的本构关系

用损伤力学的观点来研究混凝土的本构关系,始于 20 世纪 80 年代,至今已提出不少计算模型。其中,各向同性损伤模型以基于应变等价原理的 Loland 和 Mazars 各向同性损伤模型比较有代表性。本报告采用了韦未、李同春改进的 Mazars 损伤模型——基于四参数等效应变的各向同性损伤模型。

Mazars 损伤模型认为,峰值以前($\varepsilon \leqslant \varepsilon_p$),$\sigma$—$\varepsilon$ 为线性关系,即没有损伤,此时 $D = 0$;峰值之后($\varepsilon > \varepsilon_p$),应变增加而应力按指数函数($\sigma = \sigma(\varepsilon)$)下降,此时 $D = 1 - \sigma(\varepsilon)/E\varepsilon$。对于多轴应力情况,将应变 ε 换成 $\varepsilon *$,并需要考虑拉、压两类损伤的耦合,此时的总损伤为:$D = \alpha_t D_t(\varepsilon *) + (1 - \alpha_t)D_c(\varepsilon *)$,因此计算复杂,通用性不强。针对 Mazars 损伤模型,李同春等提出了两点改进。

(1)认为应力峰值前后 σ—ε 均为非线性关系。本报告采用杨木秋等提出的拉应力应变曲线。

上升段曲线($\varepsilon/\varepsilon_p \leqslant 1$):

$$\frac{\sigma}{\sigma_p} = \frac{\varepsilon/\varepsilon_p}{0.8(1 - \varepsilon/\varepsilon_p)^{1.8} + \varepsilon/\varepsilon_p} \tag{7-2-10}$$

下降段曲线$(\varepsilon/\varepsilon_p > 1)$：

$$\frac{\sigma}{\sigma_p} = \frac{\varepsilon/\varepsilon_p}{1.2\,(1 - \varepsilon/\varepsilon_p)^2 + \varepsilon/\varepsilon_p} \qquad (7\text{-}2\text{-}11)$$

式中　σ_p——单轴拉伸峰值应力；

　　　ε_p——相应的峰值应变。

整个应力—应变曲线均可用损伤变量表示为：

$$\tilde{\sigma} = \frac{\sigma}{1 - D} \qquad (7\text{-}2\text{-}12)$$

$$\sigma = \sigma(\varepsilon, \varepsilon_p, D) = \tilde{\sigma}(1 - D) = \varepsilon \cdot E_0(1 - D) \qquad (7\text{-}2\text{-}13)$$

　　　ε_p——峰值应力对应的应变；

　　　E_0——材料无损时的弹性模量；

　　　D——损伤变量。

这里假设材料的初始损伤 $D_0 = 0$。

有了应力—应变曲线(7-2-10)和(7-2-11)，则可求出损伤变量：

$$D = 1 - \frac{\sigma}{E_0\varepsilon} \qquad (7\text{-}2\text{-}14)$$

(2)对于多轴应力情况，将应变 ε 换成等效应变 $\varepsilon*$。根据 Hsieh – Ting – Chen 强度破坏准则基本思想，提出了四参数等效应变：

$$\varepsilon^* = A\frac{J'_2}{\varepsilon^*} + B\sqrt{J'_2} + C\varepsilon_1 + D I'_1 \qquad (7\text{-}2\text{-}15)$$

其中，$I'_1 = \varepsilon_{ii}$ 为应变张量第一不变量；$J'_2 = e_{ij}e_{ij}/2$ 为应变偏量第二不变量；$\varepsilon_1 = \frac{2}{\sqrt{3}}\sqrt{J'_2}\sin\left(\theta + \frac{2}{3}\pi\right) + \frac{1}{3}I'_1$ 最大主应变：$\theta = \frac{1}{3}\sin^{-1}\left(-\frac{3\sqrt{3}\,J'_3}{2\sqrt{J'_2}^3}\right)$，$|\theta| \leqslant 60°$；$J'_3 = e_{ij}e_{jk}e_{kl}/3$ 应变偏量第三不变量。

式(7-2-15)为一个关于 $\varepsilon*$ 的二次方程，求解这个二次方程即可求出各种应力状态下的等效应变，代入式(7-2-14)可求出损伤变量。

A、B、C、D 四个参数是由宋玉普等提出的极限强度破坏准则以及四组强度试验数据来确定的，即：

$$F(I'_1, J'_2, \varepsilon_1) = A\frac{J'_2}{\varepsilon_p} + B\sqrt{J'_2} + C\varepsilon_1 + D I'_1 - \varepsilon_p = 0 \qquad (7\text{-}2\text{-}16)$$

本书 ε_p 取为当材料达到单轴拉伸强度极限时的峰值应变。由于试件材料的差别由于试验方法和试验设备的不同，对于多轴应力的试验结果离散性较大，本书采取清华大学抗震抗爆工程研究室建议的统一的特征强度值，经 Hooke 定律换算后来计算各式中的参数。即：单轴抗拉强度 $f_t = 0.1f_c$、单轴抗压强度 f_c、双轴等压强度 $f_{cc} = 1.2f_c$ 以及取三轴压缩子午线上一点 $\sigma_{oct}/f_c = -4$，$\tau_{oct}/f_c = 5$(σ_{oct}，τ_{oct} 分别为八面体正应力和剪应力)。经过换算后，即可确定 A、B、C、D。本书中采用的四个参数分别为：$A = 4.610\,041\,2 \times 10^{-3}$，$B = 0.148\,033\,0$，$C = 0.680\,959\,2$，$D = 0.201\,922\,1$。

2）岩体材料的本构关系

岩体的变形和破坏通常是由岩体中的软弱结构面、节理裂隙、破碎带、软弱岩体的变形、滑移和破坏所控制的。不同的岩体性质可用不同的模型模拟。对于完整岩体，因其发生破坏的可能性极小，可采用线弹性模型；对于软弱岩体，可采用弹塑性低抗拉或不抗拉材料模型；对节理较发育的层状岩体，可采用横观各向同性弹塑性抵抗拉材料模型；对软弱夹层、断层等采用薄层单元模型。

（1）Mohr – Coulornb 准则。

Mohr – Coulomb 准则是岩土、混凝土类材料常用的屈服准则，材料的破坏不仅取决于最大剪应力，还受到剪切面上正应力的影响，其准则表示为

$$f = |\tau| + \sigma_n \tan\varphi - c = 0 \tag{7-2-17}$$

式中　τ——材料破坏面上的剪应力；

　　　σ_n——破坏面上的正应力（以拉为正）；

　　　φ、c——材料的内摩擦角和凝聚力。

若用应力不变量表示，则 Mohr – Coulomb 准则可表示为：

$$f(I_1, J_2, \theta) = \frac{1}{3} I_1 \sin\varphi + \sqrt{J_2}\left(\cos\theta - \frac{1}{\sqrt{3}}\sin\theta\sin\varphi\right) - c\cos\varphi = 0 \tag{7-2-18}$$

作为特例，如果内摩擦角 $\varphi = 0$，则其退化成 Tresca 的最大剪应力准则，$\tau = c$，此时凝聚力等于材料在纯剪切时的屈服极限，$c = \tau_s$。

（2）Drucker – Prager 准则。

Mohr – Coulomb 准则在 π 平面上的屈服轨迹为六角形，它在主应力空间的屈服面有一个奇异的顶点。为消除角点，Drucker 和 Prager 对其提出修正，他们建议用一个正圆锥面来代替上述的不规则六角锥面，如图 7-2-1 所示。在 π 平面上的屈服轨迹为一圆。其屈服函数表示为

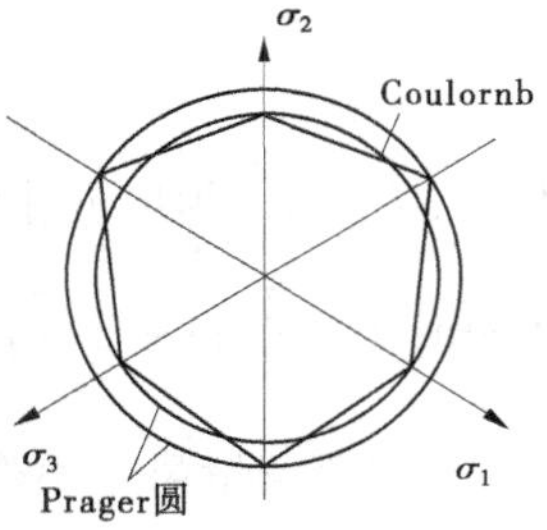

图 7-2-1　π 平面

$$f(I_1, J_2) = aI_2 + \sqrt{J_2} - \kappa = 0 \tag{7-2-19}$$

其中，α 与 κ 为材料常数，它们与内摩擦角 φ 和凝聚力 c 的关系为

$$\alpha = \frac{2\sin\varphi}{\sqrt{3}(3 \pm \sin\varphi)}, \quad k = \frac{6\cos\varphi}{\sqrt{3}(3 \pm \sin\varphi)} \tag{7-2-20}$$

式中，"＋"号对应于 Drucker – Prager 圆锥面与 Mohr 锥体的内角点相接，"－"号则对应于 Drucker – Prager 圆锥面与 Mohr 锥体外接。

若取 $\alpha = 0$，则其退化为 Mises 准则 $\sqrt{J_2} - \kappa = 0$。

7.2.2　模拟地质构造的薄层单元

薄层单元是从 Goodman 节理单元发展而来的，其主要特点是能模拟层面或界面的张开和剪切滑移两种特性。因此，在拱坝分析中，可用来模拟坝体中的已知缝面，坝体与岩

基的界面,岩体中断层、节理、软弱夹层和层间错动带等。

本计算采用李同春等提出的用近似矩形或长方体的常规实体单元描述平面或空间岩体问题中的软弱结构面。通过分析指出单元刚度矩阵中的各项元素与单元边长比关系不大,并不会出现奇异矩阵,因此认为无须对其进行实际上使程序编制更为复杂而精度反而降低的人为简化。为了保证结构面上的单元只可能沿着层面屈服,需先将单元中高斯点的应力转换成层面上的正、剪应力,然后建立相应的屈服方程求解。

目前,软弱结构面的屈服准则一般采用低抗拉(或不抗拉)摩尔－库仑屈服准则,这一屈服准则的缺点在于当法向应力为受拉时其描述过于简单,不能反映材料从纯剪屈服至纯拉屈服的过渡过程。本书采用文献[4]提出的基于结构面摩擦系数 f、凝聚力 c、抗拉强度 f_t 的广义摩尔－库仑准则。

结构面广义摩尔－库仑屈服准则可表示为

$$\alpha \sigma_n + \tau_n - c = 0 \tag{7-2-21}$$

式中　σ_n、τ_n——结构面上的正应力、剪应力;

　　　c——凝聚力。

设结构面法向与 $X—Y—Z$ 坐标轴夹角的方向余弦分别为 $1,m,n$,则当用常规单元描述结构面时,σ_n、τ_n 可由下式求得:

$$\sigma_n = l^2 \sigma_x + m^2 \sigma_y + n^2 \sigma_z + 2lm \tau_{xy} + 2mn \tau_{yz} + 2nl \tau_{zx} \tag{7-2-22}$$

$$\tau_n^2 = X_n^2 + Y_n^2 + Z_n^2 - \sigma_n^2 \tag{7-2-23}$$

$$\begin{Bmatrix} X_n \\ Y_n \\ Z_n \end{Bmatrix} = \begin{bmatrix} \sigma_x & \tau_{yz} & \tau_{zx} \\ \tau_{xy} & \sigma_y & \tau_{zy} \\ \tau_{xz} & \tau_{yz} & \sigma_z \end{bmatrix} \begin{Bmatrix} l \\ m \\ n \end{Bmatrix} \tag{7-2-24}$$

当 $\sigma_n \leqslant 0$ 时,式(7-2-21)中 α 取为压剪摩擦系数;当 $\sigma_n > 0$ 时,α 取为

$$\alpha = \frac{c}{f_l} \tag{7-2-25}$$

此时式(7-2-21)可改写为:　$\sigma_n + \frac{f_l}{c} \tau_n - f_l = 0$ \hfill (7-2-26)

当 $f_l \to 0$ 时,式(7-2-26)成为 $\sigma_n \to 0$,因此式(7-2-21)可以反映结构面的低抗拉特性。从式(7-2-21)的形式看,α 可理解为摩擦系数,在压剪区取常用值,在拉剪区取为 c/f_l。

简言之,广义摩尔－库仑屈服准则可理解为当法向应力为压时,摩尔－库仑准则的参数由 f、c 确定;而当法向应力为正(受拉)时,其参数由 c、f_l 确定。

7.2.3　坝基渗流场分析方法

稳定渗流问题的基本方程及边界条件:

饱和岩体非均质各向异性稳定渗流的水头函数需满足方程(7-2-27)及相应的初始和边界条件,如下所示:

$$\frac{\partial}{\partial x}\left(k_x \frac{\partial h}{\partial x} \right) + \frac{\partial}{\partial y}\left(k_y \frac{\partial h}{\partial y} \right) + \frac{\partial}{\partial z}\left(k_z \frac{\partial h}{\partial z} \right) = 0 \tag{7-2-27}$$

水头边界条件：$h|_{r_1} = h(x, y, z)$ $\qquad$ (7-2-28)

流量边界条件：$-k_n \dfrac{\partial h}{\partial n}|_{r_2} = q(h, x, y, z)$ $\qquad$ (7-2-29)

渗流场的边界一般分为两类。第一类边界 r_1 为已知水头值的边界，第二类边界 r_2 为已知或计算出流量值的边界。不透水边界为第二类边界的特例，即

$$\frac{\partial h}{\partial n} = 0 \qquad (7\text{-}2\text{-}30)$$

求解上述问题的有限元方程可写成

$$[k]\{h\} = \{F\} \qquad (7\text{-}2\text{-}31)$$

式中 $[k]$——渗透矩阵；

$\qquad$ $\{F\}$——边界已知流量矩阵。

$[k]$、$\{F\}$ 通过计算各单元 $[k]^e$、$\{F\}^e$ 后组装而成。

7.2.4 非一致网格协调位移解法

该解法的基本思路是地基和坝体（包括坝体附近区域）采用不同的单元形式，即地基为四面体单元，坝体（包括坝体附近区域）为六面体单元（见图7-2-2、图7-2-3）。

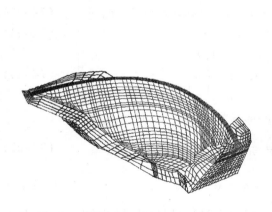

图 7-2-2 坝体及其附近区域的六面体网格图 $\qquad$ 图 7-2-3 地基其他区域的四面体网格图

在两者交界面处建立位移协调关系：以交界面上结构或地基相连一侧结点的位移变量作为基本变量，其点集称为协调结点集；而另一侧结点的位移变量作为从变量，其点集称为非协调结点集。通过线性插值建立从变量与基本变量之间的线性关系，从而导出以基本变量作为未知量的总体线性方程组。在建立两者关系的时候需要保证交界面上的结点均落在其接触面范围内，并用结点数少的一侧结点为协调结点集，结点数多的另一侧结点为非协调结点集，以保证求解结果的稳定性。

7.2.4.1 地基与坝体（包括坝体附近区域）交界面上的位移协调模式

常规有限元的求解可归结为求解方程组：

$$[k]\{u\} = \{F\} \qquad (7\text{-}2\text{-}32)$$

式（7-2-32）中 $[k]$ 为刚度矩阵，$\{u\}$ 为位移列阵，$\{F\}$ 为荷载列阵，且有：

$$[K] = \sum [K]^e \tag{7-2-33}$$

$$[F] = \sum [F]^e \tag{7-2-34}$$

对于完全一致网格,可直接用上述两式求解。对于非一致网格,将被插值的点称为从变量(相邻面上结点数多的点),用于插值的点为基本变量(相邻面上结点数少的点),因位移列阵列 $\{u\}$ 中只包含基本变量集,因此在将包含从变量的单元刚度矩阵、单元荷载列阵叠加到总体刚度矩阵和总体荷载列阵中时需要进行适当转换才能叠加。

将基本变量和从变量的位移列阵写作 $\{u\}^e = \{u_{i1}, u_{i2}, \cdots, u_{ij1}, u_{ij2}, \cdots, u_{in}\}^{\mathrm{T}}$,$n$ 为位移总数,其中 u_{ij1}、u_{ij2} 隶属于从变量,其余隶属于基本变量,u_{ij1}、u_{ij2} 分别可表示成某些基本变量的线性函数,即:

$$u_{ij1} = \sum_{k_1=1}^{n_{j1}} a_{j1}^{k_1} u_{ij1}^{k_1} \tag{7-2-35}$$

$$u_{ij2} = \sum_{k_2=1}^{n_{j2}} a_{j2}^{k_2} u_{ij2}^{k_2} \tag{7-2-36}$$

式中,n_{j_1}、n_{j_2} 分别为用于求解 i 单元 j_1、j_2 自由度的基本变量数,$u_{ij1}^{k_1}$、$u_{ij2}^{k_2}$($k_1 = 1 \sim n_{j1}$、$k_2 = 1 \sim n_{j2}$)为基本变量,而 $a_{j1}^{k_1}$、$a_{j2}^{k_2}$ 则为相应的插值系数。根据式(7-2-35)和式(7-2-36)有

$$\{u\}^e = [C]\{u'\}^e \tag{7-2-37}$$

式中,$\{u'\}^e = \{u_{i1}, u_{i2}, \cdots, u_{ij1}^1, u_{ij1}^2, \cdots, u_{ij1}^{n_{j1}}, \cdots, u_{ij2}^1, u_{ij2}^2, \cdots, u_{ij2}^{n_{j2}}, \cdots, u_{in}\}^{\mathrm{T}}$

$$[C] = \begin{bmatrix} 1 & & & & & & & & & \\ & 1 & & & & & & & 0 & \\ & & \cdots & & & & & & & \\ & & \cdots & a_{j1}^1 & a_{j1}^2 & \cdots & a_{j1}^{n_{j1}} & \cdots & & \\ & & & & & & & \cdots & & \\ & & & & & & a_{j2}^1 & a_{j2}^2 & \cdots & a_{j2}^{n_{j2}} & \cdots \\ 0 & & & & & & & & & \cdots \\ & & & & & & & & & 1 \end{bmatrix} \tag{7-2-38}$$

单元平衡方程

$$[K]^e \{u\}^e = \{F\}^e \tag{7-2-39}$$

将式(7-2-38)代入式(7-2-39)得

$$[K]^e [C] \{u'\}^e = \{F\}^e \tag{7-2-40}$$

在式(7-2-40)两端乘以 $[C]^{\mathrm{T}}$ 得

$$[C]^{\mathrm{T}} [K]^e [C] \{u'\}^e = [C]^{\mathrm{T}} \{F\}^e \tag{7-2-41}$$

或写成

$$[K']^e \{u'\}^e = \{F'\}^e \tag{7-2-42}$$

其中 $[K']^e = [C]^{\mathrm{T}} [u] [C]$,$\{F'\}^e = [C]^{\mathrm{T}} \{F\}^e$

因此,对于非一致网格问题,只要对包含从变量的单元在用式(7-2-33)和式(7-2-34)求解单元总体刚度矩阵和荷载列阵时,用 $[K']^e$ 和 $[F']^e$ 代替原来的 $[K]^e$ 和 $[F]^e$ 即可,其余与常规有限元解法相同。

7.2.4.2 插值点和插值系数的求解

上述对非一致网格问题求解的关键是确定式(7-2-35)和式(7-2-36)对应的基本变量和相应的插值系数。

根据等参单元的特点,将所有单元分成两组,即将从变量结点的单元作为单元组1,将基本变量的单元作为单元组2,则对于任意一个从变量结点,总可以在单元组2中找到一个单元来插值该结点。假设单元组2中用于插值从变量结点 i 的单元为 j,结点 i 位于该单元 j 中的局部坐标为 (ξ_j, η_j, ζ_j),则结点 i 的位移变量可以用单元 j 中结点的位移变量插值求得,即

$$u_i = \sum_{k=1}^{N_d} N_k(\xi_j, \eta_j, \zeta_j) u_{jk} \tag{7-2-43}$$

式中　N_k ——j 单元的形函数;

　　　N_d——单元结点数。

因此,只要求得插值 i 结点的单元及该结点位于这个单元中的局部坐标,则式(7-2-35)和式(7-2-36)可非常方便地获得。这里给出一种简单的求解方法。等参单元中任一点的整体坐标可由局部坐标表示为:

$$x = \sum_{i=1}^{n} N_i x_i$$

$$y = \sum_{i=1}^{n} N_i y_i$$

$$z = \sum_{i=1}^{n} N_i z_i \tag{7-2-44}$$

反之,若已知一点的整体坐标,可通过牛顿迭代法求解与之相对应的局部坐标。设第 n 次迭代求得的局部坐标为 $(\xi, \eta, \zeta)^n$,则第 $n+1$ 次迭代过程为:

$$\begin{Bmatrix} \xi \\ \eta \\ \zeta \end{Bmatrix}^{n+1} = \begin{Bmatrix} \xi \\ \eta \\ \zeta \end{Bmatrix}^n + \begin{Bmatrix} \Delta\xi \\ \Delta\eta \\ \Delta\zeta \end{Bmatrix}^{n+1} \tag{7-2-45}$$

$$\begin{Bmatrix} \Delta\xi \\ \Delta\eta \\ \Delta\zeta \end{Bmatrix}^{n+1} = - \begin{bmatrix} \sum_{i=1}^{n} \dfrac{\partial N_i}{\partial \xi} x_i & \sum_{i=1}^{n} \dfrac{\partial N_i}{\partial \eta} x_i & \sum_{i=1}^{n} \dfrac{\partial N_i}{\partial \zeta} x_i \\ \sum_{i=1}^{n} \dfrac{\partial N_i}{\partial \xi} y_i & \sum_{i=1}^{n} \dfrac{\partial N_i}{\partial \eta} y_i & \sum_{i=1}^{n} \dfrac{\partial N_i}{\partial \zeta} y_i \\ \sum_{i=1}^{n} \dfrac{\partial N_i}{\partial \xi} z_i & \sum_{i=1}^{n} \dfrac{\partial N_i}{\partial \eta} z_i & \sum_{i=1}^{n} \dfrac{\partial N_i}{\partial \zeta} z_i \end{bmatrix}^{-1} \{T\} \tag{7-2-46}$$

$$\{T\} = \begin{Bmatrix} T_x \\ T_y \\ T_z \end{Bmatrix} = \begin{Bmatrix} x - \sum_{i=1}^{n} N_i x_i \\ y - \sum_{i=1}^{n} N_i x_i \\ z - \sum_{i=1}^{n} N_i x_i \end{Bmatrix} \tag{7-2-47}$$

迭代收敛控制标准采用

$$\sqrt{\Delta \xi_{n+1}^2 + \Delta \eta_{n+1}^2 + \Delta \zeta_{n+1}^2} \leqslant 给定误差 \tag{7-2-48}$$

对全部单元循环,寻找满足 $|\xi| \leqslant l$、$|\eta| \leqslant 1$ 和 $|\zeta| \leqslant 1$ 的单元可获得包含该结点的单元集和相应的局部坐标,计算结果表明上述迭代方法收敛较快。

7.2.5 整体稳定性分析方法

有关拱坝—地基整体失稳机制研究的成果表明,复杂地基上高拱坝的可能破坏形式有:①拱坝坝体本身的强度破坏;②拱坝坝体的屈曲;③拱坝沿建基面的滑移;④坝肩岩体的滑移;⑤坝肩岩体过大的压缩变形。可以看出,我们研究的对象有坝体本身、坝基岩体两个部分。由于拱坝是一个高度超静定的结构,这两个部分密切相关,形成一个系统,必须考虑它们之间的相互作用。对于高拱坝,由于巨大的水荷载作用,这两个部分的某些区域都有可能进入塑性状态。因此,在分析拱坝整体安全度时,需要建立一个能够充分反映材料非线性行为、仿真模拟拱坝受荷作用过程的拱坝——地基的整体分析模型。

为了能够定量得到所研究系统的整体稳定安全度,数值分析主要用以下两种方法研究拱坝的整体安全度。

(1)直接法。在正常情况下(正常荷载、正常参数),计算系统的位移场和应力场,由以下极限平衡公式直接计算

$$K = \frac{\int (f\sigma_n + c)\cos\alpha ds}{\int \tau\cos\beta ds} \tag{7-2-49}$$

式中 α、β——该点运动方向和剪应力方向与整体滑移方向的夹角。

(2)间接法。采用强度储备或超载的方法,使系统进入极限平衡状态,超载或强度降低的倍数即为稳定安全度。

直接法只适用于滑移面较简单的问题,它根据滑移面上的抗滑力和滑动力直接计算抗滑稳定安全系数,滑移面上的力可由滑移体的静力平衡条件求解,如刚体极限平衡法,也可采用有限元等方法求得;间接法首先采用有限单元法确定位移场和应力场,再采用超载法或强度储备法使其达到平衡状态,从而间接得到稳定安全系数。间接法建立在仿真分析应力—应变关系的基础上,得到的位移、应力场满足基本方程和边界条件,使稳定性分析具有正确的基础,难点在于判定极限平衡状态的失稳判据。由于目前对于三维问题还没有统一的、为工程界和力学界共同认可的失稳判据,而根据不同的失稳判据得到的稳定安全度一般是不同的,这就给稳定安全度的确定带来了困难。根据运动稳定性理论,任何状态或事物的变化都是一种运动,都存在是否稳定的问题。拱坝的滑移或拉裂发生时,拱坝—地基系统将偏离原状态而不能恢复,发生了突变,在计算上的反映就是塑性区发展太大引起迭代计算不收敛,这些都可以作为失稳判据。本书采用间接法,综合采用收敛性判据和突变性判据。

7.3 有限元计算模型

7.3.1 计算基本参数

计算所用的地质、地形、材料参数见表 7-3-1 ~ 表 7-3-4。

表 7-3-1　大坝基础岩体渗透系数　　　　　　　　　（单位：m/d）

岩体代号	左岸坝基 K	河床坝基 K	右岸坝基 K
J_{2S}^{8}	—	—	0.30
$J_{2S}^{7(5)}$	0.30	—	0.20
$J_{2S}^{7(4)}$	0.42	—	0.12
$J_{2S}^{7(3)}$	0.35	—	0.10
$J_{2S}^{7(2)}$	0.05	—	0.08
$J_{2S}^{7(1)}$	0.06	0.21	—
J_{2S}^{6}	0.07	0.07	—
J_{2S}^{5}	—	0.04	—

表 7-3-2　基岩力学性能

基岩类别	容重（kN/m³）	抗压强度（MPa）	变形模量（GPa）	弹性模量（GPa）	摩擦系数 f	凝聚力 c（MPa）	泊松比
长石石英砂岩	25.5	75	13	17	2	2	0.20
泥质粉砂岩	25.9	32	3.9	4.8	0.68	0.4	0.25

表 7-3-3　坝址结构面抗剪参数

名称		结构面抗剪参数值				变形模量（MPa）
		f'	c'（MPa）	f	c（MPa）	
软弱夹层	RJ_1	0.3	0.04	0.3	0	350
	RJ_{1-1}，RJ_2，RJ_4，RJ_5	0.38	0.08	0.4	0	450
	RJ_7，RJ_{13}	0.43	0.08	0.45	0	580
左岸卸荷裂隙后缘 F		0.48	0.03	0.35	0	—

表 7-3-4　坝体混凝土力学性能

混凝土种类	抗压强度（MPa）			抗拉强度（MPa）			极限拉伸（10^{-6}）			抗压弹模（GPa）			容重（kN/m³）	泊松比
	7 d	28 d	90 d	7 d	28 d	90 d	7 d	28 d	90 d	7 d	28 d	90 d		
C20	13.3	19.9	28.9	1.35	1.95	3.15	61	65	101	22.3	29.1	29.7	24.2	0.167
C25	16.3	25.1	32.6	1.61	2.42	3.25	65	75	111	24.0	30.5	31.5	24.0	0.167

7.3.2　计算模型

7.3.2.1　计算坐标系及计算范围

以大地坐标(327 813,521 495,660)为计算坐标系原点,垂直河谷指向左岸为 X 轴正方向,逆河向为 Y 轴正方向,坐标系符合右手螺旋规则。Z 轴按坝高高程取坐标值。沿 X 轴方向取 410 m,其中正负方向各取 205 m;沿 Y 轴方向取 300 m,其中正方向取 81.423 m,负方向取 218.577 m;地基深度 120 m,大约一倍坝高。

7.3.2.2　网格剖分及地质模拟

为了能较精细地模拟藤子沟拱坝的实际工作状态,满足超载仿真分析的需要,在建立拱坝的离散模型时,根据设计院提供的设计资料,充分考虑了藤子沟拱坝的地形、地质条件及拱坝的体形。主要包括断层一条:F;软弱夹层七条:RJ_{1-1}、RJ_1、RJ_2、RJ_4、RJ_5、RJ_7、RJ_{13};混凝土置换体一个。本次计算采用三维有限元模型,坝体及坝体附近区域为八节点六面体单元,地基为四节点四面体单元,断层部分采用六结点五面体单元,软弱夹层采用八节点六面

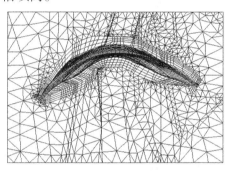

图 7-3-1　双曲拱坝三维有限元模型

体单元和六节点五面体单元,网格不协调部分采用第 2 章提出的非一致网格协调位移解法。整个计算模型共分 29 573 个单元(其中坝体单元 9 760 个),节点数为 17 409 个(其中坝体为 12 158 个),部分模型见图 7-3-1 ~ 图 7-3-3。

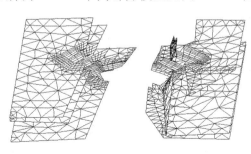

图 7-3-2　软弱夹层网格图

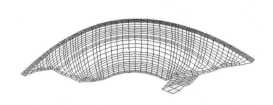

图 7-3-3　拱坝及左岸混凝土置换体模型图

7.3.2.3 地应力

本次计算中地应力按自重应力考虑。

7.3.2.4 渗透压力

计算所需渗透系数,在对藤子沟水电站坝址钻孔压水试验资料进行了分析计算和对比后,按大坝坝基不同部位给出了各岩层的渗透系数(见表7-3-1)。在进行超载分析时,为了考虑渗流场对拱坝承载力的影响,将渗流场分析所得到的结点渗透力作为结点力加在位移场和应力场的分析中。

7.3.2.5 加载过程

在超载仿真计算中,模拟了实际的筑坝过程,首先计算在没有坝体情况下基岩的自重场,然后将其位移置零,作为地应力场,再计算筑坝后考虑坝体自重的自重场,将坝体单元按坝基到坝顶的浇筑顺序,分成七层,依次计算,直至坝体的最顶层水平拱圈,最后的计算结果即为竣工时坝体和地基的应力场。在此基础上,接着计算水荷载和稳定渗流场作用下的位移应力场,水荷载按 0.2P(P 为正常蓄水位下的水压力)逐渐增加,直至拱坝丧失承载能力。

在逐步降低坝肩材料抗剪强度的计算分析中,首先计算正常蓄水位下的位移场和应力场,然后保持水荷载不变,以 2% 等比例逐步降低坝肩各软弱滑动面上的抗剪强度指标 f、c 值,随着抗剪强度的逐渐减小,可以求出藤子沟拱坝从局部破坏到整体破坏的全过程,由此求得拱坝的强度储备安全系数 K。

7.4　有限元计算成果

7.4.1　正常蓄水位下藤子沟拱坝稳定性分析

7.4.1.1　计算程序及结果

超载计算采用西班牙国家公共试验研究中心计算部 Manuel Pastor 教授和河海大学水电学院李同春教授联合开发的有限元计算程序 GEHOMadrid 进行计算。为了能较清晰地描述拱坝超载仿真分析过程中拱坝位移场和应力场的发展、变化过程,将藤子沟拱坝在各种荷载条件下的超载仿真计算结果用图的形式表示出来。成果图是用 GID 软件的后处理功能完成的。图中位移单位是米(m),应力单位是千帕(kPa)。模型位移方向见图 7-4-1。

7.4.1.2　计算成果及成果分析

1)地应力场

计算出在没有坝体情况下基岩的自重场,然后将其位移置零,作为地应力场(见图 7-4-2)。

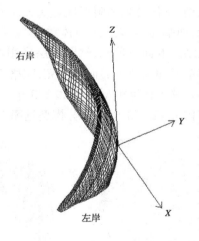

图 7-4-1　位移方向规定示意图

2)渗流场

在正常蓄水位下坝基的稳定渗透压力分布见图7-4-3～图7-4-6,最大渗透压力在计算范围的最底处,为1.758 MPa。

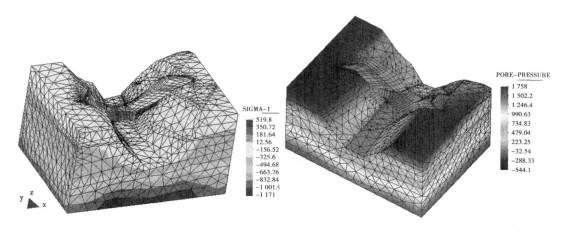

图 7-4-2　地应力场　（单位:kPa）　　　图 7-4-3　地基渗透压力分布图　（单位:kPa）

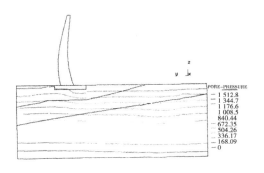

图 7-4-4　X=0 剖面地基渗透压力
　　　　分布图　（单位:kPa）

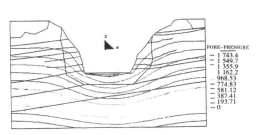

图 7-4-5　Y=0 剖面地基渗透压力
　　　　分布图　（单位:kPa）

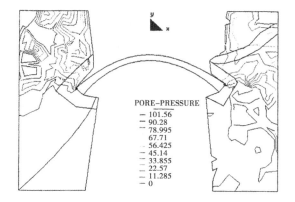

图 7-4-6　高程 745.00 m 地基渗透压力分布图　（单位:kPa）

3）正常蓄水位时的位移和应力

（1）坝体。

图 7-4-7～图 7-4-12 分别为正常蓄水位下坝体上下游面的位移等值线图。

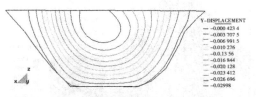

图 7-4-7　正常蓄水位下坝体上游面
顺河向位移　（单位：m）

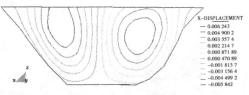

图 7-4-8　正常蓄水位下坝体上游面
横河向位移　（单位：m）

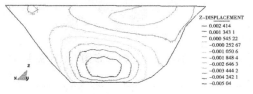

图 7-4-9　正常蓄水位下坝体上游面
竖向位移　（单位：m）

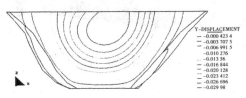

图 7-4-10　正常蓄水位下坝体下游面
顺河向位移　（单位：m）

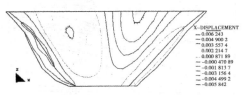

图 7-4-11　正常蓄水位下坝体下游面
横河向位移　（单位：m）

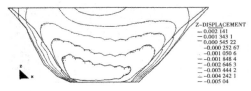

图 7-4-12　正常蓄水位下坝体下游面
竖向位移　（单位：m）

坝体顺河向最大位移为 29.98 mm（见图 7-4-7）。左、右岸坝肩的位移并不大，左岸坝肩顺河向位移最大为 3.7 mm，右岸坝肩顺河向位移最大为 4.5 mm，从数值上可以看出右岸的变形较左岸略大，这主要是因为右岸拱座区的岩体以泥岩类岩层偏多，强度相对较低。

坝体切向位移基本上呈对称分布（见图 7-4-9），最大为 6.24 mm，位于近右岸处；坝肩切向位移较小，左岸坝肩横河向切向位移最大为 1.9 mm，右岸坝肩横河向切向位移最大为 2.1 mm。

图 7-4-13～图 7-4-16 分别给出了正常蓄水位下坝体上下游面的最大和最小主应力（拉应力为正，压应力为负）。由图可见，在正常蓄水位下，坝体上游面主要处于受压状态。上游面最大第一主应力值为 1.928 MPa，发生在坝踵处，但拉应力区域范围较小；上游面的最小第三主应力为 −5.062 MPa，发生在坝体中部。下游面的最小第三主应力值也为 −5.062 MPa，发生在坝体中下部。

图 7-4-13　正常蓄水位下坝体上游面
第一主应力　（单位:kPa）

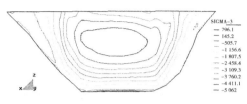

图 7-4-14　正常蓄水位下坝体上游面
第三主应力　（单位:kPa）

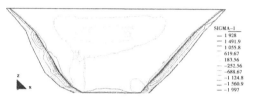

图 7-4-15　正常蓄水位下坝体下游面
第一主应力　（单位:kPa）

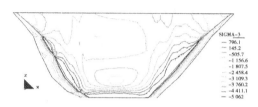

图 7-4-16　正常蓄水位下坝体下游面
第三主应力　（单位:kPa）

从图 7-4-17 可见,在正常蓄水位作用下,坝体上游面坝踵处发生了局部损伤,但是区域不大。

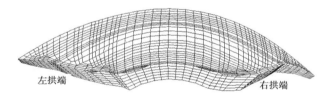

图 7-4-17　正常蓄水位下坝体上游面
损伤示意图　（单位:kPa）

（2）地基。从剖面图(见图 7-4-18、图 7-4-19)来看,基岩最大拉应力发生在坝踵附近,

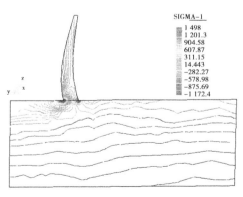

图 7-4-18　正常蓄水位下拱冠梁剖面
第一主应力等值线图　（单位:kPa）

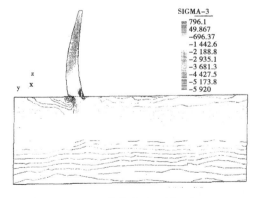

图 7-4-19　正常蓄水位下拱冠梁剖面
第三主应力等值线图　（单位:kPa）

约有 1.498 MPa,拉应力范围在深度方向约有 6 m,存在应力集中现象,最大压应力发生在坝趾附近,约为 5.92 MPa。从应力图中可知,岩体中的应力都很小,大部分岩体此时都还处于弹性变形阶段。

从岩体的屈服图及软弱夹层屈服图(见图 7-4-20 ~ 图 7-4-23)可以看出,基础岩体在上游坝基处局部发生了屈服,主要发生在 RJ_1,RJ_{1-1} 与坝体相交附近,屈服区域较小;在其他软弱夹层局部也发生了屈服,RJ_5 在坝下游处也产生了局部屈服。

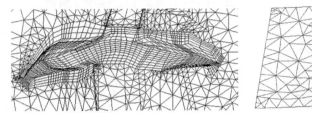 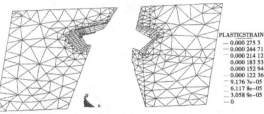

图 7-4-20　正常蓄水位下基岩　　　　　图 7-4-21　正常蓄水位下软弱夹层 RJ_1
屈服区示意图　　　　　　　　　　　　　　屈服区示意图

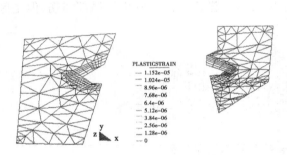 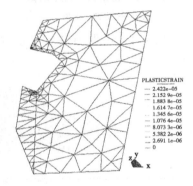

图 7-4-22　正常蓄水位下软弱夹层 RJ_5　　　　图 7-4-23　正常蓄水位下软弱夹层
屈服区示意图　　　　　　　　　　　　　　RJ_{1-1} 屈服区示意图

(3)混凝土置换体。由图 7-4-24 ~ 图 7-4-26 可见,左岸混凝土置换体在正常蓄水位下顺河向位移最大为 4.36 mm,最小为 0.63 mm,横河向位移最大为 2.05 mm,最小为 0.3 mm。从应力图(见图 7-4-27 ~ 图 7-4-29)中可知置换体最大第一主应力为 1.463 MPa,最小为 -1.997 MPa,最大第三主应力为 -0.447 MPa,最小为 -4.70 MPa。

(4)左岸卸荷裂隙后缘体。由左岸卸荷裂隙后缘 F、软弱夹层 RJ_1 和 NWW 结构面组合成的下游侧滑动体在正常蓄水位下局部变形很小,没有发生滑动。

(5)$x=0$ 剖面和高程 745 m 平切面的应力和变形见图 7-4-30 ~ 图 7-4-37。

7.4.2　超载情况下藤子沟拱坝稳定性分析

为了确定拱坝—地基系统的整体安全度,采用间接法,以超载方式使系统达到极限平衡状态。超载计算是在自重荷载施加后,其他荷载不改变,通过增加水的容重来提高坝面的水压力,超载系数 K = 计算容重/水的容重。计算程序、计算模型及材料参数同前,本节计算其他荷载不变,水荷载按 $0.2P$(P 为正常蓄水位)逐渐增加,直至拱坝丧失承载能力。本书以拱坝的损伤破坏和拱坝无法正常工作的状态来判断坝体承载能力的丧失,当拱坝的屈服破坏区不断增加时,根据拱坝破坏区的分布,确认拱坝无法正常工作,此时的 K 值被认为是拱坝的超载系数。

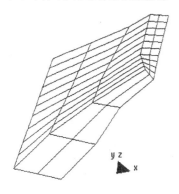

图 7-4-24　置换体网格图

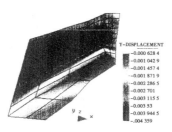

图 7-4-25　正常蓄水位下置换体
顺河向位移　(单位:m)

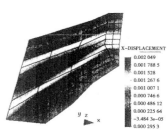

图 7-4-26　正常蓄水位下置换体
横河向位移　(单位:m)

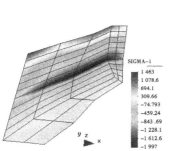

图 7-4-27　正常蓄水位下置换体
第一主应力　(单位:kPa)

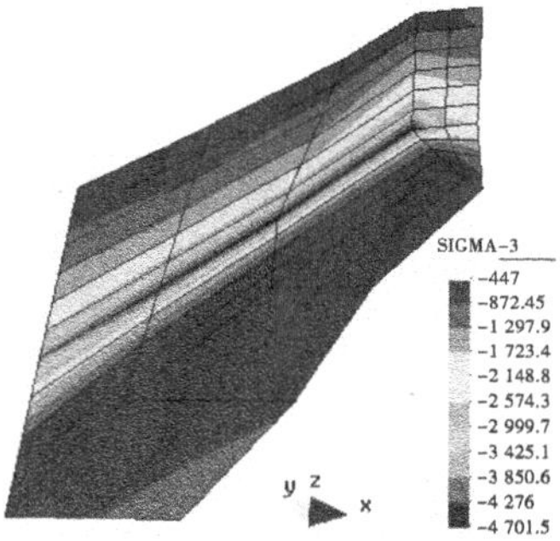

图 7-4-28　正常蓄水位下置换体
第三主应力　(单位:kPa)

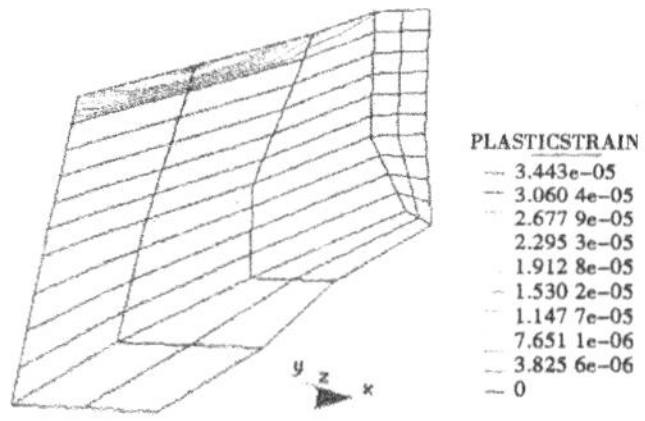

图 7-4-29　正常蓄水位下置换体
塑性区示意图

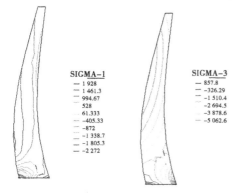

图 7-4-30　正常蓄水位 $X=0$ 剖面
坝体主应力　(单位:kPa)

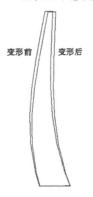

图 7-4-31　正常蓄水位 $X=0$
剖面坝体变形示意

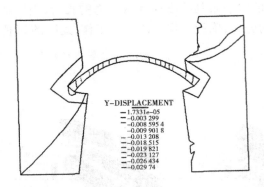

图 7-4-32　正常蓄水位高程 745 m 顺河

向位移等值线图　（单位：m）

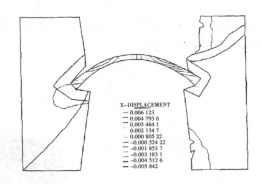

图 7-4-33　正常蓄水位高程 745 m 横河

向位移等值线图　（单位：m）

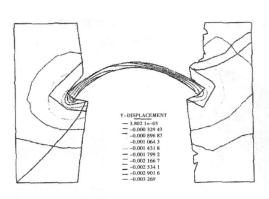

图 7-4-34　正常蓄水位高程 745 m 竖向

位移等值线图　（单位：m）

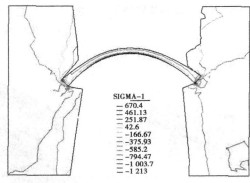

图 7-4-35　正常蓄水位高程 745 m 处

平切面第一主应力等值线图　（单位：kPa）

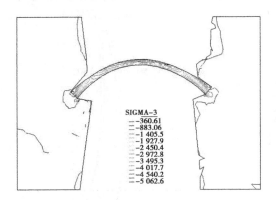

图 7-4-36　正常蓄水位高程 745 m 处

平切面第三主应力等值线图　（单位：kPa）

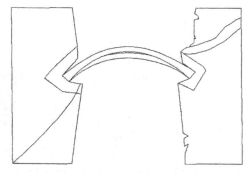

图 7-4-37　正常蓄水位高程 745 m 处

拱坝坝体及坝基变形示意图

7.4.2.1 坝体—坝肩的超载安全系数

图 7-4-38 给出了拱冠梁不同高程下六个点的顺河向位移与超载系数的关系,图 7-4-39、图 7-4-40 给出了左右岸坝肩顺河向位移与超载系数的关系。从图中可以看出,对于左岸坝肩,在 $K = 4$ 以前可以认为变形基本上是线性的,在超载系数 K 大于 4 以后坝肩的变形开始呈现非线性状态,变形迅速加大,在 $K = 4.6$ 时,左拱端顺河

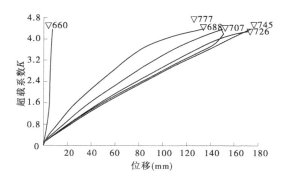

图 7-4-38 拱冠梁各高程顺河向位移与超载系数的关系

向最大位移达 39.51 mm,说明左岸进入了塑性变形阶段。对于右岸坝肩,在 $K = 3.8$ 以前基本上可以认为是处于线性变形状态,在 $K = 4.6$ 时,右岸拱端顺河向位移最大值为 31.2 mm。

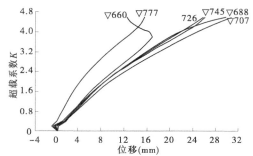

图 7-4-39 右岸坝肩各高程顺河向位移与
超载系数的关系

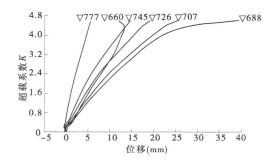

图 7-4-40 左岸坝肩各高程顺河向位移与
超载系数的关系

随着超载系数 K 值的增大,坝体的应力值不断增加,拉应力区也不断扩大。图 7-4-41 ~图 7-4-48 给出了不同超载量级下的损伤分布图,由这些图可看出,当 $K = 1.4$ 时,坝体上游面处局部发生了破坏;当 $K = 2$ 时,坝体底部上游面处基本上都发生了破坏,沿坝基面的破坏区域不断加大;当 $K = 3$ 时,坝体的破坏范围进一步加大,坝体底部的破坏深度达到坝体厚度的 1/2;当 $K = 4$ 时,破坏区域较大,破坏范围进一步扩展,坝体底部的破坏范围已达坝体厚度的 2/3;当 $K = 4.4$ 时,坝体底部的破坏范围达到坝体厚度的 4/5,但还没有贯穿整个坝底。

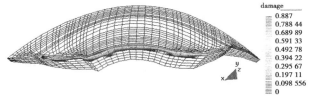

图 7-4-41 $K = 1.4$ 时上游面损伤示意图

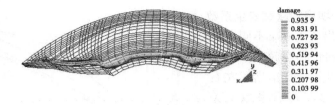

图 7-4-42　$K = 2.0$ 时上游面损伤示意图

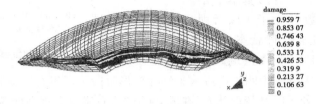

图 7-4-43　$K = 2.4$ 时上游面损伤示意图

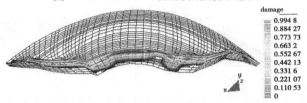

图 7-4-44　$K = 3.0$ 时上游面损伤示意图

图 7-4-45　$K = 3.4$ 时上游面损伤示意图

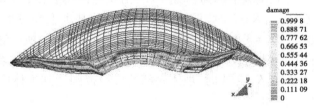

图 7-4-46　$K = 4.0$ 时上游面损伤示意图

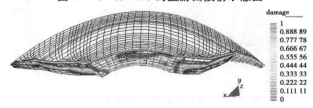

图 7-4-47　$K = 4.4$ 时上游面损伤示意图

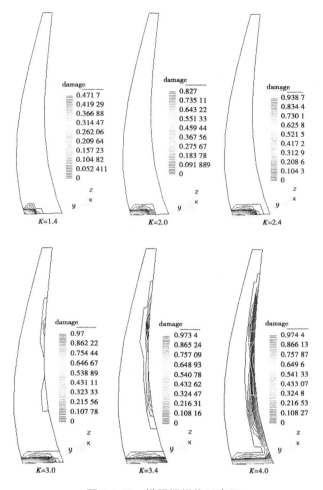

图 7-4-48　拱冠梁损伤示意图

从图 7-4-49～图 7-4-56 可以看出,坝体的顺河向位移随着超载系数 K 的加大也不断增大,当 $K=2$ 时,顺河向位移值最大为 68.83 mm;当 $K=3$ 时,顺河向位移值最大达到 112.5 mm;当 $K=4$ 时,顺河向位移值最大达到 335.4mm。

7.4.2.2　左岸坝肩混凝土置换体

左岸坝肩混凝土置换体位移最大值见表 7-4-1。

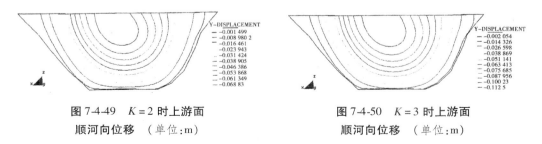

图 7-4-49　$K=2$ 时上游面　　　　　　　图 7-4-50　$K=3$ 时上游面
顺河向位移　（单位:m）　　　　　　　顺河向位移　（单位:m）

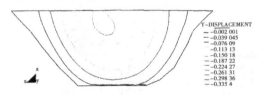

图 7-4-51 $K = 4$ 时上游面
顺河向位移 （单位:m）

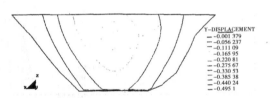

图 7-4-52 $K = 4.4$ 时上游面
顺河向位移 （单位:m）

图 7-4-53 $K = 1$ 时高程 745 m 处
顺河向位移 （单位:m）

图 7-4-54 $K = 2$ 时高程 745 m 处
顺河向位移 （单位:m）

图 7-4-55 $K = 3$ 时高程 745 m 处
顺河向位移 （单位:m）

图 7-4-56 $K = 4$ 时高程 745 m 处
顺河向位移 （单位:m）

表 7-4-1 左岸坝肩混凝土置换体位移最大值 （单位:mm）

方向	荷载				
	$1.0P_0$	$2.0P_0$	$3.0P_0$	$4.0P_0$	$4.4P_0$
横河向(X)	2.05	4.56	7.65	12.4	18.11
顺河向(Y)	4.36	9.91	16.69	25.03	32.95

对于左岸坝肩混凝土置换体,从表 7-4-1 和图 7-4-57 ~ 图 7-4-64 中可以看出,随着超载系数 K 值加大,其顺河向和横河向最大位移都逐级增加。当超载系数 $K = 2.0$ 时,该混凝土置换体横河向最大的位移量为 4.56 mm,顺河向位移的最大值为 9.91 mm;当超载系数 $K = 3.0$ 时,该混凝土置换体横河向最大的位移量为 7.65 mm,顺河向位移的最大值为 16.69 mm;当超载系数 $K = 4.0$ 时,横河向位移值和顺河向位移值随荷载逐级呈线性增加,增加幅度不大;超载系数 $K = 4.4$ 时,其顺河向位移最大值为 32.95 mm。这些都说明对左岸 $J_{2S}^{7(2)}$ 泥岩类岩层采取挖除并用混凝土置换体替代后,对左岸拱座的补强起了较好的作用,改善了拱坝抗滑和变形稳定条件。

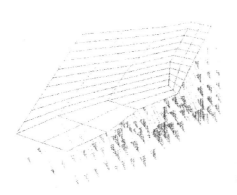

图 7-4-57　置换体变形矢量示意图

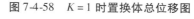

图 7-4-58　$K = 1$ 时置换体总位移图

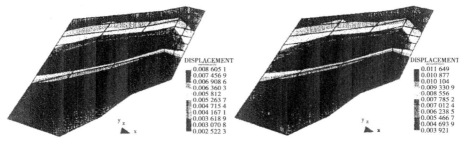

图 7-4-59　$K = 1.4$ 时置换体总位移图　　　　图 7-4-60　$K = 2$ 时置换体总位移图

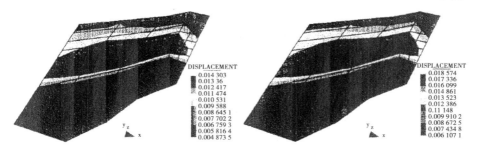

图 7-4-61　$K = 2.4$ 时置换体总位移图　　　　图 7-4-62　$K = 3$ 时置换体总位移图

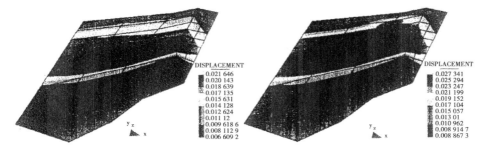

图 7-4-63　$K = 3.4$ 时置换体总位移图　　　　图 7-4-64　$K = 4$ 时置换体总位移图

7.4.2.3 软弱夹层

各软弱夹层位移最大值见表 7-4-2。

表 7-4-2 各软弱夹层位移最大值 （单位:m）

方向	荷载				
	$1.0P_0$	$2.0P_0$	$3.0P_0$	$4.0P_0$	$4.4P_0$
RJ_{1-1}	4.6	8.5	12.8	27.9	43.8
RJ_1	5.6	11.9	18.3	27.6	43.9
RJ_2	5.8	11.1	17.9	26.5	34.5
RJ_4	3.5	7.3	12.3	18.1	20.5
RJ_5	6.7	13.9	23.2	33.7	38.4
RJ_7	6.1	11.9	19.5	28.6	34.9
RJ_{13}	4.8	10.4	17.9	26.6	29.8

计算中模拟的软弱夹层主要为:右坝肩为 RJ_2、RJ_7、RJ_5、RJ_{13};左坝肩为 RJ_{1-1}、RJ_1、RJ_2、RJ_4、RJ_5。计算结果表明,在正常蓄水位下,左右岸夹层的位移值都很小,顺河向位移最大只有 5.328 mm,横河向位移最大仅有 1.7 mm。从表 7-4-2 中可以看出,当超载系数 $K=2$ 时,左右岸夹层的位移都不大,RJ_5 总位移值最大,为 13.9 mm;当超载系数 $K=3.0$ 时,RJ_5 总位移值仍然最大,为 23.2 mm;当超载系数 $K=4.0$ 时,左右岸夹层的位移已经较大,总位移最大值为 33.7 mm;当超载系数 $K=4.4$ 时,RJ_1 位移最大值达到了 43.9 mm。

由图 7-4-65 ~ 图 7-4-70 可以看出,在坝肩附近,软弱夹层发生了不同程度的屈服,随着超载系数的逐渐增大,软弱夹层的屈服区域也逐渐扩大。当 $K=4$ 时,软弱夹层和坝基面相交近上游处基本屈服。

7.4.2.4 左岸卸荷裂隙后缘体

计算结果(见图 7-4-71、图 7-4-72)形象地记录了左岸卸荷裂隙后缘 F、软弱夹层 RJ_1 和 NWW 结构面组合成的下游侧滑动体在超载情况下的变形情况。当超载系数 $K=2$ 时,其压缩变形值为 0.83 mm,张开 4.6 mm,值均不大,在超载到 4 倍水头时,变形最大值仅

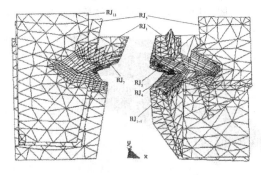

图 7-4-65 $K=1.0$ 时软弱夹层塑性
屈服区示意图

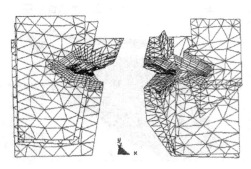

图 7-4-66 $K=1.4$ 时软弱夹层塑性
屈服区示意图

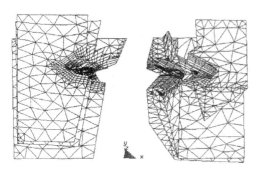

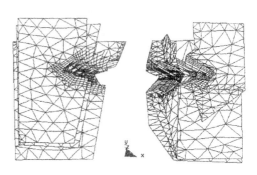

图 7-4-67　K = 2.0 时软弱夹层塑性
屈服区示意图

图 7-4-68　K = 2.4 时软弱夹层塑性
屈服区示意图

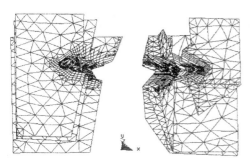

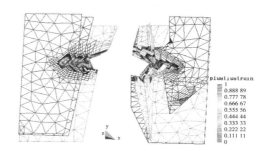

图 7-4-69　K = 3.0 时软弱夹层塑性
屈服区示意图

图 7-4-70　K = 4.0 时软弱夹层塑性
屈服区示意图

达到 8 mm,张开度有所增加。在超载 4 倍水荷载后,左岸卸荷裂隙后缘体没有发生变形的突变。

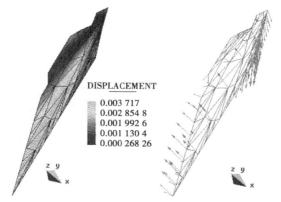

图 7-4-71　K = 1 左岸卸荷裂隙后缘体位移云图和矢量图

7.4.2.5　破坏过程

在超载情况下,首先在建基面和软弱结构面的相交处出现塑性屈服,在坝踵处出现损伤,然后,随着超载系数的增大,坝体破坏区逐渐沿坝底面扩展,坝基岩体的塑性破坏区也

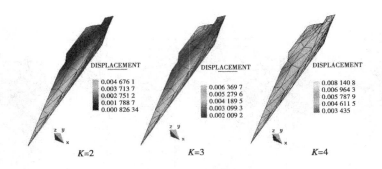

图 7-4-72　超载时左岸卸荷裂隙后缘体位移图　（单位：m）

沿着软弱结构面向上下游及深部发展,坝体损伤区扩展较快,最后出现急剧扩展,形成整体贯通,从而使拱坝—地基系统达到整体失稳的极限状态。

7.4.3　超载计算和超载试验的比较

从计算和试验的结果来看,两者总的变形规律是一致的。

对于坝体的变形,试验和计算在数值上有一定的差异,坝体顶部一点径向位移比较情况见图 7-4-73,在 $K < 2.0$ 时,计算值与试验值相差不大;在 $K > 2.0$ 后,计算值小于试验值。这主要是由于有限元计算中假定坝体与基岩黏结良好,因此在计算中位移连

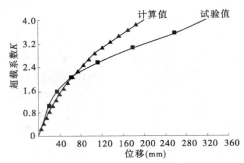

图 7-4-73　超载过程坝体顶部点径向位移比较图

续,而模型试验能够模拟实际两者间存在接触面,随着荷载加大,发生相对滑移,造成位移不连续,加大了坝体的位移。

对于置换体的变形,在正常蓄水位时,置换体基本上都处于弹性阶段,变形很小。随着超载系数的加大,置换体的变形也在加大。计算值相对要比试验值大,这主要是由于计算中模拟了软弱夹层,考虑了渗流的影响,总的来说,对泥岩层进行了混凝土置换以后,改善了拱坝抗滑和变形稳定条件,对左岸拱座起到了补强的作用。

对于左岸卸荷裂隙后缘体 F,变形规律一致。数值有所差异,但是相差不大。

对于破坏形式,试验中侧重于研究基础处理后两岸坝肩的超载能力,为避免坝体先行发生破坏,适当提高了坝体模型材料的强度,因此地质力学模型试验超载时地基首先破坏;而计算中主要研究拱坝—地基整体的工作能力,并没有提高坝体材料的强度,在此条件下进行超载试验,计算结果表明坝体先于地基破坏。

对于超载安全度,从试验结果来看,弹性极限为 $(3.5 \sim 4.0)P_0$,坝基产生较大塑性变形荷载为 $(5.0 \sim 6.0)P_0$,在超载到 $6.0P_0$ 时,左岸夹层下游出露部位出现明显错位现象。可以认为拱坝的超载强度为 $5.0 \sim 6.0$;从计算结果来看,在 $K > 4.0$ 时,坝基变形开始加大,坝体破坏区域相对较大,在 $K = 4.4$ 时坝体破坏,计算不收敛,所以认为超载系数为 $4.0 \sim 5.0$。计算的超载系数相对较小,主要是由于计算时坝体强度没有提高,坝体破坏后应力转移至基岩,引起基岩屈服。

7.4.4 强度折减情况下藤子沟拱坝稳定分析

在拱坝实际运行过程中,作用在坝体上的主要荷载不可能大幅度超载,相反,坝基、坝肩岩体内的软弱结构面或软岩层的强度,在拱坝投入运行后,随着时间的推移,由于多种因素的影响,波动性较大,往往缺乏足够的试验资料和经验数据,致使材料强度低于设计要求的标准强度。有鉴于此,将各可能滑移面上的抗剪强度按比例降低,研究拱坝整体失稳的渐进破坏过程,采用强度储备系数法来评价拱坝的安全性更符合实际情况。本节应用有限元强度折减法,等比例降低坝肩材料的抗剪强度分析藤子沟水电站拱坝的稳定性。

7.4.4.1 计算思路

在本节计算分析中,离散模型同第一节所述,分析软件包采用 GEHOMadrid 程序,该软件包具有场问题、强度、抗滑稳定、接触状态开裂和渐进破坏等方面的分析计算功能,拥有高效的非线性方程组求解器。加载过程中考虑了渗透压力、水压力和坝体自重的作用,先计算出正常蓄水位下的位移应力分布,然后保持水荷载不变,按比例逐步降低坝肩各软弱滑动面上的抗剪强度指标 f、c 值,随着抗剪强度的逐渐减小,可以求出藤子沟拱坝从局部破坏到整体破坏的全过程,由此求得拱坝的强度储备安全系数 K。本书在计算时,综合考虑坝体、地基及地基构造的变形、应力集中、断裂长度等各种指标,以计算的收敛性和屈服损伤区的突变确定研究对象是否进入极限平衡状态。

7.4.4.2 计算成果

以 K_f 表示坝肩材料抗剪强度变化的倍数,例如:$K_f = 2$ 即表示抗剪强度降低到原来的 50%。本次计算抗剪强度降低速度以 2% 逐步递减。

1)坝体

从计算结果(见图 7-4-74 ~ 图 7-4-77)可以看出,坝体顺河向位移的分布规律在抗剪强度降低到 38% 以前基本呈线性变化,在降到 38% ~ 20% 呈非线性变化,当降到 20% 时,坝体位移发生了突变;

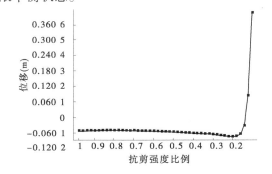

图 7-4-74 拱冠梁顶端顺河向位移与折减系数的关系

从图 7-4-78 ~ 图 7-4-84 可以看出,坝体横河向位移分布规律随着抗剪强度的降低不断增大。

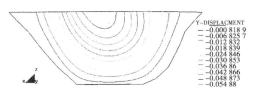

图 7-4-75 抗剪强度降低 60% 时坝体顺河向位移图 (单位:m)

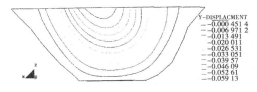

图 7-4-76 抗剪强度降低 50% 时坝体顺河向位移图 (单位:m)

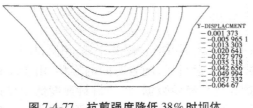

图 7-4-77 抗剪强度降低 38% 时坝体
顺河向位移图 （单位:m）

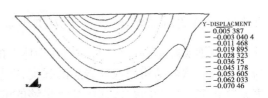

图 7-4-78 抗剪强度降低 30% 时坝体
顺河向位移图 （单位:m）

图 7-4-79 抗剪强度降低 26% 时坝体
顺河向位移图 （单位:m）

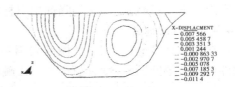

图 7-4-80 抗剪强度降低 70% 时坝体
横河向位移图 （单位:m）

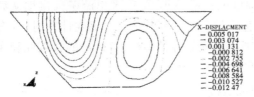

图 7-4-81 抗剪强度降低 60% 时坝体
横河向位移图 （单位:m）

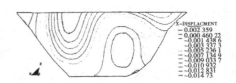

图 7-4-82 抗剪强度降低 50% 时坝体
横河向位移图 （单位:m）

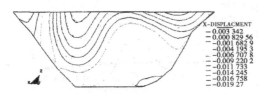

图 7-4-83 抗剪强度降低 40% 时坝体
横河向位移图 （单位:m）

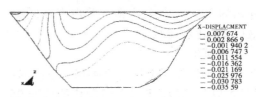

图 7-4-84 抗剪强度降低 26% 时坝体
横河向位移图 （单位:m）

图 7-4-85 ~ 图 7-4-90 展示了上游面的损伤破坏情况,可以看出,损伤区首先出现在坝基面的上游侧,当降低到 30% 时,坝基面上局部区域塑性区上下游贯通,随着抗剪强度的降低,损伤区范围迅速扩大,降到 20% 时坝基面发生损伤破坏。

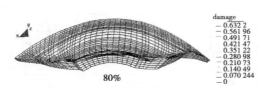

图 7-4-85 抗剪强度降低 80% 时
上游面损伤区示意图

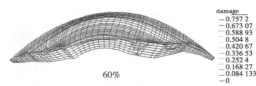

图 7-4-86 抗剪强度降低 60% 时
上游面损伤区示意图

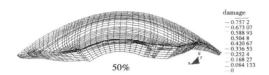

图 7-4-87　抗剪强度降低50%时
上游面损伤区示意图

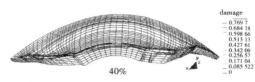

图 7-4-88　抗剪强度降低40%时
上游面损伤区示意图

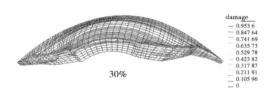

图 7-4-89　抗剪强度降低30%时
上游面损伤区示意图

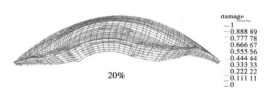

图 7-4-90　抗剪强度降低20%时
上游面损伤区示意图

2）左岸坝基混凝土置换体

在计算的过程中,混凝土置换体的位移随着折减系数的降低而逐渐增加,从表7-4-3和图7-4-91中可以看出坝肩材料抗剪强度在降低到30%后置换体位移急剧增大。

表 7-4-3　左岸坝基混凝土置换体位移最大值　　　　　　（单位：mm）

荷载	$0.8(f,c)$	$0.6(f,c)$	$0.4(f,c)$	$0.34(f,c)$	$0.3(f,c)$	$0.24(f,c)$	$0.2(f,c)$
总位移	7.38	9.9	12.5	19.1	25.4	37.8	51.9

3）地基地质构造的安全度

对单独地基地质构造断裂的安全度要求一般比拱坝整体安全度要低。因为即使某条夹层压碎了,拱坝的整体稳定也不会受很大影响。运用三维有限元分析稳定,以整体失稳评价安全度较为合理,这在我国工程实践中已得到了验证,例如铜头拱坝软弱夹层的 $K = 1.5$,三峡船闸岩体高边坡夹层的 $K = 1.5$。在对藤子沟拱坝逐步降低坝肩材料的抗剪强度过程中,软弱夹层随着抗剪强度的降低,逐渐破

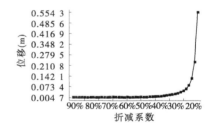

图 7-4-91　混凝土置换体位移与
折减系数的关系

坏,在降到60%时,拱坝上游侧的部分软弱夹层受拉破坏,详见图7-4-92～图7-4-94。

对于左岸卸荷裂隙后缘F、软弱夹层 RJ_1 和NWW结构面组合成的下游侧滑动体,通过其底滑面上一点的位移随折减系数的关系（见图7-4-95）我们可以清晰地看出其滑动的趋势,在折减到40%之前,位移曲线一直很平稳;随后在折减到20%时,位移值随着折减系数的降低而逐渐增大;随着折减系数进一步减小,位移急剧增大,出现滑动。

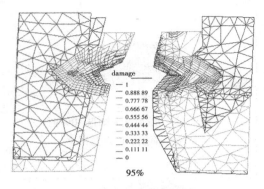

图 7-4-92　抗剪强度降低 95% 时
软弱夹层塑性屈服区示意图

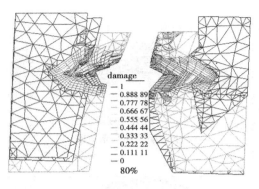

图 7-4-93　抗剪强度降低 80% 时
软弱夹层塑性屈服区示意图

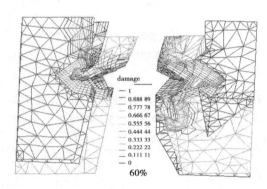

图 7-4-94　抗剪强度降低 60% 时
软弱夹层塑性屈服区示意图

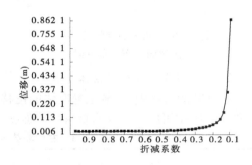

图 7-4-95　左岸裂隙后缘体底滑面位移
与折减系数图

4）整体渐进破坏过程

　　计算结果表明,在抗剪强度逐渐降低的过程中,首先在建基面和软弱夹层相交部位出现塑性屈服,随着抗剪强度的进一步降低,坝踵处也逐渐屈服,但坝基的塑性区扩展比坝体发展快,先沿软弱结构面发展,后扩展到其间的块体,并先于坝体形成整体贯通通道,从而使拱坝—地基系统达到整体失稳的极限状态(见图 7-4-96)。

　　综上所述,藤子沟拱坝在正常蓄水位下是稳定的,采用降低坝肩材料抗剪强度法,以迭代计算的收敛性和位移的突变性作为失稳判据的稳定性分析表明,其整体稳定安全度约为 4.0。

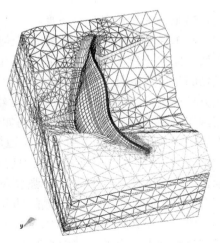

图 7-4-96　抗剪强度降低 26% 时
变形示意图

7.5 结论与建议

根据藤子沟拱坝的结构特点,合理地模拟断层、软弱夹层等各种地质情况及混凝土置换体,建立了有限元的仿真数值模型,通过采用三维非线性有限单元法,研究了藤子沟水电站双曲拱坝在超载作用和降低坝肩材料抗剪强度下的坝体位移、坝基夹层的位移规律和应力规律及超载能力,左岸泥岩层挖除并用混凝土置换处理的效果,得出以下结论:

(1)计算结果表明:藤子沟水电站双曲拱坝在正常蓄水位作用下,坝体、软弱夹层的位移及左岸裂隙后缘的压缩变形都较小,坝肩岩体处于弹性工作状态,因此正常运行期,坝体和两岸坝肩是稳定的。

(2)超载计算和降低坝肩材料抗剪强度的计算分析都表明:左岸泥岩层挖除处理并用混凝土置换对左岸坝肩的补强起了很好的作用,效果是好的。

(3)从超载计算和降强计算结果来看,左岸卸荷裂隙后缘体在正常蓄水位作用下,变形不大,安全度较高,大概为4.0。

(4)超载计算是以增加水容重的方法进行的,从超载计算来看,藤子沟拱坝的超载安全系数在4.4左右。

(5)坝肩抗剪强度折减计算结果表明:藤子沟拱坝储备安全度为4.0左右。

(6)从有限元超载仿真计算和地质力学模型试验的结果来看,两者总的变形规律是一致的,起到了很好的相互验证的作用。

8 大坝混凝土温度控制研究

8.1 基本资料及设计参数

8.1.1 水文气象

多年平均气温及历史最高、最低气温特征值见表 8-1-1,坝址处多年各月平均水温见表 8-1-2。

表 8-1-1 气温特征值统计 （单位:℃）

月份	1	2	3	4	5	6	7	8	9	10	11	12	全年
平均气温	5.8	7.2	11.6	16.5	20.4	23.5	26.5	26.3	22.2	16.9	12.2	8	16.4
极端最高气温	20.5	26	32	34.6	36.8	37.8	39.1	40.2	37.5	32.4	28.9	25.7	40.2
极端最低气温	-4.1	-4	-1.5	0.3	8.8	13.6	15.4	16.1	11.8	4.3	-0.8	-4.7	-4.7

表 8-1-2 坝址处多年各月平均水温 （单位:℃）

月份	1	2	3	4	5	6	7	8	9	10	11	12
月平均气温	7.3	8.1	11	15.8	18.5	20.5	23.1	24.1	21.5	17.9	13.6	9.5

8.1.2 原材料选择

本工程考虑混凝土天然料源质量较差,混凝土骨料全部采用人工骨料,粗骨料采用砂岩破碎获取,对于细骨料,由于灰岩料场距坝址较远,相对砂岩料场运费高,为此,设计上在砂岩制砂和灰岩制砂的优缺点、经济性方面进行试验研究论证,通过试验得出如下结论:

(1)灰岩与砂岩本身物理力学性能均较好,两种砂都可用于大坝混凝土。

(2)砂岩砂混凝土线膨胀系数比灰岩砂大些,但可采用降低混凝土入仓温度予以弥补。

(3)砂岩砂吸水率、坚固性略有超标,成砂率略低于灰岩,水泥用量高(12 ~ 15 kg/m³),绝热温升高(1.5 ℃),但这些缺点有的混凝土中并没有表现出来,有的缺点可通过降低混凝土入仓温度予以克服。

(4)砂岩砂的优点是在保证混凝土质量的前提下,大幅度降低工程成本和方便施工,对保证施工工期有利。

综上,最终推荐混凝土骨料全部采用人工骨料,粗、细骨料岩性均为砂岩。

混凝土其他材料选择如下:

(1)水泥:525号热硅酸盐水泥。

(2)混合材料:Ⅱ级粉煤灰。

(3)外加剂:ZB-1型缓凝高效减水剂,DH9型引气剂。

(4)水:新鲜、清洁、无污染。

8.1.3 大坝浇筑

大坝分缝、分块主要是根据大坝结构要求,混凝土浇筑能力及温控防裂等方面进行划分。

大坝浇筑共分18个坝段进行,1#~7#坝段为右岸非溢流坝段,8#~11#坝段为溢流坝段,12#~18#坝段为左岸非溢流坝段,9#、10#坝段670 m高程处分别设7 m×7 m的导流底孔,共两孔。

大坝不设纵缝,通仓浇筑。设置横缝间距一般为18~22 m,1#坝段沿坝轴线长度为9.68 m,2#坝段沿坝轴线长度为15.00 m,3#~7#坝段沿坝轴线长度为9.97~20.27 m,8#~18#坝段沿坝轴线长度为18.27~21.93 m。大坝顺水流方向最大宽度为23.2 m。

浇筑分层形式为基础约束区浇筑层厚1.5 m,非基础约束区浇筑层厚3.0 m。坝体浇筑采用两种常态混凝土进行,3#~18#坝段下部及表孔、底孔采用C25混凝土浇筑,其余部分采用C20混凝土浇筑。

8.1.4 混凝土及基岩热力学指标

混凝土及基岩热学性能见表8-1-3。

表8-1-3 混凝土和基岩热学性能

项目	种类	导温系数（m²/h）	导热系数（kJ/(m·h·℃))	比热（kJ/(kg·℃))	容重（kN/m³）	线膨胀系数（10⁻⁶/℃)
混凝土	C20	0.003 4	8.108	0.934	24.2	9.52
	C25	0.003 4	8.118	0.934	24.0	9.22
基岩	长石石英砂岩	0.003 6	3.73	0.887	25.5	3.5
	泥质粉砂岩	0.003 6	3.73	0.887	25.9	3.5

不同龄期的混凝土弹性模量可表示为:

$$E_{(\tau)} = E_0(1 - e^{-a\tau^b})$$
(8-1-1)

式中 τ——混凝土龄期,d;

其他参数及泊松比见表8-1-4。

基岩弹性模量及泊松比见表8-1-5。

根据各配比混凝土绝热温升试验结果,绝热温升值拟合公式为:

$$\theta_{(\tau)} = \theta_0(1 - e^{-m(\tau)})$$
(8-1-2)

式中 τ——混凝土龄期,d;

其他混凝土绝热温升参数见表 8-1-6。

表 8-1-4 混凝土弹性模量及泊松比参数

混凝土种类	E_0(GPa)	a	b	泊松比
C20	30.1	0.22	0.67	0.167
C25	41.8	0.20	0.70	0.167

表 8-1-5 基岩弹性模量及泊松比参数

基岩类别	弹性模量(GPa)	泊松比
长石石英砂岩	17	0.2
泥质粉砂岩	4.8	0.25

表 8-1-6 混凝土绝热温升参数

混凝土种类	θ_0(℃)	m
C20	23.5	0.241
C25	26.5	0.254

8.2 混凝土施工期温升及稳定应力分析

8.2.1 坝体混凝土最大允许温度应力

根据《混凝土拱坝设计规范》(SL 282—2003)规定,为确保混凝土不出现裂缝,必须满足下式:

$$\sigma \leqslant (\varepsilon_p E_c)/K_f \tag{8-2-1}$$

式中 σ——各种温差所产生的温度应力之和,MPa;

ε_p——混凝土极限拉伸值;

E_c——混凝土弹性模量,MPa;

K_f——安全系数,宜采用 1.3~1.8,视开裂的危害性而定。

8.2.2 自然入仓时出机口温度(T_0)和浇筑温度(T_p)

混凝土出机口温度主要取决于拌和前各种原材料的温度。混凝土浇筑温度则是由混凝土的出机口温度和混凝土在运输、浇筑过程中的冷量(热量)损失两部分决定的。

利用拌和前混凝土原材料总热量与拌和后流态混凝土的总热量相等的原理,可求得混凝土的出机口温度 T_0。

混凝土出机口温度按下式计算:

$$T_0 = \left(\sum W_i C_i T_i + Q \right) / \left(\sum W_i C_i \right) \tag{8-2-2}$$

式中 W_i——每立方米混凝土中各种原材料的质量,kg;

C_i——混凝土各种原材料的比热,kJ/(kg · ℃);

T_i——混凝土各种原材料的温度,℃;

Q——每立方米混凝土拌和时的机械热,kJ。

混凝土浇筑温度按下式计算:

$$T_P = T_{BIP} + 0.003\tau(T_a - T_{BIP}) \tag{8-2-3}$$

式中 T_{BIP}——混凝土入仓温度,℃;

τ——浇筑平仓振捣至上层混凝土覆盖前的全部时间,min;

T_a——混凝土运输时的气温。

8.2.3 坝体温度和应力计算

8.2.3.1 坝体应力控制标准设计值

坝体容许主压应力≤混凝土极限抗压强度/4。

坝体容许主拉应力≤1.2 MPa(采用有限元法计算时为≤1.5 MPa)。

8.2.3.2 坝体温度和应力计算

1)计算方法

坝体温度和应力计算采用美国 Ansys 公司研制发行的 Ansys5.7 软件进行三维有限元仿真计算。本计算模拟施工过程,考虑外界气温、水温随时间的变化,考虑混凝土水化热、弹性模量、徐变等性能参数随龄期的变化,分别对坝体温度场和应力进行施工期、蓄水期及运行期的仿真计算。

2)计算参数及有关说明

坝址区地质构造较为简单,岩石较为完整,基岩主要是长石石英砂岩,局部为泥质粉砂岩,坝址区地震基本烈度为6度,设计烈度为6度。

坝体浇筑不设纵缝,通仓浇筑。浇筑层厚基础约束区采用1.5 m,非基础约束区采用3 m,基础约束区及重要结构部位层间间歇期为5~7 d,一般部位层间间歇期为4~15 d。

浇筑期中采用冷却水管进行温控,基础约束区水管间距(1~1.5) m×(1.5~2.5) m,其他部位3 m×(1.5~2.5)m。一期通水6~8 ℃制冷水,通水时间15~20 d;后期通水6~10 ℃制冷水,通水时间至混凝土内部温度达到灌浆温度为止。

库区年平均水温18.5 ℃,库底水温11 ℃。

计算中采用的气温、水温、坝体混凝土力学性能、热学性能、水化热绝热温升、基岩力学及热学性能等参数取值见表8-1-1~表8-1-6。

3)计算模型

藤子沟大坝为混凝土双曲拱坝,最大坝高117 m,共18个坝段,坝段长度一般为18~22 m,顶部8#~11#坝段设3个表孔,9#、10#坝段设2个导流底孔,中部坝下设水垫塘消能。

计算中坝体体型及各坝段均如实模拟,左右边界稍做简化。表孔及底孔因尺寸较小,对计算影响不大,未予考虑。坝体两种不同强度等级的混凝土按实际情况分区处理。大坝基岩范围是大坝左、右及坝底部以下取150 m(约1.3倍最大坝高),向上、下游方向各取150 m,基岩岩质分层根据地质岩性划分。

坝段间的分缝在封拱前按缝单元处理,封拱后做与坝体相同的实体单元处理。整个计算模型共分1 438个单元,节点数2 200个。

4)计算结果及分析

经计算,藤子沟大坝稳定温度场的最高温度为17 ℃,稳定温度场的平均温度值为12 ℃。坝体温度和应力计算结果见表8-2-1。

表8-2-1　坝体温度和应力值

项目	施工期			蓄水期			运行期		
	计算结果	坝段	高程	计算结果	坝段	高程	计算结果	坝段	高程
最大主拉应力(MPa)	0.88	14	708.3 m	1.53	5	704.7 m	1.01	13	669.5 m
最大主压应力(MPa)	-4.54	9	660.0 m	-3.38	9	660.0 m	-3.15	10	660.0 m
最高温度(℃)	35.8	6	704.5 m	26.4	8-11	777.0 m	26		

上述对三种计算工况分析结论如下:

(1)施工期。施工期最大主拉应力为0.88 MPa≤1.5 MPa,施工期最大主压应力为-4.54 MPa,远未达到坝体容许压应力设计值。施工期应力在浇筑前期均不是很大,仅在浇筑后期才出现较大应力。

施工期坝体温度影响因素很多,如气温、水化热特性、浇筑温度、通水冷却等。计算结果表明,坝体温度在采用冷却水管降温的温控措施下,坝体温度受到抑制,降温较快,通水冷却效果好。

(2)蓄水期。蓄水期随着水化热的散发,坝体温度总体来说是下降的,虽然夏季温度将有所上升,但与施工期相比却大大减小,但坝体内仍有剩余的水化热。

蓄水期由于上游水位上升,改变了坝体上游面的温度边界条件(由施工期的气温边界变为水温边界),水压力逐渐增大,坝体应力情况更为复杂,特别是蓄水的冷击作用。根据已建工程的经验,一般来说,蓄水期是诱发坝体开裂的最危险时期,应力将高于施工期和运行期。计算结果也表明,最大主压应力为-3.38 MPa,未达到坝体容许压应力设计值;最大主拉应力为1.53 MPa,超过设计容许拉应力值0.03 MPa,但仅超出《混凝土拱坝设计规范》(SL 282—2003)中规定设计容许拉应力值1.5 MPa的2.0%,小于坝体混凝土实际抗拉强度。因此,水库蓄水达到正常蓄水位的过程中,坝体不会开裂。

(3)运行期。通过计算,运行期最大主压应力为-3.15 MPa,最大主拉应力为1.01 MPa,应力值均小于设计容许值,表明在正常情况下,大坝是安全的。

8.2.3.3 坝体损伤计算

1）计算方法

混凝土坝体损伤计算采用 SSDL08P2N 有限元程序计算。

2）计算参数

根据试验测定，各参数取值如下：

初始损伤值:0.05,损伤阈值:0.114,损伤极限值:1.0。

3）计算结果及分析

坝体浇筑至 711.0 m 高程时,坝体最大损伤值 0.067,当施工期出现最大主拉应力时,坝体最大损伤值发展到 0.083,当蓄水期出现最大主拉应力时,坝体最大损伤值进一步发展到 0.502。

根据计算结果分析如下：

从损伤的计算结果看,坝体混凝土的初始损伤值取 0.05（国外资料对混凝土初始损伤值估计值,与试验结果接近）,至施工期出现最大应力时,坝体最大损伤值仍在损伤阈值之内,是发展的缓慢阶段。但到蓄水期最大应力出现时,进入损伤发展较快的阶段,但仍只有极限损伤值的一半左右,故不会开裂。

8.3 结 论

（1）根据气温和水温资料,大坝稳定温度场的计算结果是正常的、合理的。

（2）施工期坝体的温度,除取决于气温、水化热特性和浇筑进度外,还与入仓温度和通水冷却等温控措施有关。计算中采用的入仓温度除 12 月至次年 2 月这 3 个月高于气温,即混凝土入仓前要加温外,其余 9 个月均取为月平均温度,即夏季浇筑可不考虑预冷;而冷却水管的间隔采用了最密的设计方案。在这样的温控措施下,施工期坝体最高温度已受到抑制,仅为 35.8 ℃,且降温也较快,表明通水冷却的效果是好的。但出现最高温度的时间和部位,应力并非最大,因为温度应力取决于温变值而不是温度绝对值。

（3）从施工期的应力计算结果可见,2003 年,坝体应力都不是太大;到 2004 年,即浇筑后期,才出现较大应力。施工期最大主拉应力 σ_{1max} 达到 0.88 MPa,时间在 2004 年 1 月末,位置在坝中间偏左的 14# 坝段约 708 m 高程近上游处,此时此处的 σ_{θ} 也是最大,可见是拱向拉应力。施工期最大主压应力 σ_{3max} 达到 −4.54 MPa,时间是 2004 年 8 月上旬,位置在坝中部的 9# 坝段坝底近上游面处,方向也是接近拱向的,此时,坝体 735 m 高程以下封拱灌浆已完毕,应已发挥了整体沿拱向受压的作用。施工期的 σ_{3max} 远未达到坝体设计的容许压应力值。

（4）进入蓄水期后,随着水化热的散发,坝体温度总体来说将是下降的,但因上游水温和下游气温的变化,因此在开始蓄水后的第二年的夏季,坝体温度又开始上升。计算结果显示,蓄水期坝体最高温度发生在 2005 年 7 月 30 日,最高温度为 26.4 ℃。这个最高温度值已远小于施工期的最高温度,表明经 10 个月的蓄水,由于上游蓄水的水冷作用和坝体较薄的原因,水化热的散发已较充分;但这个温度值又高于正常运行期的坝体最高温度 26 ℃,表明坝体中仍有剩余的水化热。

（5）蓄水期中由于上游水位与日俱增，不仅改变了坝体上游面的温度边界条件（由施工期的气温边界改为水温边界），同时也出现了逐渐加大的水压力。因此，坝体是在自重、上游水压力和温度荷载共同作用下，其应力情况将比施工期复杂。特别是蓄水的冷击作用，一般来说，蓄水期的应力将高于施工期和运行期，是诱发坝体开裂的最危险时期，计算结果也证明了这一情况。从蓄水期的应力计算结果可见，在蓄水水位将达到正常水位之前的 20 d（2005 年 6 月 10 日），坝体 $\sigma_{\theta max}$ 为 1.34 MPa，而 σ_{1max} 达到 1.55 MPa，位置都在偏左岸的 5# 坝段 705 m 高程近上游面处。这两个最大应力值均已超过坝体设计容许的拉应力值，但还远小于坝体混凝土的实际抗拉强度，因此尚不至于开裂。至于蓄水期的 σ_{zmax} 仅为 0.77 MPa，远未达到设计容许拉应力值，而 σ_{3max} 为 -3.38 MPa，已小于施工期的相应值。

（6）运行期坝体的最高温度为 26 ℃，比稳定温度场的最高温度值 17 ℃ 高 9 ℃，表明该坝要运行相当多年后，温度才会稳定下来。

（7）运行期的 σ_{1max} 为 1.01 MPa，σ_{3max} 为 -3.15 MPa，都小于设计容许拉应力和压应力，表明在正常情况下，大坝将是安全的。

（8）以上应力计算结果均未考虑损伤的影响，即是按历来传统方法计算的结果。如考虑损伤，应力值将会增大，这是由于损伤将引起材料性能劣化，从前述计算原理可知，考虑损伤影响，材料弹模将降低，因此应变增大，应力也将增大，我们计算的结果表明，最大可增大 8.4%。但是，增大值并非与应力值成正比，藤子沟大坝施工期、蓄水期和运行期最大应力在计及损伤影响后，增大值仅为 3% 左右。

（9）从损伤计算结果可见，若坝体混凝土的初始损伤值 D_0 取为 0.05（这是国外资料对混凝土初始损伤估计值，我们的试验结果也与此接近），则坝体浇至 711 m 时（即 2003 年 9 月 30 日），最大损伤值仅 0.067。至施工期最大应力出现时（2004 年 1 月 28 日），坝体最大损伤值虽发展至 0.083，但仍在损伤阈值 D_f（取我们的试验结果 0.114）之内，即仍在损伤发展缓慢的阶段。但到蓄水期最大应力出现时（2005 年 6 月 10 日），坝体中该处损伤值，即坝体中最大损伤值又发展为 0.052，已进入损伤发展较快的阶段，但仍只有极限损伤值 D_c（1.0）的一半左右，故不会开裂，这与应力计算结果的分析是一致的。因此，不需涉及开裂分析计算。

（10）损伤发展至 D_f 以后，是不可恢复的，但由于蓄水期最后阶段及运行期，坝体最大应力不仅不再增大，反而下降，故最大损伤值亦基本上不再发展。之所以说基本上，是由于坝体长期运行中，由于水位反复升降和气温、水温反复变化，会引起疲劳损伤。严格地说，大坝运行多年后，其最大损伤值还将有缓慢的增长，但这要用疲劳损伤理论进行分析计算，才能得出定量数值。

（11）计算中的基础参数气温和水温，均是多年平均值，并未考虑可能出现的极端高温和低温，也不可能考虑一天内的变化；其他计算参数也没有考虑其不确定性，因此计算结果有可能是偏小的。

9 引水隧洞上下管桥结构研究

9.1 概　述

9.1.1 项目研究的意义和内容

藤子沟水电站为引水式水电站,压力引水管道在跨越河道时,需布置为明钢管形式,并采用桥梁支撑。由于河流的转弯,需两次跨越河道,故布置有两个管桥结构,称为上管桥和下管桥。管桥的长度约为 130 m,直径 3 900 mm。桥梁采用支墩式钢筋混凝土结构,桥墩的最大间距为 20 m。

目前,国内最大规模的水电站管桥结构为小关子水电站,其钢管直径为 6.5 m,管桥采用拱桥,桥梁全长 190 m,支墩间距 6 m,已建成运行。采用支墩钢筋混凝土桥梁形式的管桥结构,如此大直径、大跨度的尚不多见,因此针对这一复杂而特殊的结构,进行研究和论证。

9.1.1.1　计算目的

解决大跨度管桥结构的强度和刚度问题,控制管道的挠曲变形和应力强度,以及伸缩节的相对变形和转动,通过计算论证,提出切实可行的管道支承形式和桥梁构造形式,提出伸缩节三向变位值。重点解决桥梁与压力管道的变形协调和整体优化。

9.1.1.2　计算意义

(1)鉴于管桥的结构形式和受力特征等均十分复杂,采用空间整体有限单元法进行计算分析,是十分必要的。

(2)管桥设计,目前国内较少,无成熟的经验和完善的理论指导,同时,《水电站压力钢管设计规范》尚无对管桥结构的具体规定和要求。通过管桥整体结构计算,可以解决桥梁与压力管道的变形协调,明确伸缩节三向变位大小,为管桥结构设计提供可靠依据,为以后管桥设计提供实践经验,填补《水电站压力钢管设计规范》(DL/T 5141—2001)中关于管桥设计内容的空白。

对藤子沟工程上、下管桥整体结构分别进行静动力计算,通过计算,解决管桥结构设计中的关键技术问题,并对管桥结构形式进行优化。

9.1.1.3　计算内容

本课题研究针对藤子沟工程上、下管桥结构的形式优化和结构设计中的关键技术问题,开展计算论证,主要工作内容包括:

(1)建立跨越河床的压力管道及其支撑桥梁(合称管桥)的整体结构计算模型(包括一部分灌注桩基础),利用空间三维有限单元法及其他方法进行计算分析。

(2)主要研究目的是解决大跨度管桥结构的强度和刚度,控制管道的挠曲变形和应力强度,以及伸缩节的相对变形和转动,通过计算论证,提出优化可行的管道支承形式和桥梁构造形式。重点解决桥梁与压力管道的变形协调和整体优化。

(3)压力管道的支承间距研究。选择若干支座间距的布置形式,通过计算,根据管道受力和挠度最小的原则,尽量改善桥梁的受力状态,确定合理的布置形式。

(4)复核桥梁墩柱和灌注桩的强度和稳定性,在可能条件下,进行设计优化和改进,对配筋等构造问题提出建议。

(5)重点进行水平梁的结构计算和设计优化,在满足压力管道结构刚强度要求的前提下,确定梁的断面形式、尺寸、支撑条件和细部构造等,并提出配筋设计的建议。具体包括:梁的布置形式(简支、连续梁等),断面形式,是否需要斜支撑及其具体构造,是否采用预应力梁及其构造,受力钢筋的布置,其他关键问题等。

(6)进行整体管桥结构的自振计算和共振复核。振动源主要是管内水流的压力脉动、风振载荷等。不考虑地震。

(7)对伸缩节的布置和形式加以论证,包括计算确定的伸缩节最大相对变形和相对转动角度,提出三向变位计算结果,为伸缩节的选型、布置和设计提供依据。

(8)主要考虑的载荷包括结构自重、管内水体重量、风荷载、墩柱所受水压力、温度变化等。

管道和桥梁的强度与刚度控制参照现行水工钢筋混凝土结构和压力管道的规范执行。

9.1.1.4　计算成果

按照研究内容进行详细计算,提出上、下管桥整体结构计算成果报告,报告主要内容应包括:

(1)提供钢管三向变位位移,提出伸缩节布置位置及要求。

(2)提供钢管应力值,根据钢管应力值大小,提出可能的措施要求。

(3)提出钢管支承环布置、型式及刚度要求。

(4)根据钢管下部水平支撑梁的强度和刚度要求,提出水平支撑梁与钢管布置要求相匹配的结构形式、断面、挠度值、配筋型式、施工要求和措施。

(5)进行管桥结构布置优化。

(6)提出管桥下部墩柱和桩基的应力、位移和配筋,并复核其稳定性。

9.1.2　计算基本资料

9.1.2.1　压力管道布置和设计基本资料

水库正常蓄水位:775 m;

调压井最高涌浪水位:793 m;

上管桥压力管道轴线安装高程:665 m;

下管桥压力管道轴线安装高程:640 m;

引水管道总长度(进水口~调压井):4 800 m;

进水口至上管桥长度:1 200 m;

上管桥至下管桥长度:1 840 m;

压力钢管直径:3 900 mm;

压力钢管壁厚:上管桥 20 mm,下管桥 22 mm;

钢管钢材:采用低合金钢 Q345 或容器钢 16 MnR。

9.1.2.2 气象、水文和地质基本资料

设计风压:$W_0 = 450$ Pa。

最大风速:12 m/s。

河流水位:上管桥 651 m,下管桥 628 m。

河流最大流量:3 280 m³/s。

地震基本烈度:6 度。

多年平均气温:16.4 ℃,最高温度 40.2 ℃,最低气温 -4.7 ℃。

管桥地基:基础座灌注在泥岩类岩石中。

建议地基承载力(钻孔桩):

桩极限端阻力:

　　中等风化岩石,3.0~3.5 MPa,微新岩石:4.0~5.0 MPa。

砂卵石桩周摩阻力:120 kPa。

当地石柱气象台气象要素统计,主要资料见表 9-1-1。

表 9-1-1　气象气温资料　　　　　　　　　　　　　　(单位:℃)

项目	1 月	2 月	3 月	4 月	5 月	6 月	7 月	8 月	9 月	10 月	11 月	12 月	全年
T_{year}	5.8	7.2	11.6	16.5	20.4	23.5	26.5	26.3	22.2	16.9	12.2	8.0	16.4
T_{dmax}	20.5	26.0	32.0	34.6	36.8	37.8	39.1	40.2	37.5	32.4	28.9	25.7	40.2
T_{dmin}	-4.1	-4.0	-1.5	0.3	8.8	13.6	15.4	16.1	11.8	4.3	-0.8	-4.7	-4.7

注:表中,T_{year} 为年平均气温,T_{dmax} 为日最高气温,T_{dmin} 为日最低气温。

9.1.2.3　上下管桥布置

上管桥引水钢管通过 4 m 长钢筋混凝土渐变段,连接钢筋混凝土段与埋藏钢管段,钢筋混凝土衬砌为圆形断面,内径 4.30 m,钢板衬砌为圆形断面,内径 3.90 m,两种衬砌型断面开挖直径相同,均为 5.10 m。渐变段后为埋藏钢管段,钢管内径 3.90 m,钢管外回填素混凝土(C15)厚度为 0.6 m。埋藏钢管出洞后为明钢管,钢管设于钢筋混凝土桥墩上,明钢管内径 3.90 m。明钢管的支座型式采用滑动支座,支座间距为 20 m,支座上设有支承环,支承环为城门洞断面。钢管两端各布置一个波纹管伸缩节,钢筋混凝土桥梁采用简支梁式桥,桥梁共五跨,单桥跨度 20 m,桥主梁为两根,梁断面尺寸为 1.0 m×1.5 m。桥墩基础采用钻孔桩作基础。钻孔桩直径为 2.0 m,钻孔桩支承在泥岩层的上部,钻孔桩顶端按不低于龙河五年一遇水位控制,确定为 645.00 m,四个桥墩桩基础高度分别为 12 m、14 m、14 m 和 11 m。钻孔桩基础上为双柱式桥墩,桥墩直径为 1.5 m,双柱桥墩之间设两层联系梁,柱墩高度为 12 m。

下管桥引水钢管同上管桥,通过钢筋混凝土渐变段,连接钢筋混凝土段与埋藏钢管段,钢筋混凝土衬砌为圆形断面,内径4.30 m,钢板衬砌为圆形断面,内径3.90 m,两种衬砌型式断面开挖直径相同,均为5.10 m。渐变段后接埋藏钢管段,钢管内径为3.90 m,钢管外回填素混凝土(C15)厚度为0.6 m。埋藏钢管出洞后为明钢管,钢管管设于钢筋混凝土桥墩上。明钢管内径为3.90 m,明钢管的支座型式亦为滚动支座,支座间距为20 m,支座上设有支承环,支承环为城门洞断面。钢管两端各布置一个波纹管伸缩节,钢筋混凝土桥梁采用简支梁式桥,桥梁共五跨,单桥跨度20 m,桥主梁为两根,梁断面尺寸为1.0 m×1.5 m。下管桥也采用钻孔桩作基础,钻孔桩直径为2.0 m,钻孔桩支承在泥岩层的上部,钻孔桩顶端按不低于龙河五年一遇水位控制,确定为619.00 m,四个桥墩桩基础高度分别为12 m、17 m、17 m和11 m。钻孔桩基础上为双柱式桥墩,直径为1.5 m。双柱桥墩之间设两层或三层联系梁,联系梁间距为5 m,河床两侧柱墩高度为11 m;中间柱墩高度为17 m。管桥布置见图9-1-1 ~ 图9-1-4。

9.1.3 计算基本依据

压力钢管的计算和强度复核,以现行设计规范为主要依据,设计规范为:中华人民共和国电力行业标准《水电站压力钢管设计规范》(DL/T 5141—2001)(简称《规范》)。

9.1.3.1 钢管强度设计要求

(1)结构重要性系数 γ_0。2级水工建筑物。钢管结构安全级别Ⅱ,结构重要性系数取1.0。

(2)设计状况系数 ψ。按承载能力极限状态设计,持久状况 =1.0,短暂状况 =0.9,偶然状况 =0.8。按正常使用极限状态设计,取 ψ =1.0。

(3)结构系数 γ_d。按承载能力极限状态设计,按《规范》的表8.0.5取值:对于明管,整体膜应力(轴力作用) =1.6;局部应力中的局部膜应力(轴力) =1.3;局部应力中的局部膜应力 + 弯曲应力(轴力 + 弯矩) =1.1。

注:整体膜应力,指跨中部位,应力以内水压力产生的轴向拉应力为主;局部应力区,指端部受力复杂部位,钢管承担内水压力和弯矩作用。焊缝系数 φ =0.95。

(4)作用分项系数见表9-1-2。

(5)作用效应组合的一般规定:由于引水管道较长,管桥部分距下游调压井较远,水击压力传到管桥部分时,压力升高值已经很小,可以不予考虑。因此,仅进行持久状况的设计,按承载能力极限状态复核,考虑:永久作用效应 + 可变作用效应。

(6)按承载能力极限状态设计的作用效应组合与计算情况:持久状况,基本组合,组合项次:(1a) +(2) +(3) +(4) +(7) +(8)。

(7)各计算点的应力:按第四强度理论计算,其计算公式为:

$$\sigma = S(\bullet) = \sqrt{\sigma_\theta^2 + \sigma_x^2 + \sigma_r^2 - \sigma_\theta\sigma_x - \sigma_\theta\sigma_r - \sigma_r\sigma_x + 3(\tau_{\theta x}^2 + \tau_{\theta r}^2 + \tau_{rx}^2)} \qquad (9\text{-}1\text{-}1)$$

$$\sigma_R = \frac{1}{\gamma_0 \psi \gamma_d} f \qquad (9\text{-}1\text{-}2)$$

$$\sigma \leq \sigma_R \qquad (9\text{-}1\text{-}3)$$

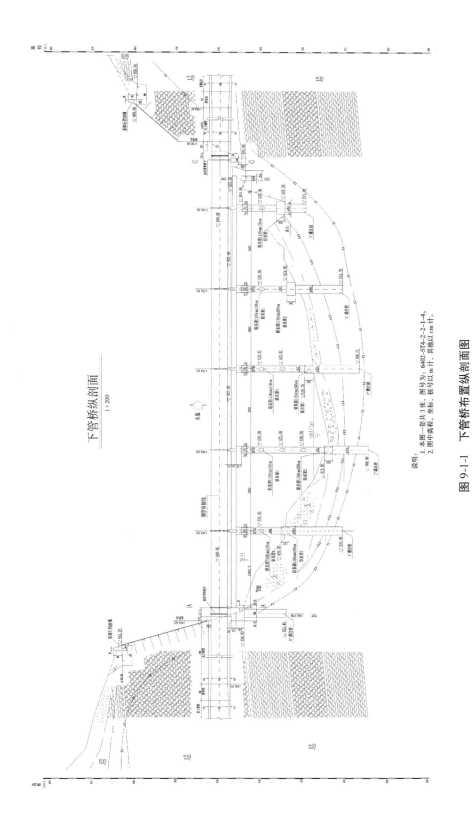

图 9-1-1 下管桥布置纵剖面图

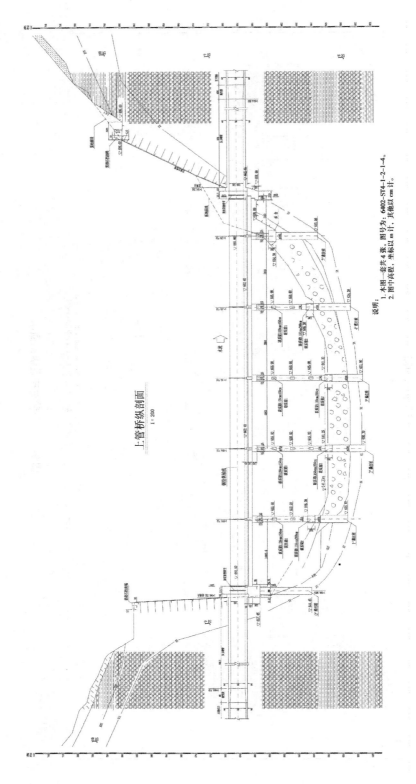

上管桥纵剖面
1:200

说明：
1. 本图一套共4张，图号为：6402-ST4-1-2-1-4。
2. 图中高程、坐标以m计，其他以cm计。

图9-1-2 上管桥布置纵剖面图

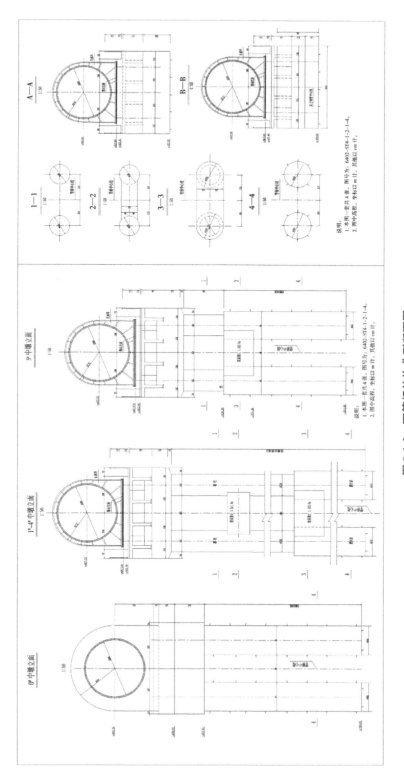

图 9-1-3　下管桥结构典型断面图

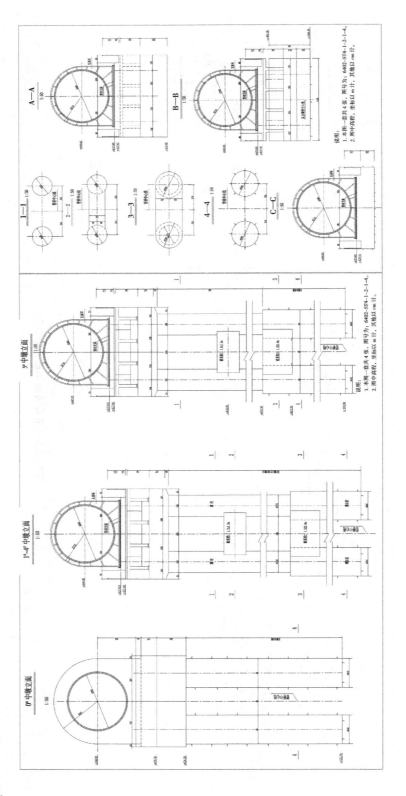

图 9-1-4　上管桥结构典型断面图

表 9-1-2 作用分项系数

序号		作用分类及名称		作用分项系数 γ_q
(1)	(1a)	内水压力	正常蓄水位静水压力	1.0
	(1b)		正常运行情况最高压力	1.1
(2)		管道结构自重		1.05
(3)		管内水重		1.0
(4)		温度作用(仅考虑温度变位)		1.1
(5)		这里不考虑:转弯、直径变化等作用		
(6)		这里不考虑:弯道离心力		
(7)		镇墩、支墩不均匀沉降引起的力: 整体计算时考虑		1.1
(8)		风荷载:整体计算中考虑		1.3
(9)		雪荷载:可以不考虑		
(10)		地震作用:不考虑		
(11)		管道放空:不考虑		

式中　f——钢材强度设计值,N/mm^2,见规范的表 6.1.4-1 或表 6.1.4-2。

应力均以拉应力为正,计算中采用柱坐标系。

(8)钢材强度标准值:$f_k = 315/325\ N/mm^2$(Q345/16MnR)。

9.1.3.2　计算基本参数的选取

以下介绍计算中主要采用的计算基本参数。

(1)内水压力:由于上、下管桥位置的压力管道,距离调压井距离较远,水击压力传递到管桥位置时,可以认为基本已没有水压力的波动作用,因此这里均取静止水头作为计算内水压力值:上管桥为 110 m,下管桥为 135 m。

(2)材料基本物理参数。混凝土采用设计规定中强度等级,灌注桩为 C35,墩柱和横梁 C30;钢材为一般钢板。材料的弹性模量和容重等参数,均按照材料的标准值采用。

钢板弹性模量采用 $2.06 \times 10^5\ N/mm^2$,泊松比为 0.3,线膨胀系数取 $1.2 \times 10^{-5}/℃$,重度取 $78.5 \times 10^{-6}\ N/mm^3$。C30 混凝土弹性模量取 $3.0 \times 10^4\ N/mm^2$,C35 混凝土弹性模量取 $3.15 \times 10^4\ N/mm^2$,泊松比为 0.167,重度取 $24.5 \times 10^{-6}\ N/mm^3$。

地基的弹性模量。粉砂页泥岩,弱风化 6 000 MPa,弱新岩 10 000 MPa;泥质粉砂岩,弱新岩 11 000 MPa;长石石英砂岩,弱风化岩 15 000 MPa,微新岩 20 000 MPa。

摩擦角:泥岩 0.45,长石石英砂岩 0.7。

(1)钢管的计算长度。上管桥为 108 m,共 6 跨,跨度从上游至下游分别为 18 m、4 m×20 m 和 10 m;下管桥为 104 m,共 6 跨,跨度从上游至下游分别为 18 m、4 m×20 m 和 6 m。

(2)钢管沿支座移动时的摩擦系数。根据钢管规范的附录,建议滚动支座或聚四氟乙烯滑板的摩擦系数可取为 0.1 或 0.05～0.1,这里取为 0.1。

（3）计算温度变化值。确定伸缩节的变形量时,需首先确定温度变化量。对于明管道,当无保温措施时,温差一般取为最高、最低气温与钢管安装合拢时的温度的差值,或者考虑一日的最大温差。考虑钢管一般应在年平均温度的季节完成最后一节钢管的焊接,这里取合拢时温度为 15 ℃(接近于多年平均气温 16.4 ℃),则最高气温为 44.9 ℃,最大温差约为 30 ℃;一日内的最大温差,根据表 9-1-1 的数据,约为 34 ℃。但由于表中给出的为一月中的绝对最高、最低气温,并不是同一天出现的,因此认为取为 30 ℃ 是合理的。

（4）其他。其他结构和计算数据在计算中予以介绍。

9.2 桥梁跨中设置支承环必要性分析论证

初步设计方案中,根据我国多数压力钢管的设计经验,采用支座间距为 10 m,这样需要在每一跨桥梁的跨中设置一个支承环支座。取消跨中支承环将给桥梁的设计带来巨大益处,此时,压力钢管的跨度将达到 20 m,由于国内采用 20 m 跨度的明管道设计尚属首次,进行可行性论证是非常必要的,所以本章首先利用简化模型(取出其中一跨)研究 20 m 跨度压力管道布置的可行性,以及将其布置为 10 m 跨度,即在桥墩跨中设置支承环的利弊。同时,论证采用考虑剪切变形的梁单元的必要性,为以后利用梁单元计算伸缩节处相对位移和转角打下基础。

9.2.1 局部模型计算的目的和内容

建立单跨局部压力管道计算模型,其研究目的和内容主要为以下几个方面:

（1）利用单跨结构模型论证钢管道的受力特性,从而确定适当的有限单元形式对其进行下一步的整体分析。

（2）利用单跨结构模型论证设置跨中支承环对钢管道受力性能的影响程度,从而确定最经济合理的结构形式。

（3）如果混凝土桥梁为简支时,对管道的贡献不大,那么当混凝土桥梁为连续梁时,对钢管道的应力影响程度值得研究。

（4）分别计算理想状况(混凝土桥梁、钢管道和水压力同时施加)和实际施工情况下(在混凝土桥梁和钢管自重引起的变形完成后再施加水压力)的应力状态,从而分析施工过程对整个结构的影响。

9.2.2 计算模型和假定

9.2.2.1 计算模型

为研究梁单元与板单元计算结果的精确度,首先对混凝土梁为简支,管道分别用梁单元和板单元模拟的有限元解与相应的解析进行了对比分析,分别采用模型Ⅰ,模型Ⅱ,模型Ⅲ来模拟。这里采用板单元模拟压力管道,其模型按照实际尺寸建立,所以可以将板单元模型的计算结果作为精确解来分析采用梁单元模拟管道的可行性,同时计算了解析解。计算说明管道由于较小的长细比,已经不能简化为细长梁来计算。

为研究管道跨中否加伸缩节,这里建立两种模型对比,即模型Ⅳ和模型Ⅴ。由于在施工中,管道是在混凝土桥梁建成以后开始施工的,所以在管道铺设之前,混凝土桥梁的变形应该已经完成。这里通过模型Ⅵ和模型Ⅶ的对比分析,探讨根据施工过程确定加载方式后,跨中支承环对管道和混凝土桥梁的受力影响。各种模型的选取和意义见表9-2-1。

表9-2-1 同时考虑钢管、混凝土桥梁自重和水压力时的计算模型说明

模型	混凝土梁		管道			模拟施工的加载过程	解析解(细长梁模拟)
	作为简支梁	作为连续梁	用梁单元模拟	用板单元模拟	中间加支承环		
模型Ⅰ	√			√			
模型Ⅱ	√		√				
模型Ⅲ	√		√				√
模型Ⅳ	√		√				
模型Ⅴ		√	√		√		
模型Ⅵ	√		√			√	
模型Ⅶ		√		√		√	

这里所取的计算参数,均来自第1章所介绍的内容,不再重复。荷载仅考虑结构的自重和水重,其他荷载暂不考虑。

9.2.2.2 计算假定

(1)藤子沟工程为多跨管桥结构,当采用连续结构时,假定梁的两端转角为零,但轴向为自由。实际上管道和混凝土桥梁之间是通过滚动支座连接的,在轴向有摩擦力的作用,摩擦力对于只是研究简化模型的计算结果影响不大,可以采用如图9-2-1所示的模型。

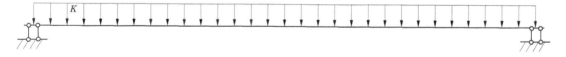

图9-2-1 连续梁假定模型

(2)当混凝土桥梁为简支时,假定其为理想的滑动支座,其简化模型如图9-2-2所示。

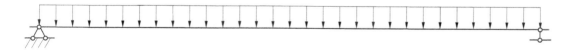

图9-2-2 简支梁假定模型

(3)当管道跨中加支承环时,假定支承环的刚度足够大,混凝土桥梁跨中和管道跨中的位移完全协调,这里采用位移耦合来模拟支承的作用。

(4)当管道跨中加支承环时,由于所取模型为对称结构,所以假定当由于弯曲产生轴向位移时,跨中的位移为零。

(5)在模拟施工过程中加载时,由于认为材料是线弹性的,所以假定其最终计算结果为分别加载的计算结果的直接叠加,计算模型如图9-2-3所示,即首先计算同时考虑管道和混凝土桥梁重力的工况,然后计算当管道和混凝土桥梁跨中位移协调时,在管道上加管内水重压力时的工况,然后将两个工况的计算结果线性叠加。

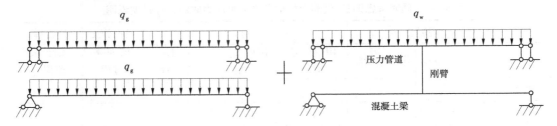

图 9-2-3　考虑施工过程中加载的简化模型图

(6)在对边跨进行计算时,假定伸缩节一段对管道的约束很小,可以作为自由,只有边跨的支承环提供竖直向的支撑作用,所取计算模型如图9-2-4所示;在论证每一跨的中间是否设置支承环时,假定可近似取出一跨进行计算,相邻结构的作用按照简化的理想状况考虑。

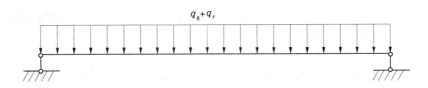

图 9-2-4　边跨管道的计算模型

9.2.3　各种模型的计算结果与分析

9.2.3.1　模型Ⅰ～模型Ⅴ的计算结果和分析

表9-2-2所示为模型Ⅰ～模型Ⅴ的计算结果对比,其中解析解为将钢管道和混凝土桥梁均简化为细长梁的计算结果。表中所给出的位移为跨中的最大挠度值,应力相当于轴向应力。解析解与有限元(采用板单元模拟和beaml88梁单元模拟)的结果有较大出入,尤其是位移。解析解的位移和应力值偏小,这是由于理论解未考虑剪切变形,同时把截面的应力简化为线性变化的结果。可见,对于压力钢管和T形梁这样的深梁(梁的高度相对于跨度较大),作为细长梁计算已不能满足工程需要,其计算结果是偏于危险的。利用有限元分析时,也不能利用细长梁不考虑剪切变形的梁单元来计算。

从表9-2-2中结果可以看出,当采用20 m跨度时,压力管道弯曲应力(轴向)最大为16.4 MPa,混凝土梁在其自重作用下的最大拉应力为2.74 MPa。

同时,这样的计算结果说明,如果不考虑施工过程,混凝土梁的跨中变形大于钢管道的挠度,在钢管道的跨中增加支承环不但不能降低管道的应力,反而会起不利的作用,即管道对混凝土梁起支撑作用,此时由计算结果可以看到,压力管道的应力增加(达到20

· 168 ·

MPa),混凝土梁的应力降低（1.87 MPa）。当混凝土梁采用连续梁形式时，梁的抗弯刚度提高，梁对压力管道起到了支撑作用，压力管道的轴向应力减小为13.9 MPa，同时跨中的挠度也有所降低。

对比模型Ⅰ和模型Ⅱ的计算结果可以看出，分别采用梁单元模型和板单元模型计算结果相差很小，所以下面在分析时可以将二者的计算结果进行对比分析。

表9-2-2　同时考虑钢管、混凝土桥梁自重和水压力时的计算结果

计算项目		混凝土梁			钢管道		
		竖直向位移（mm）	最大拉应力（MPa）	出现位置	竖直向位移（mm）	最大拉应力（MPa）	出现位置
无跨中支承环	板单元,混凝土梁为简支（模型Ⅰ）	2.45	2.74	跨中	1.27	16.40	跨中
	板单元,混凝土梁为简支（模型Ⅱ）	2.45	2.74	跨中截面下边缘	1.34	16.86	固定端上下边缘
	解析解（模型Ⅲ）	2.17	2.70	跨中截面下边缘	0.58	18.95	固定端上下边缘
设跨中支承环	混凝土桥梁为简支（模型Ⅳ）	1.82	1.87	跨中截面下边缘	1.82	20.07	固定端上下边缘
	混凝土桥梁为连续梁（模型Ⅴ）	1.06	1.70－3.03	跨中截面下边缘,固定端下边缘	1.06	13.93－13.93	固定端上下边缘

9.2.3.2　模型Ⅵ、模型Ⅶ的计算结果和分析

按照实际的施工过程计算，模拟结构的实际加载顺序和加载方式，即：首先完成自重产生的变形，然后施加内水压力。表9-2-3表明，由于混凝土梁和压力钢管的自重变形已经完成，当通水后压力钢管和混凝土梁共同承担水体自重的作用时，结构的变形和应力有所变化（如压力钢管的应力有所降低）。当混凝土桥梁为简支时，混凝土桥梁对钢管道的应力贡献仅为 16.4 - 13.28 = 3.12（MPa）（轴向应力），即压力钢管的轴向应力降低到13.28 MPa。位移贡献为 1.27 - 0.98 = 0.29（mm）（跨中挠度）。这里给出的是没有考虑混凝土徐变的理想结果，实际情况下由于混凝土的徐变等因素，混凝土梁的贡献将比这个数值小。这说明，当混凝土桥梁为简支时，根据目前设计的横梁断面计算，在跨中加设支承环的效果并不明显，压力管道的应力和挠度均不能因为跨度减小而有非常明显的变化。

考虑荷载的施加顺序后，混凝土梁的受力和变形明显增大，例如，跨中的最大应力增大到3.79 MPa（原为2.74 MPa），最大挠度增大为3.17 mm（原为2.45 mm）。因此，对混凝土梁的设计提出了更高的要求。

表 9-2-3　模型Ⅵ计算结果汇总

计算项目（模型Ⅵ）	混凝土梁			管道		
	竖直向位移（mm）	最大拉应力（MPa）	出现位置	竖直向位移（mm）	最大拉应力（MPa）	出现位置
只受重力作用时的解	2.45	2.74	跨中截面下边缘	0.19	2.40 −2.40	固定端上下边缘
只受水压力时的解	0.80	1.08 −1.04	跨中截面下边缘和上边缘	0.80	10.87 −10.87	固定端上下边缘
合成解	3.17	3.79 −2.45	跨中截面下边缘和上边缘	0.98	13.28 −13.28	固定端上下边缘

　　如果将混凝土桥梁作为连续梁,从而增加混凝土桥梁的刚度,则压力钢管的应力较简支梁情况有所降低,最大应力从 13.28 MPa 降低到 10.53 MPa,说明连续梁的作用还是明显的。其对钢管道的贡献为(见表 9-2-4):16.4 − 10.53 = 5.87(MPa)(轴向应力),位移贡献为 1.27 − 0.77 = 0.55(mm)(跨中挠度)。但是,相对于简支梁,连续梁的施工工艺和配筋设计比较复杂,并且所用到的理论假定也更多。钢管道的第四强度理论等效应力主要由水压力产生的环向应力决定,轴向应力值较小幅度的降低对整体等效应力的贡献并不显著。

表 9-2-4　模型Ⅶ计算结果汇总

计算项目（模型Ⅶ）	混凝土梁			管道		
	竖直向位移（mm）	最大拉应力（MPa）	出现位置	竖直向位移（mm）	最大拉应力（MPa）	出现位置
只受重力作用时的解	0.84	1.16 −2.42	跨中截面下边缘和两端下边缘	0.19	2.48 −2.48	两端上下边缘
只受水压力时的解	0.50	1.03 −1.20	跨中截面下边缘和两端下边缘	0.59 （跨中两边）	8.05 −8.13	两端上下边缘
合成解	1.33	2.16 −3.13	跨中截面下边缘和两端下边缘	0.77	10.53 10.61	两端上下边缘

　　连续梁的受力较简支梁也有所降低,最大拉应力为 2.16 MPa,最大压应力为 3.13 MPa,最大位移为 1.33 mm。

9.2.3.3　第四强度等效应力计算与分析

　　按照第四强度理论计算综合作用效应,第四强度理论的等效应力值见表 9-2-5。其中列出了三种物理模型的计算结果并进行对比分析。计算是在 9.2.2.1 节假定的基础上进行的,模型的建立也是根据相应的假定组合而成的。这里计算等效应力,只是粗略估计其强度,所以统一采用整体膜应力区的等效应力计算方法计算。

表 9-2-5　模型Ⅵ、模型Ⅶ校核强度计算结果汇总

项目		有跨中支承环时（混凝土梁简支）	有跨中支承环时（混凝土梁连续）	无跨中支承环时
混凝土梁	竖直向位移（mm）	3.18	1.33	1.48
	最大拉应力（MPa）	3.76 −2.16	2.16 −3.13	230.60 −2.80
	出现位置	中间上下边缘	跨中下边缘和两端部下边缘	跨中下边缘和两端部下边缘
钢管道	竖直向位移（mm）	0.96	0.77	1.27
	最大轴向拉应力（MPa）	12.98 −13.05	10.53 −10.61	16.14 −16.40
	出现位置	端部上下边缘	端部上下边缘	端部上下边缘
最大等效应力	最大值（MPa）	124.57	123.27	126.4
	出现位置	固支端下边缘	固支端下边缘	固支端下边缘
最小等效应力	最小值（MPa）	112.64	113.62	111.42
	出现位置	固支端上边缘	固支端上边缘	固支端上边缘
$\gamma_0 \varphi \gamma_d$	作用分项系数	$1.0 \times 1.0 \times 1.3$	$1.0 \times 1.0 \times 1.3$	$1.0 \times 1.0 \times 1.3$
σ_R（MPa）	许用应力	230.77	230.77	230.77
校核结论		满足	满足	满足

　　管道钢板采用 16MnR 容器钢或者 Q345 低合金钢,取其强度设计值为 300 MPa,即厚度为 20~22 mm,取其抗拉、抗压和抗弯强度设计值。结构重要性系数 γ_0 取 1.0,设计状况系数 φ 取 1.0,结构系数 γ_d 取局部应力时的 1.3。

　　内水压力水头取 135 m,钢管的环向膜应力近似按照锅炉公式计算,得到壁厚 22 mm、直径 3.9 m 时的膜应力为 119.7 MPa。

　　钢管为多跨连续梁,为进一步论证中间不加支承环的可行性,同时计算了边跨的情况,其对应的计算模型见图 9-2-4。计算结果见表 9-2-6。

　　管道和桥梁均可看作两端支承的梁,两端固支时,端部的弯矩最大,应力也最大;两端简支时,跨中的弯矩和应力最大。竖向挠度自然是跨中的最大,两端固支时的挠度小于两端简支时的挠度。因此,连续梁的两端相当于固支边界,故跨中的挠度较小,对管道的支撑作用增强,管道的轴向应力有所降低。

　　这里所研究的均为在自重和管内水体重量作用下的挠度和应力,对于压力管道,内水压力产生的环向膜应力是最主要的应力分量(如果按照锅炉公式计算,环向应力约为 120 MPa),而弯曲应力(轴向)和径向应力(内水压力)所占的比重较小,在利用第四强度理论计算综合应力时,轴向应力的小幅度变化对强度复核结果不起关键作用。因此,我们认为,跨中设置支承环虽然对管道的轴向应力有一定减小,但幅度有限;采用连续梁较简支梁是有利的,但作用不显著。

表 9-2-6　不设支承环时边跨等效应力强度汇总

名称	项目	一边简支,一边连续单独作用	
钢管	竖直向位移(mm)	1.99	
	最大拉应力(MPa)	23.49　　−23.71	
	出现位置	端部上下边缘	
最大等效应力	最大值(MPa)	127.16	130.58
	出现位置	跨中上边缘	固支端下边缘
最小等效应力	最小值(MPa)	110.92	108.88
	出现位置	跨中下边缘	固支端上边缘
$\gamma_0 \varphi \gamma_d$	作用分项系数	$1.0 \times 1.0 \times 1.3$	$1.0 \times 1.0 \times 1.3$
σ_R(MPa)	许用应力	230.70	230.70
校核结论		满足	满足

9.2.4　结论与讨论

综合分析认为,采用 20 m 跨度的方案是可行的,压力钢管的最大应力只有 126 MPa 左右,远小于钢材的允许强度。边跨的应力稍大,但也小于钢材的允许强度。而中间设置支承环,名义上钢管的跨度减小到 10 m,但由于中间支承环坐落于横梁上,而由于梁的较大挠度,实际上轴向应力不能起到与桥墩上的支承环同等的支撑作用,钢管的轴向应力和综合应力减小的幅度有限。因此,中间设置支承环的必要性和有效性不明显,相反却需要较大的梁断面。

我国的现行规范并没有对支承环间距做出明确规定。在现行《水电站压力钢管设计规范》(DL/T 5141—2001)中,对于明管,认为"支墩间距应通过钢管应力分析,并考虑安装条件、支承环型式、地基条件等因素,经过技术经济比较选定。"在规范编写条文说明中,提出的建议是:控制管道轴向应力不大于环向应力的 15%,作为支承环间距选择的依据,或根据第四强度理论计算应力并加以复核。此外,根据压力管道规范的编写说明,国外的明管道支承环间距均比较大,大于我国的规定。我国有的教科书或设计手册上,建议对支承环形式为滚动支座或摇摆支座的,可以取支承环间距最大到 18 m。因此,我们认为,支承环间距取为 20 m,虽然在国内尚无应用实例,经过分析论证也是可以采用的。

在规范修订过程中,起草人曾查阅了国外的有关规范和技术资料。例如美国 ASCE 的资料中介绍了一个设计实例。明管道直径约 4.57 m,水头约 202 m,计算管壁厚度为 28.2 mm,设计支承环底板处的管壁厚度为 50 mm。支座间距定为 30.48 m(15 英尺)。计算得到弯曲应力为 24.6 MPa,考虑支承环支座摩擦力、伸缩接头处的摩擦力和伸缩接头末端水压力等作用后的轴向应力为 5.3 MPa。钢管环向应力为 164 MPa。可以看出,轴向应力约为环向应力的 15%。

本工程按照单跨计算的钢管弯曲应力最大为 16.4 MPa,环向应力为 120 MPa,轴向应力仅相当于环向应力的13.7%。如果考虑了伸缩接头弹性作用和支承环底板摩擦力后，轴向应力会有所提高，但也不会超出15%的限值。因此，完全可以认为20 m的跨度是可行的。由于这里考虑的是单跨情况，整体分析将给出更为明确和可靠的结论。

中间取消支承环后，钢筋混凝土梁不再起支撑管道的作用，仅在安装维修时起交通桥的作用，所承担载荷只有自重和其他活荷载，断面可以减小，是非常经济的。同时，完全可以采用混凝土简支梁的形式，对于配筋、浇筑和安装均有利。断面减小后，自重也相应降低，也可以根据经济和安装等方面的要求而考虑采用其他轻型结构，如钢结构等。中间取消支承环支座，钢管道的支承环数量和支座数量减少，对其加工、安装和施工均是经济的，其经济效益显著。

9.3　计算荷载和计算方法

本章主要介绍计算荷载及其计算方法，也包括计算中的主要处理和假定，包括地基沉降的计算方法，风荷载和其他荷载的计算依据等内容，以及上、下管桥荷载的计算结果，作为管桥结构整体计算的依据。本章的计算结果直接作为整体分析的荷载施加在计算模型上。

其他荷载，如自重和管道内部水压力等，由于较为明确，不再详细讨论。

9.3.1　地基模拟方法

由于上部管桥的重力作用，地基在施工过程中和正常工作时会出现沉降，这种沉降会对管道的受力产生影响。如果将地基作为有限元模型的一部分，必然导致工作量很大。故此，本书中采用弹性等效作用的方法模拟地基沉降对管桥受力的影响。有限元计算中，地基部分的沉降利用桥墩下部的弹簧单元模拟。弹簧刚度根据以下所述方法计算。在从施工到竣工过程中，地基的沉降逐渐完成，但总的沉降量为各个时间段沉降量的线性叠加，所以这里采用平均的弹簧刚度来模拟地基沉降，对计算结果不应该有比较大的影响，另外，桩基础以灌注桩的形式伸入岩石中4 m，其沉降量很小，这种假定是合理的。这里不考虑施工过程所产生的影响，即将管桥自重、水重等荷载一次性施加，以此荷载来计算弹簧刚度。

同时，假定边桥墩（0# 和6#）除竖直向位移外，其他水平方向的位移和转角均为零。边桥墩在计算时直接施加位移量，其值为相应计算的沉降值，不采用弹簧单元模拟。

弹簧刚度的计算方法。首先将桥墩下端作为固定端，通过整体分析，不考虑风荷载、水冲力的影响，只考虑混凝土桥梁的自重，钢管道的自重，以及水压力。计算出每个桥墩下端的轴力。然后根据轴力，基于群桩的沉降计算公式(9-3-1)计算沉降量。最后用桥墩下端的轴力除以沉降量即为弹簧刚度。

沉降量由单桩沉降量和群桩沉降量组成，采用式(9-3-1)计算。

$$\Delta = \frac{1}{n} \sum_{1}^{n} \Delta_i + \Delta_H \tag{9-3-1}$$

$$\Delta_i = \frac{NL_0}{EA} + \frac{N}{EA} h \frac{1}{2} + \frac{N}{C_0 A_0} \tag{9-3-2}$$

$$\Delta_i = \frac{N}{EA}h \times \frac{1}{2} + \frac{N}{C_0 A_0} \qquad (9\text{-}3\text{-}2')$$

$$\Delta_H = 0.8 \sum_{I=1}^{n} \frac{P_i}{E_i} \Delta Z \qquad (9\text{-}3\text{-}3)$$

$$P_i = a(P - P_n)$$

式中　Δi——群桩中的第 i 根桩按独立单桩计算的沉降量,基于公式(9-3-2)确定,由于这里利用有限元法计算,已经考虑了单桩本身的压缩,所以公式(9-3-2)简化为公式(9-3-2');

　　　n——群桩中的桩数;

　　　Δ_H——群桩平面以下一定深度内地基的压缩沉降,依据公式(9-3-3)确定;

　　　P_i——群桩底面传递给第 i 层土层厚度 ΔZ 中心处的附加压应力;

　　　P——由于恒载使群桩底面产生的平均压应力;

　　　P_n——群桩底面以上土重产生的压应力;

　　　a——附加压应力分布系数,可查表求得;

　　　E_i——各薄层土在其侧面可膨胀情况下的变形模量;

　　　C_0——桩底处土的竖向地基系数,$C_0 = m_0 h$,这里的 m_0 为土的竖向地基系数随桩底土的种类而变化的比例系数。

地面处土的水平抗力一般为零,所以表面处水平地基系数为零。但是地面处土的竖向抗力并不为零,据分析自地面至 10 m 深度处土的竖向抗力几乎没有什么变化,它等于 10 m 深度处的竖向抗力,因此当 $h < 10$ m 时,采用深度 10 m 时的竖向地基系数 C_0。当 $h > 10$ m 时,竖向抗力几乎与水平抗力相等,为 $C_0 = m_0 h$。m 为地基系数随土的种类而变化的比例系数,其数值由试验确定。

这里 C_0 采用差值法求得。变形模量由地质资料提供。

依据以上所计算出来的轴力和沉降,根据 $k = P/\Delta$ 计算竖直向的弹簧刚度,这样就可以将地基模拟为等效的弹簧对整个结构进行整体分析。从而大大地简化模型,利于计算分析。

水平向的弹簧刚度系数随着深度线性变化,为简化计,施加在四层结点上。

9.3.2　计算活荷载

9.3.2.1　风荷载计算方法

作用于桥梁上的风荷载强度 $W(\text{Pa})$ 按下式计算:

$$W = K_1 K_2 K_3 K_4 W_0 \qquad (9\text{-}3\text{-}4)$$

式中　W_0——基本风压值,Pa,取 450 Pa;

　　　K_1——设计频率风速换算系数,取用 1.0;

　　　K_2——风载体形系数,根据规范取用,对于圆形截面为 0.8,对矩形截面,当 $l > 1.5b$ 时,取 0.9,l 为矩形截面长,b 为矩形截面宽;

　　　K_3——风压高度变化系数,根据规范取用,当 $h < 20$ m 时,取 1.0,当 $h < 30$ m 时,取 1.13,在这里,桥墩采用 1.0,桥帽和桥梁以及压力管道取用 1.13;

K_4——地形、地理条件系数，根据规范取用，按照峡谷计算，取其值为1.2。

不考虑纵向风力。在结构计算中，风力按其强度均匀分布在受风面积上。这里在桥墩上按照线荷载施加。桥梁和压力管道按照面荷载施加，不考虑其本身高度的变化。

规范规定，对于高墩等高耸建筑物，其自振周期较大时，应考虑风振的影响。这里由于桥墩高度较小，可不考虑。

9.3.2.2 流水压力计算方法

作用于桥墩上的流水压力 $P(\text{kN})$ 按下式计算：

$$P = KA\gamma V^2 / (2g) \tag{9-3-5}$$

式中 A——桥墩阻水面积，m^2，通常算至一般冲刷处；

V——计算时采用的流速，m/s，计算基底应力或基底偏心时采用常水位的流速；

γ——水的容重，一般采用 $10\ \text{kN/m}^3$；

K——桥墩形状系数，圆形采用 0.73。

9.3.2.3 水压力

按照正常水位压力在钢管壁施加随高度线性变化的面压力。由于钢管是按照板壳单元计算的，内水压力直接作为面压力施加，而当考虑了水压力沿高程的三角形分布之后，相当于同时施加了内水压力和水体自重。

9.3.2.4 其他活荷载

活荷载按照面压力施加，对于上、下管桥，其值均为 $0.294\ \text{N/cm}^2$。

9.3.3 下管桥地基刚度和荷载计算

9.3.3.1 灌注桩地基的弹性刚度系数计算

根据第9.3.1节所述的方法和公式，计算下管桥灌注桩的地基弹簧刚度。计算过程和结果汇总见表9-3-1，其中 N 为根据不考虑地基沉降时计算出的各桥墩轴力，其他符号见第9.3.1节所述。水平向地基抗力用4层弹簧单元模拟。弹性抗力随着深度增加线性增加。

表 9-3-1　下管桥灌注桩竖直向弹簧刚度的计算表格

项目	0#桥墩	1#桥墩	2#桥墩	3#桥墩	4#桥墩	5#桥墩	6#桥墩
桩底弹性模量	15 GPa	10 GPa	10 GPa	6 GPa	6 GPa	6 GPa	15 GPa
桩侧弹性模量		8 GPa	7.3 GPa	6 GPa	6 GPa	6 GPa	
P_0	0	$2\,600 \times 14.7$	$2\,600 \times 8.8$	$2\,600 \times 11.0$	$2\,600 \times 11.0$	$2\,600 \times 6.2$	0
φ		0.575	0.617	0.7	0.7	0.7	
N	$0.39E^7$	$0.48E^7$	$0.51E^7$	$0.52E^7$	$0.48E^7$	$0.38E^7$	$0.19E^7$
$A = a \times b = (1.5 + 2 \times h \times \varphi/4) \times (5.9 + 2 \times h \times \varphi/4)$	7.3×2.0	18.7	19.5	21.2	21.2	21.2	2.0×7.3
$P = N/A$	$0.267E^6$	$0.257E^6$	$0.26E^6$	$0.245E^6$	$0.226E^6$	$0.179E^6$	$0.13E^6$
$P_i = 0.553 \times (P - P_0)$	$0.148E^6$	$0.121E^6$	$0.131E^6$	$0.12E^6$	$0.11E^6$	$0.09E^6$	$0.07E^6$

项目	0#桥墩	1#桥墩	2#桥墩	3#桥墩	4#桥墩	5#桥墩	6#桥墩
$\Delta_H = 0.8 \times P_i \times 2.7/Es$	0.021 mm	0.026 mm	0.028	0.043	0.04	0.03	0.01
C_0	3.3 1 708.8	4.5 2 443.75	4.5 2 443.75	3.3 1 708.8	3.3 1 708.8	3.3 1 708.8	3.3 1 708.8
$N/C_0/3.14$	0.73 mm	0.63	0.66	0.969	0.89	0.708	0.59
$0.5 \times N \times h/Ec/A$（mm）	0	0.097	0.10	0.105	0.097	0.077	0
Δ（mm）	0.751	0.753	0.788	1.117	1.027	0.815	0.60
总刚度 $K = N/\Delta$（N/cm）	0.519E8	0.637E8	0.647E8	0.466E8	0.467E8	0.466E8	0.317E8
每个弹簧单元的刚度		1.637E8	1.647E8	1.466E8	1.467E8	1.466E8	3.3E5

注:计算时取有变形的地基深度为 2.7 m。

桩底弹性模量根据地质提供的数据采用:桩侧弹性模量取灌注桩周围岩石的弹性模量,当其贯穿两种材料时,取二者弹性模量的平均值;P_0 为群桩底面以上土重产生的压应力;φ 为扩展角;N 为采用整体模型计算时各个桩底的轴力;A 为采用扩展角和桩底面积计算的桩底承力面积;P 为由于恒载使群桩底面产生的平均压应力;0.533 为附加压应力分布系数,查表求得;查表可以看出,在 2.7 m 深度处,地基的沉陷已经很小,所以在考虑单桩的沉降时取深度为 2.7 m;C_0 为桩底处土的竖向地基系数,根据岩石的弹性模量查表插值得到;Δ 为桩的沉降总量。

桩侧弹簧刚度计算时的 C_0 根据公式 $C_0 = m_0 h$ 来计算(见表 9-3-2)。弹簧刚度直接根据地基系数与桩侧面积二者的乘积求得。

表 9-3-2 下管桥灌注桩横向弹簧刚度的计算表格

项目	单位	1#桥墩	2#桥墩	3#桥墩	4#桥墩	5#桥墩
深度	M	4	4	4	4	4
桩侧弹模	GPa	8	7.3	6	6	6
C_0	N/cm³	4.588E3	4.159E3	3.362 5E3	3.362 5E3	3.362 5E3
有限元模型中每层节点的实常数						
第一层	N/cm	9.18E7(7)	8.32E7(11)	6.73E7(15)	6.73E7(15)	6.73E7(15)
第二层	N/cm	1.84E8(8)	1.66E8(12)	1.35E8(16)	1.35E8(16)	1.35E8(16)
第三层	N/cm	2.75E8(9)	2.50E8(13)	2.02E8(17)	2.02E8(17)	2.02E8(17)
第四层	N/cm	3.67E8(10)	3.33E8(14)	2.69E8(18)	2.69E8(18)	2.69E8(18)

9.3.3.2 风压荷载计算

风压荷载按照公式(9-3-4)计算,并取相应的计算系数。桥墩上风荷载按照线荷载施加:

$$Q = K_1 K_2 K_3 K_4 W_0 A = 1.0 \times 0.8 \times 1.0 \times 1.2 \times 450 \times 2 \times 0.75 \times 1$$
$$= 648.0 (N/m) = 6.48 \ N/cm$$

桥梁和压力管道的风荷载按照面荷载施加,不考虑其本身高度的变化。对于桥梁:

$$Q = K_1 K_2 K_3 K_4 W_0 A = 1.0 \times 0.9 \times 1.13 \times 1.2 \times 450 \times 1$$
$$= 549.18 (N/m^2) = 0.055 \ N/cm^2$$

对于钢管输水管道:

$$Q = K_1 K_2 K_3 K_4 W_0 A = 1.0 \times 0.8 \times 1.13 \times 1.2 \times 450 \times 1$$
$$= 488.16 (N/m^2) = 0.049 \ N/cm^2$$

折合成每个有限元结点的集中荷载为:$0.049 \times 2 \times 205 \ cm \times 10\ 437 \ cm/2\ 754$(结点数) $= 76.136 \ N$。这里是将风荷载面压力转换为结点力,风荷载面压力为 $0.049 \ N/cm^2$,乘以荷载承受面积 $2 \times 205 \ cm \times 10\ 437 \ cm$,然后将这个合力平均分配在各个结点上。

9.3.3.3 河流对桥墩的流水压力计算

采用公式(9-3-5)计算。流水压力按照线荷载施加:

$$P = KA\gamma V^2/2g = 0.73 \times 2.0 \times 0.75 \times 1.0 \times 10\ 000 \times 5.15^2/19.62$$
$$= 14\ 802.3 (N/m) = 148.02 \ N/cm$$

水压力按照正常水位压力水头 135 m 在钢管壁施加随高度线性变化的面压力。

9.3.4 上管桥地基刚度和荷载计算

同样,根据9.3.1节所述的方法和公式,计算上管桥灌注桩的地基弹簧刚度。计算过程和结果列于表9-3-3 和表9-3-4,其中 N 为根据不考虑地基沉降时由结构分析计算出的各桥墩轴力,其他符号同上。水平向地基抗力用 4 层弹簧单元模拟。弹性抗力随着深度增加线性变化。上管桥地基弹簧刚度计算结果见表9-3-3 和表9-3-4,其中各参变量的意义同第9.3.3.1 节所述。

基本计算方法与下管桥的完全相同,其具体方法、公式和计算参数等,请参照第9.3.1 节和第9.3.2 节的介绍。

不考虑纵向风力。桥墩上横向风荷载按照线荷载施加:

$$Q = K_1 K_2 K_3 K_4 W_0 A = 1.0 \times 0.8 \times 1.0 \times 1.2 \times 450 \times 2 \times 0.75 \times 1$$
$$= 648.0 (N/m) = 6.48 \ N/cm$$

桥梁和输水管道的风压荷载按照面荷载施加,不考虑其本身高度的变化。桥梁的风压荷载为:

$$Q = K_1 K_2 K_3 K_4 W_0 A = 1.0 \times 0.9 \times 1.13 \times 1.2 \times 450 \times 1$$
$$= 549.18 (N/m^2) = 0.055 \ N/cm^2$$

钢管道的风压荷载为:

$$Q = K_1 K_2 K_3 K_4 W_0 A = 1.0 \times 0.8 \times 1.13 \times 1.2 \times 450 \times 1$$

$$= 488.16\ (\text{N/m}^2)\ = 0.049\ \text{N/cm}^2$$

折合为结点集中荷载为：

$$0.049 \times 2 \times 205\ \text{cm} \times 11\ 125\ \text{cm/2}\ 924(\text{个})\ = 76.15\ \text{N}$$

流水压力按照线荷载施加，与下管桥相同为：148.02 N/cm。

按照正常水位压力水头 110 m，在钢管壁施加随高度线性变化的面压力。

表 9-3-3　上管桥灌注桩竖直向弹簧刚度的计算

项目	0#桥墩	1#桥墩	2#桥墩	3#桥墩	4#桥墩	5#桥墩	6#桥墩
桩底弹性模量（GPa）	6	6	10	10	10	6	6
桩侧弹性模量（GPa）	0	6	7.3	7.3	7.3	6	0
P_0	0	23 140	25 870	24 180	26 260	29 380	0
φ	0	0.7	0.617	0.617	0.617	0.7	0
N	6.58E6	4.88E6	5.05E6	5.43E6	5.20E6	4.43E6	2.18E6
$A = a \times b = (1.5 + 2 \times h \times \varphi/4) \times (5.9 + 2 \times h \times \varphi/4)$	11.8	24.82	23.071 356	23.071 356	23.071 356	24.82	11.8
$P = N/A$	5.58E5	1.97E5	2.19E5	2.35E5	2.25E5	1.79E5	1.85E5
$P_i = 0.553 \times (P - P_0)$	3.09E5	9.60E4	1.07E5	1.17E5	1.10E5	8.25E4	1.02E5
$\Delta_H = 0.8 \times P_i \times 2.7/E_s$	0.111 0 9 295	0.034 5 4 355	0.023 04 8 143	0.025 21 5 325	0.023 78 5 406	0.029 68 7852	0.036 81 6 674
C_0（MPa/m）	3.3	3.3	4.5	4.5	4.5	3.3	3.3
	1 708.75	1 708.75	2 443.75	2 443.75	2 443.75	1 708.75	1 708.75
$N/C_0/3.14$	1.227 24 9 032	0.909 70 5 105	0.657 93 7 348	0.707 40 7 106	0.677 6 6 791	0.825 74 2 362	0.406 71 5 528
H	0	4	4	4	4	4	0
$0.5 \times N \times h/ Ec/A$（mm）	0	0.097	0.102 1	0.109 8	0.105 1	0.089 6	0
Δ（mm）	1.34	1.04	7.88E−01	8.42E−01	8.07E−01	9.45E−01	4.44E−01
总刚度 $K = N/ \Delta$（N/cm）	4.92E7	4.69E7	6.41E7	6.44E7	6.45E7	4.69E7	4.92E7
每个弹簧单元的刚度		4.69E7	6.41E7	6.44E7	6.45E7	4.69E7	4.92E7

表 9-3-4　上管桥灌注桩横向弹簧刚度的计算

项目	单位	1#桥墩	2#桥墩	3#桥墩	4#桥墩	5#桥墩
深度	M	4	4	4	4	4
桩侧弹模	GPa	6	7.3	7.3	7.3	6
C_0	N/cm³	3 362.5	4 158.75	4 158.75	4 158.75	3 362.5
有限元模型中每层节点的实常数						
第一层	N/cm	6.73E7	8.32E7	8.32E7	8.32E7	6.73E7
第二层	N/cm	1.35E8	1.66E8	1.66E8	1.66E8	1.35E8
第三层	N/cm	2.02E8	2.50E8	2.50E8	2.50E8	2.02E8
第四层	N/cm	2.69E8	3.33E8	3.33E8	3.33E8	2.69E8

9.4　管桥伸缩节布置方案研究

本节主要以下管桥为例,对比分析伸缩节不同布置方式时,管道结构的受力和变形,进而按照第四强度理论复核管道的强度。通过计算分析,提出伸缩节布置建议,即采用两个伸缩节布置方案,并开展进一步计算分析。

9.4.1　下管桥计算模型

计算模型根据设计图纸建立三维有限元模型。根据第 9.2 节的分析计算,我们认为支墩间距取为 20 m 是可行的。因此,以下的计算均以该方案作为基础,不考虑跨中支承环。混凝土梁按简支梁考虑,实际上其对管道的受力性能影响不大。利用整体有限单元法进行计算。其中压力管道和支承环以及支承环支座均用六自由度板单元模拟,这样可以通过整体分析和简化模型分析,直接利用 ANSYS 结构分析程序计算出管道结构的第四强度理论等效应力,校核压力管道的承载力。混凝土桥梁利用六自由度块体单元模拟,这样可以比较真实地模拟桥面的局部应力分布。桥墩利用前面第 9.2 节论证的梁单元模拟,这种梁单元能够考虑剪切变形引起的挠度,但假定由于弯曲和横向剪切变形所引起的轴向应变为零。由于桥墩长细比较小,梁单元可以考虑桥墩的剪切变形,比较接近于真实情况。同时可以直接绘出轴力和弯距,便于进行后处理。建立的三维有限元模型见图 9-4-1 和图 9-4-2。

地基部分用弹簧单元模拟,未考虑地基的摩擦力,这样仅仅对桥墩下部嵌入岩石的灌注桩轴力有一定影响,而对上部结构的受力性能没有影响,模拟下部地基的弹簧刚度是以摩擦型灌注桩计算的(弹簧刚度的确定见第 9.3 节)。

在方案论证比较阶段,选择四种布置形式:根据伸缩节位置和数量的不同,进行以下四种模型的计算,分别为:

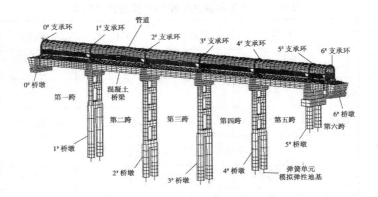

图 9-4-1　整体计算模型示意图

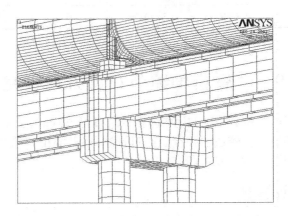

图 9-4-2　局部模型图

模型 Ⅰ:两个伸缩节,伸缩节布置在两端。

模型 Ⅱ:一个伸缩节,伸缩节布置在上游端。

模型 Ⅲ:一个伸缩节,伸缩节布置在中间。

模型 Ⅳ:一个伸缩节,伸缩节布置在下游端。

实际上包含了两种布置方式,即 1 个伸缩节方案和 2 个伸缩节方案。对于 1 个伸缩节方案,又分别计算了伸缩节布置于上游侧、中间、下游侧的 3 种情况。

在校核应力强度时,按照规范的规定,按承载能力极限状态设计,各计算点的应力应符合下列要求:

$$\sigma \leqslant \sigma_R$$

对于基本组合,应力的一般表达式为:

$$\sigma = S(\gamma_G G_k, \gamma_Q Q_k, \alpha_k) = S(\bullet) \tag{9-4-1}$$

式中,各符号的意义参见规范。在具体计算中,作用的分项系数、结构重要性系数、结构系数等,均按照规范选取(详细数据已在第 1 章介绍)。计算应力和变形时,输入的荷载(包括自重)均首先乘以分项系数再按照面压力和体积力施加,直接输出作用效应(应力和变形）。根据各个应力分量利用第四强度理论计算出等效应力 σ。

管道结构构件的抗力限值,利用下式计算

$$\sigma_R = \frac{1}{\gamma_0 \psi \gamma_d} f \qquad (9\text{-}4\text{-}2)$$

其具体计算和参数详见第 9.1 节。

由于压力管道管桥段,距离调压井较远,水击压力传递到该位置时已大部分衰减,因此可以不考虑水击压力的升高,认为正常库水位下的基本组合为控制工况,仅考虑基本组合一种情况。

强度复核中,分别针对 3 个主要部位进行,即跨中管壁(整体膜应力)、支承环近旁管壁边缘(局部膜应力)、支承环及其近旁管壁(包括局部膜应力和局部膜应力加弯曲应力两种情况)。这里不考虑加劲环的作用,认为加劲环只能有效地降低管壁应力,不考虑加颈环时的计算结果是偏于安全的。重点输出上述 3 个部位的应力值,并按照不同的情况进行强度复核。

9.4.2 设置两个伸缩节时(模型 I)的计算结果与分析

9.4.2.1 计算结果

利用第 9.4.1 节所述的模型和第 9.3.3 节所给出的计算荷载,计算管桥结构的应力和变形。这里考虑了所有的作用载荷,包括结构自重、内水压力和水体自重、风压力和水流冲力等。首先进行方案 I 的计算,即两端设置伸缩节方案,边界条件设定为两端自由,其计算结果汇总见表 9-4-1。地基的沉降以弹簧单元模拟,弹簧单元的刚度根据桩底轴力大小和相应的沉降量来计算,所以这里的计算结果中,桩底沉降量基本与第 3 章计算结果一致,不再重复。

表 9-4-1　下管桥整体分析校核强度汇总表格(模型 I :两端均设伸缩节时)

结构	项目	计算结果	发生位置	说明
管道	横桥向最大位移 (mm)	8.1 3.12	管道的侧缘 桥梁第 3 跨跨中	主要由自身 变形引起
	伸缩节处横桥向 位移(mm)	0.52 0.06	上游伸缩节处 下游伸缩节处	
	竖直向位移 (mm)	7.4 7.0 4.17	管道顶 管道底 桥梁第 3 跨跨中	第 2、3、4 跨
	最大轴向位移 (mm)	−8.49 10.48	上游伸缩节处 下游伸缩节处	
	管道顺桥向应力 (MPa)	26.26, −23.3	3# 支承环处管道局部应力	属于很小范围 的局部应力
	环向最大应力 (MPa)	131.4 −11.59	除支承环以外的所有管道上 4# 墩支承环附近应力	
	支承环竖直向应力 (MPa)	179.16 −111.75	支承环边缘,面积很小; 图 9-4-3 所示位置	

结构	项目	计算结果	发生位置	说明
桥墩	最大轴力(kN)	-5 840	2#桥墩最下端	未考虑地基的摩擦作用
	弯距(kN·m)	850	2#桥桩最下端	
		452	2#桥墩下端	
转角	伸缩节处	1′39″	上游伸缩节处	
		1′09″	下游伸缩节处	

项目	计算结果、最大值出现位置及其说明

第四强度理论相当应力校核

应力控制位置	1. 跨中管壁（整体膜应力）	2. 支承环及其近旁管壁边缘（局部膜应力）	3. 支承环及其近旁管壁（包括局部膜应力和局部膜应力加弯曲应力两种情况）
	考虑摩擦	考虑摩擦	考虑摩擦
最大相当应力（MPa）	128. 32	121.2	119.94
出现位置	第 5 跨跨中下缘	4#支承环上缘	4#支承环钢管上缘
最小相当应力（MPa）	114. 26	17.87	8.6
出现位置	5#支承环钢管上缘	4#支承环侧缘	4#支承环钢管侧缘
γ_d	1.6	1.3	1.1
$\dfrac{f_s}{\gamma_0 \varphi \gamma_d}$	187.5	230.7	272.7
复核结论	满足	满足	满足

表 9-4-1 的计算中,考虑了支座摩擦力所产生的管道轴向应力,即根据支座的摩擦系数和正压力大小,计算出轴向力,以集中力的形式加载在支承环的支座处。两端设伸缩节时,假设中间 3#桩支承环处管道顺桥向位移为零,由两边向中间伸缩。摩擦力对管道的受力影响最大为 3 个支承环摩擦力的贡献,而当设置为一个伸缩节时,例如伸缩节设置在下游,则摩擦力对管道的影响最大为 6 个伸缩节摩擦力的贡献。为了对比摩擦力对管道受力的影响,表 9-4-4 给出了二者的对比值。由表 9-4-4 可以看出,摩擦力考虑与否对管道受力的影响很小。管道沿支座移动时的摩擦系数,按照滚动支座或聚四氟乙烯滑板,取为 0.1。

管道钢材采用 16MnR 或 Q345,设计强度取 300 MPa。

对表中计算结果的有关数据说明如下(模型 Ⅱ、Ⅲ、Ⅳ相同):

(1)横桥向最大位移为整个管道上最大位置的绝对位移值,由两部分组成:一部分为管桥整体横桥向位移,另一部分为管道截面自身变形引起的位移。

(2)伸缩节处横桥向位移为与伸缩节相连的管道截面上所有位置的平均位移,这是管道的整体位移,不包括管道自身变形引起的位移。

（3）竖直向位移为相应结构所有位置上的最大绝对位移。

（4）最大轴向位移为与伸缩节相连的所有位置的平均位移值,所以不包括管道自身变形引起的位移,只包括管道整体变形引起的位移。

（5）环向应力指整个管道上(不包括支承环)的最大环向应力。

（6）由于在图9-4-3所示的位置,支承环的应力值较大,所以这里给出支承环的竖直向应力,用以校核支承环的强度。

（7）桥墩在风荷载、水流压力等作用下,产生横桥向方向的弯曲,表中弯矩即指此弯矩,其他方向的弯矩很小。

（8）由计算可以看出,桥墩的轴力和桩底的轴力基本相等,而且桥墩的承压能力有较大的余度,所以这里只给出桩底的轴力。弯矩由于力臂的不同,在桥墩底和桩底相差较大,所以分别给出二者的值。

9.4.2.2 计算结果分析

由表9-4-1可以看出,管道的受力是安全的,最大等效应力为128.32 MPa,能够满足按照第四强度理论计算的承载力极限状态设计强度,而且有一定的余量。最大的校核应力发生在跨中,这与第9.2节未加中间支座时的应力分布有所不同(第9.2节的计算结果在固定约束处即支承环位置发生最大值,而整体模型在跨中发生最大值)。因此,支承环在一定程度上增加了管道的柔度,减小了支承环处的等效应力。同时,由图9-4-4的变形图可以看出,支承环约束了管壁的环向变形,这样一部分环向应力由支承环来承担,减小了支承环附近的应力值。

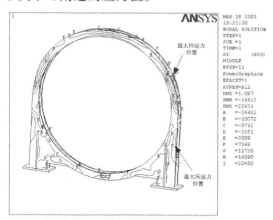

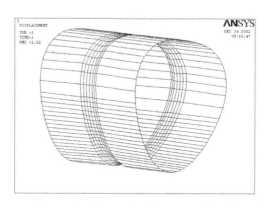

图9-4-3　支承环局部模型图　　　　图9-4-4　支承环附近变形图

管道的环向应力值在整个管道长度方向上变化很小,除支承环对应力分布影响比较明显的区域以外,等效应力的分布主要由轴向力确定(9.1.3节),一般在最大轴向拉应力区,出现等效应力最小值;在最大轴向压应力区,出现等效应力最大值。所以,支座摩擦力使管道受拉,不考虑摩擦力是偏于安全的结果。在支承环附近,应力分布复杂,但摩擦引起的等效应力相差都很小,此模型中相差约为1 MPa。这说明,不考虑摩擦力的计算结果是可靠的。

轴向位移(管道由于结构变形导致的伸缩节处总的位移量,不计温度变化产生的位移)为 18.9 mm,所以所设的伸缩节必须能够补偿足够大的位移。另外,在计算中没有模拟混凝土桥梁和管道自重引起的变形完成后再施加水压力这一过程,部分地导致了这个位移值是偏于安全的。

　　管壁横桥向(侧向)位移最大值为 8.1 mm。管道的横桥向位移主要由自身的变形引起,变形图如图 9-4-5 和图 9-4-6 所示。管道在重力作用下,会发生弯曲变形,这样在支承环的上侧缘出现最大的轴向拉应力。管道跨中下凹,使得这种拉力与水平方向具有一定的角度,这种拉力导致了图 9-4-5 所示的支承环附近管道上缘下凹,管道自身的变形引起的横桥向位移相对于整体结构的横桥向位移很大,这里管道的横桥向位移达到 8.1 mm,主要是由于管道的自身变形引起的。从混凝土桥梁的位移 3.12 mm 来看也可以说明这一点。总之,结构的整体横桥向变形很小(也即指管道轴线方向的位移),而自身的变形相对较大。支承环处管道自身变形大于其他位置的变形。

　　轴向最大应力、环向最小应力、竖直向应力最大值多出现在 4# 桥墩的支承环或其附近,这说明 4# 桥墩的支承环成为支承环结构的控制应力,这一点也可以从等效应力的分布图看出。这主要是由于下游端部的约束条件决定的(简支端)。管桥的压力管道类似于一个连续梁结构,截面形式为圆形,圆环顶的受力面积很小,所以当受有比较大的水压力和自重作用产生弯曲变形时,管道的顶部向下陷。而且离支承环(即为承受负弯矩的地方)越近,这种表现越是

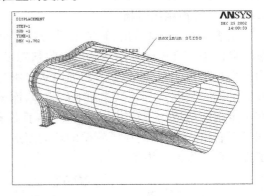

图 9-4-5　管道局部变形图

明显(见图 9-4-5)。这样最大的轴向压应力并不出现在输水管道的最顶部,而是出现在图 9-4-5(maximum stress)所示位置。

　　最大的竖直向应力发生在支承环处,其应力分布如图 9-4-3、图 9-4-7 所示。桥墩的最大轴力发生在 2# 桥墩,其内力的分布如图 9-4-8 所示。

　　管道的环向应力分布如图 9-4-9 所示。支承环附近的应力变得比较复杂,受支承环的约束作用,支承环附近管壁的环向应力减小;其他区域一般都出现比较大的环向拉应力,主要由内水压力产生,最大为 130 MPa 左右。

　　图 9-4-10 所示为整个管道的轴向应力分布。其应力分布规律符合连续梁的分布规律,支承环附近弯曲产生的顺桥向应力较大,最大可达到 26 MPa 左右。图 9-4-10 在第一跨和第二跨中间的管道上去剖面图透视,从而能够清楚观察管道底部的应力分布。

　　图 9-4-11 所示为混凝土桥梁的挠度变形图,梁的荷载主要是自重。

　　总之,通过对整体管桥结构的计算,认为管道的应力不突出,最大等效应力小于承载力极限状态的设计强度,且有一定的余量,结构是安全的。支承环局部的应力稍大,但等效应力并不显著,也满足设计要求。因此,所提出的两个伸缩节布置、20 m 支墩间距的设计方案是可行的。

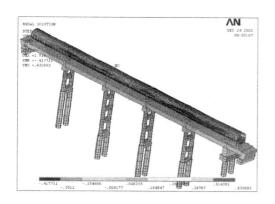

图 9-4-6　横桥向位移分布图　（单位：mm）

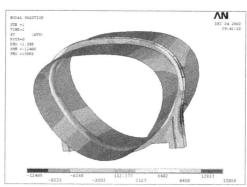

图 9-4-7　支承环竖直向应力
分布图　（单位：N/cm²）

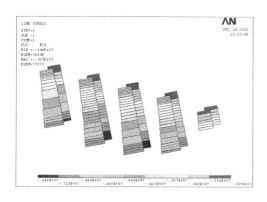

图 9-4-8　桥墩轴力分布图　（单位：N）

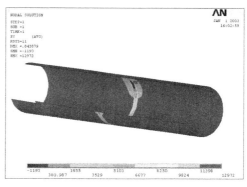

图 9-4-9　管道环向应力示意图
（单位：N/cm² = 0.01 MPa）

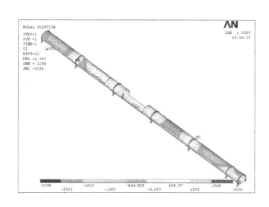

图 9-4-10　管道轴向应力示意图
（单位：N/cm² = 0.01 MPa）

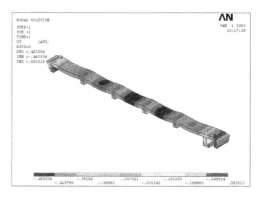

图 9-4-11　桥梁挠度示意图　（单位：cm）

9.4.3 上游设伸缩节时(模型Ⅱ)的计算结果与分析

9.4.3.1 计算结果

当伸缩节设在上游端时,下游端作为镇墩考虑,而且与管桥段之外的管道相连,此时的边界条件为:上游端为自由边界,下游端为固定边界(模型Ⅳ的边界条件类似)。整体计算模型和计算荷载等与上一节相同,仅需改变边界条件。计算结果汇总见表9-4-2。支承环处的应力较为复杂,应力数值也较大,图9-4-12表示了支承环局部的环向应力分布。

表9-4-2 下管桥整体分析时校核强度汇总(模型Ⅱ:上游设伸缩节时)

结构	项目	计算结果	发生位置
管道	横桥向位移(mm)	8.07 3.11	管道的侧缘 2#桥墩和第三跨跨中
	伸缩节处横桥向位移(mm)	0.50	
	竖直向位移(mm)	7.47 7.0 4.19	3#桥墩管道顶 管道底 桥梁第3跨跨中
	最大轴向位移(mm)	19.06	管道自由端
	管道顺桥向应力(MPa)	34.08 -34.69	固定端管道上、 下边缘
	环向最大应力(MPa)	131.15 -9.88	除支承环以外的所有管道上; 下游连接处下缘
	支承环竖直向应力(MPa)	157.25 -121.5	1#支承环上
桥墩	最大轴力(kN)	-5 840	2#桥墩最下端
	弯矩(kN·m)	841 457	2#桩最下端 2#桥墩下端
伸缩节处转角		1′05″	伸缩节处

项目	计算结果、最大值出现位置及其说明		
	第四强度理论等效应力校核		
应力控制位置	1.跨中管壁 (整体膜应力)	2.支承环及其近旁 管壁边缘(局部膜应力)	3.支承环及其近旁管壁 (包括局部膜应力和局部膜 应力加弯曲应力两种情况)
最大等效应力(MPa)	128.38	119.71	116.67
出现位置	下游固定端下缘	2#支承环上缘	2#支承环上缘
最小等效应力(MPa)	115.36	8.44	6.98
出现位置	下游固定端管道上缘	下游连接处侧缘	2#支承环侧缘
γ_d	1.6	1.3	1.1
$\dfrac{f_s}{\gamma_0 \varphi \gamma_d}$	187.5	230.7	272.7
复核结论	满足要求	满足要求	满足要求

9.4.3.2 计算结果分析

计算结果大致与两端设置伸缩节的结果相接近,其规律也大多是一致的。管道的侧向位移约为8.07 mm,伸缩节处的侧向位移仅为0.50 mm。轴向位移稍大,不考虑温度变化时的最大轴向位移为19.06 mm。轴向最大应力为34 MPa左右。发生在镇墩一侧,相当于固定端约束,弯曲应力相对较大。环向应力基本一致。最大等效应力在128 MPa左右,小于钢材的允许强度,且有较大的安全余量。因此,可以认为,一个伸缩节的布置方案从强度角度评价也是可行的。

9.4.4 一个伸缩节设置在中间时(模型Ⅲ)的计算结果与分析

9.4.4.1 计算结果

考虑到伸缩节设置在中间3#桥墩上,管道两端以中间为中心伸缩移动,管道的绝对位移量相对于将伸缩节设置在上下游较小,对于支座的受力有利。所以进一步研究将伸缩节设置在3#桥墩上的工况,以进行对比分析。

将伸缩节设在明管道的中间,即位于3#桥墩上。在伸缩节的两侧设置2个支承环支座支承。明管道的上下游两端固定(镇墩),中间自由(不考虑伸缩节的约束作用)。计算模型如图9-4-13所示。

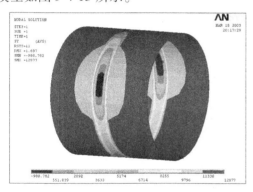 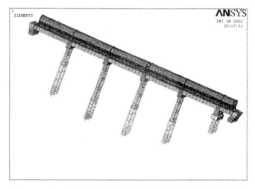

图9-4-12 1#支承环处环向应力等值线   图9-4-13 中间设伸缩节整体结构模型示意图

其他计算条件与上述的完全一致,计算结果汇总见表9-4-3。

9.4.4.2 计算结果的分析与结论

整体的计算结果与伸缩节设置在其他位置大体上是相近的。应力和变形的分布规律大体上也是一致的。所以,不再一一予以图形表示和说明。

最大的侧向变形和竖向变形与前述模型的计算结果接近。在伸缩节位置最大轴向位移为19.6 mm左右。

最大轴向应力在34 MPa左右,仍然出现在下游镇墩附近,属于固定端部的局部应力集中。支承环处的局部应力也较大,单项应力可以达到162 MPa左右。而较普遍区域的应力一般在131 MPa左右。

考虑轴向应力的作用,按照第四强度理论计算,压力钢管的最大等效应力为128 MPa,低于选用钢材的设计强度,因此按照承载力极限状态设计,压力管道结构是安全的。

表 9-4-3　下管桥整体分析时校核强度汇总（模型Ⅲ：3#桥墩上设伸缩节时）

结构	项目	计算结果	发生位置
管道	横桥向位移（mm）	8.24	管道的侧缘
		3.4	桥梁第 3 跨跨中
	伸缩节处横桥向相对位移（mm）	3.5	伸缩节上游
		3.3	伸缩节下游
	竖直向位移（mm）	7.9	3#桥墩管道顶
		4.3	桥梁第 3 跨跨中
	最大轴向位移（mm）	−10.9(8.7)	伸缩节上、下游端
	管道顺桥向应力（MPa）	34.04	6#支承环上边缘
		−33.71	6#支承环下边缘
	环向最大应力（MPa）	131.15	除支承环以外的所有管道上
		−13.7	2#桥墩附近侧缘
	支承环竖直向应力（MPa）	162.4	支承环边缘，面积很小；
		−128.57	图 9-4-3 所示位置
桥墩	最大轴力（kN）	−5 970	2#桥墩下部
	弯矩（kN·m）	890	2#桩最下端
		452	2#桥墩最下端
伸缩节处转角		2′08″	上游端转角
		1′22″	下游端转角

第四强度理论相当应力校核

应力控制位置	1. 跨中管壁（整体膜应力）	2. 支承环及其近旁管壁边缘（局部膜应力）	3. 支承环及其近旁管壁（包括局部膜应力和局部膜应力加弯曲应力两种情况）
最大等效应力（MPa）	128.64	121.41	120.9
出现位置		2#支承环上缘	2#支承环上缘
最小等效应力（MPa）	33.68	8.42	5.65
出现位置		管道下游连接处侧缘	2#支承环侧缘
γ_d	1.6	1.3	1.1
$\dfrac{f_s}{\gamma_0 \varphi \gamma_d}$	187.5	230.7	272.7
评价结论	满足要求	满足要求	满足要求

9.4.5　一个伸缩节设在下游端时（模型Ⅳ）的计算结果与分析

9.4.5.1　计算结果

将一个伸缩节布置在明管段的下游端，则计算的边界条件为：上游端固定（设置镇墩），下游端自由。

计算的模型和荷载作用基本与其他工况相同,在基本组合情况下的计算结果汇总如表9-4-4所示。

表9-4-4　下管桥整体分析时校核强度汇总(模型Ⅳ:下游设伸缩节时)

结构	项目	不考虑支座摩擦力时的计算结果	发生位置	考虑支座摩擦力时的计算结果
管道	横桥向位移(mm)	7.96 3.0	管道的侧缘 桥梁第3跨跨中	7.96 mm(-3.65 mm) 3.0 mm
	伸缩节处横桥向位移(mm)	0.046		0.046
	竖直向位移(mm)	7.51 mm 4.32 mm	管道顶 桥梁第3跨跨中	7.51 mm 4.32 mm
	最大轴向位移(mm)	19.2	伸缩节连接处	19.1
	管道顺桥向应力(MPa)	27.7 -31.3	上游固定端上缘 上游固定端下缘	27.9 -33.7
	环向最大应力(MPa)	131.3 -111.6	除支承环以外的所有管道上 4#墩 支承环附近应力	131.3 -111.6
	支承环竖直向应力(MPa)	158.98 -122.8	4#支承环边缘	158.98 -122.8
桥墩	最大轴力(kN)	-5 850	2#桥墩最下端	-5 850
	弯矩(kN·m)	837	2#桩最下端	837
		438	2#桥墩下端	438
伸缩节处转角	-1.820 9	-1.895 9	-1.782 7	1′32″

项目	计算结果、最大值发生位置及其说明

第四强度理论相当应力校核

应力控制位置	1.跨中管壁 (整体膜应力)	2.支承环及其近旁管壁边缘 (局部膜应力)	3.支承环及其近旁管壁 (包括局部膜应力和局部膜应力加弯曲应力两种情况)
最大等效应力(MPa)	128.04	120.61	118.92
出现位置	第五跨跨中下缘	4#支承环管道上缘	4#支承环管道上缘
最小等效应力(MPa)	114.17	9.76	6.17
出现位置	6#支承环附近侧缘	0#支承环附近侧缘	2#支承环附近侧缘
γ_d	1.6	1.3	1.1
$\dfrac{f_s}{\gamma_0\varphi\gamma_d}$	187.5	230.7	272.7
评价结论	满足要求	满足要求	满足要求

9.4.5.2 计算结果分析

计算结果大体上与其他工况的相似,应力和变形的分布规律也是相近的。所以,这里仅给出了主要的计算结果。管道的侧向位移最大值为 7.96 mm,也属于管道自身在内水压力作用下的变形。伸缩节处的侧向位移是比较小的。竖向的最大位移为 7.51 mm,也主要由自身变形值构成。管道的轴向位移为 19.2 mm,这主要是由于管道的弯曲变形所产生的轴向位移。轴向应力最大达到 31 MPa 左右,也是由于支承环附近的较大弯矩所产生的。环向的最大应力约为 131 MPa。表中同时给出了考虑摩擦力的计算结果,基本与不考虑摩擦力时的结果一致,说明摩擦力对管道的受力性能影响很小。根据第四强度理论进行强度复核,最大等效应力为 128 MPa,低于管道的抗力限值,且有较大的余量,说明这一方案也是可行的。

9.4.6 下管桥各种方案计算结果的汇总与评价

9.4.6.1 计算结果汇总

对下管桥在 4 种不同布置方案下的计算结果加以汇总(见表 9-4-5),主要包括 3 个基本部位的应力和在伸缩节位置的相对变形值,以便进行综合的分析与比较。这里仅给出等效应力计算结果的最大值。

从计算结果可以看出:

(1)跨中管壁的最大等效应力,对于 4 种布置情况是极为接近的,最大等效应力均在 128 MPa 左右,没有明显的变化,说明改变伸缩节位置,对管道受力性能影响不大。

(2)支承环及其近旁管壁边缘的应力较整体膜应力要小一些,当两端设置伸缩节时最大,但应力还是较小的。

(3)支承环及其近旁管壁的局部应力也不大,基本与支承环边缘的应力相近。

(4)压力管道由于弯曲变形和在横向与竖向荷载作用下,所产生的轴向变形比较接近,大致为 19 mm 左右,这一变形需有伸缩节予以补偿。

模型Ⅲ的伸缩节布置在桥梁中间,所以伸缩节两端均有横桥向位移,伸缩节两端的绝对位移和伸缩节两端的相对位移不相等,其他模型中,由于伸缩节一端为固定,所以其横桥向相对位移和绝对位移相等。表 9-4-5 所示为绝对位移。从表 9-4-5 中可以看出,模型Ⅲ的绝对最大位移值最大。从表 9-4-3 可以看出,模型Ⅲ的相对横桥向位移约为 0.2 mm。模型Ⅳ的上游伸缩节部位的相对位移(也是绝对位移)为 0.52 mm,与模型Ⅰ的相对位移 0.5 mm 相差很小,数值上远大于下游伸缩节处的相对位移值。

(5)从计算结果可知,当在两端设伸缩节时,管道的轴向位移各自将承担 9.5 mm,对伸缩节的选型和工作是有利的。

(6)桥墩和灌注桩的受力状态评价。桥墩和灌注桩的受力,在几种计算条件下基本是一致的,伸缩节的数量和位置基本对其没有影响。桥墩和桩的受力主要是重力、风力和河流水冲力的作用。从计算结果看,内力的数值不是很大,经过配筋是可以满足强度要求的。桥墩构件采用轴力计算配筋时,取圆形截面,直径为 1.5 m 的 C30 混凝土桥墩的承压能力为 $\pi r^2 f_c = 26\ 493$ kN(轴力配筋计算中,混凝土取轴心抗压强度,C30:15 MPa,C35:17.5 MPa),而计算得到桥墩的最大轴力仅为 5 970 kN,所以桥墩和桩基的抗压强度有较大的安全余度,这样在弯矩配筋计算中,可以不考虑轴力影响,直接按照弯矩来配筋,计算结果是偏于安全的。这是因为在压力作用下,压力能够抵消弯矩产生的一部分拉力,实际上是把这部分拉力转换为压力来承担,类似于预应力结构。为简化弯矩配筋计算,将圆形截面简化为正方形截面计算。对于桥墩,其直径为 1.5 m,则相应的简化正方形截面边长为 0.53 m,对于桩基,直径为 2.0 m,正方形截面边长为 0.71 m,这样计算的结果偏于安全。混凝土取弯曲抗压强度(C30:16.5 MPa,C35:19 MPa),纵筋合力点至近边距离取 35 mm,假定采用 II 级钢筋。根据《水工混凝土结构设计规范》(DL/T 5057—1996),偏心受压构件的受压或受拉钢筋配筋率不得小于 0.20%。所以,表 9-4-6 所示为 1/4 周长上的配筋,如果计算整个截面的配筋(对于圆形的桥墩,一般采用对称配筋),还需将表中的数据乘以 4 即为整个截面的配筋量。

表 9-4-5　下管桥各种工况计算结果汇总

最大校核应力	两个伸缩节	一个伸缩节		
	两端 (模型 I)	上游 (模型 II)	下游 (模型 IV)	中间 (模型 III)
1. 跨中管壁(整体膜应力)(MPa)	128.32	128.38	128.04	128.64
2. 支承环及其近旁管壁边缘(局部膜应力)(MPa)	121.2	119.71	120.61	121.41
3. 支承环及其近旁管壁(包括局部膜应力和局部膜应力加弯曲应力两种情况)(MPa)	119.94	116.67	118.92	120.9
伸缩节处位移　轴向(mm)	18.9	19.06	19.2	19.6
横桥向(mm)	0.52	0.50	0.05	3.5

表 9-4-6　各工况桥墩和桩基轴力汇总和弯矩配筋量

伸缩节位置	最大轴力 (kN)	桩基(C35 混凝土)			桥墩(C30 混凝土)		
		最大弯矩 (kN·m)	配筋量 (mm²)	配筋率	最大弯矩 (kN·m)	配筋量 (mm²)	配筋率
两端(模型 I)	−5 840	850	3 223	0.67%	452	2 419	0.92%
上游(模型 II)	−5 840	841	3 187	0.67%	457	2 448	0.93%
中间(模型 III)	−5 970	890	3 385	0.71%	452	2 419	0.92%
下游(模型 IV)	−5 850	837	3 171	0.66%	438	2 336	0.89%

9.4.6.2　结论与评价

以上主要介绍了下管桥的计算分析成果,因为下管桥的内水压力水头最大,故其论证结果可以作为上管桥设计的依据。

以上重点就 20 m 跨度中间是否设置支座的问题,集中进行了详细的分析。分别取出一跨和对整体结构进行分析计算。单跨的计算结果可以定性和部分定量地说明跨中设置支座的利弊。整体分析计算考虑灌注桩的沉降和水平荷载作用,将压力管道用板单元计算。整体计算考虑了连续管道的实际受力状态和实际边界条件,其结果更为准确,可以作为结构布置方案选择和结构设计的依据。

综合分析和评价上述成果,主要结论如下:

(1)本工程的管桥结构形式,桥梁采用梁式桥形式,为钢筋混凝土简支梁桥或连续梁桥,由灌注桩、桥墩和横梁组成。桥墩的间距一般为 20 m,支座直接坐落于桥墩上。初步方案为在桥墩上设支承环,压力管道的跨度一般定为 20 m。这样,水体重量和结构自重由桥墩承担。在两端设置伸缩节,以适应温度变形和其他不均匀变形。

(2)单跨模型的计算成果表明,对于目前的设计方案,跨中设置支座的作用不明显。虽然可以在一定程度上降低压力管道的轴向应力,但由于管道的应力主要由内水压力产生的环向应力控制,轴向应力在按照第四强度理论复核的公式中所占的比重相对较小,轴向应力的降低并不能显著地提高结构的强度。同时,由于跨中支座并不能如一般坐落于地基上的支座一样有效地将跨度降低为一半,跨中的挠度仍然很大,其支承作用不十分明显。

(3)计算表明,不考虑中间支座时,压力管道的强度可以满足要求,对于各控制部位,如跨中膜应力区、支承环附近局部应力区和支承环本身的弯曲应力区,强度均可以满足要求,管道本身可以承担较大的自重和水重等分布荷载,结构的强度是有保证的。因此,综合评价认为,对于本工程的设计条件和设计参数,采用 16MnR 容器钢等材料,管道的强度可以满足规范要求,支座间距取为 20 m 也是完全可行的。

(4)我国的现行规范并没有对支座间距做出明确规定,仅要求根据应力分析,并综合考虑其他因素后比较选定。提出的建议是:控制管道轴向应力不大于环向应力的 15%,作为支座间距选择的依据,或根据第四强度理论计算应力并加以复核。此外,根据压力管道规范的编写说明,国外的明管道支座间距均比较大,大于我国的规定,值得我们借鉴。我国有的教科书或设计手册上,建议对支座形式为滚动支座或摇摆支座的,可以取支座间距最大到 18 m。因此,我们认为,支座间距取为 20 m,虽然在国内的大型压力管道的实践上尚无应用实例,经过分析论证也是可以采用的。

(5)分析计算了中间设置支座方案下,横梁采用简支梁和连续梁 2 种方案。计算结果表明,连续梁可以对压力管道和横梁的应力有一定的降低作用,是有利的。但正如上述,梁的挠曲所产生的轴向应力在管道强度复核中的作用有限,连续梁的作用也是有限的,且其结构形式和施工均十分复杂,不予推荐。

(6)对于伸缩节的布置,比较了伸缩节分别设在两端、中间和上下游一端等 4 种情况,计算表明,两端设伸缩节时顺桥向位移由两个伸缩节分别承担,有利于伸缩节的设置和选型,而且应力和位移等与其他模型的计算结果基本相同。一端设置伸缩节也是可行的,但不推荐采用中间设置伸缩节,表 9-4-5 可以看出其应力和位移等参数都是最不利情况,而且布置上也比较困难。具体方案需结合伸缩节的选型和设计,进行进一步研究论证。

(7)当采用 20 m 跨度方案时,简支梁的中间没有管道的支承环支座,梁的受力变得十分简单,荷载只有梁的自重以及安装期间和运行期间的活荷载,梁的断面可以进一步减小,构造上也更为简单,简支梁无疑是可行的。

(8)前面在9.4.5.2中说明了支座摩擦力对管道受力的影响很小,不会成为管道受力的控制因素。上述分析中没有考虑伸缩节的约束作用。关于伸缩节对管道受力的定量分析,将在后面章节中给予论证。

(9)计算给出了伸缩节位置的线位移和角变位,再考虑温度变化产生的轴向位移,可以作为伸缩节选型和设计的依据。

(10)关于伸缩节的布置,经过综合分析后认为,两个伸缩节方案与一个伸缩节方案比较,管道的应力没有明显的变化,根据现在的制造水平,一个伸缩节也是可行的。但从整体上考虑,两个伸缩节还是有利的,首先明管道可以自由地向两端伸缩,支座的滑动距离缩短,位移量变小,每一端伸缩节所承受的不均匀变形减小,且支座的摩擦力作用减小,伸缩节的选型和制造、加工、安装等相对容易。从安全的角度考虑,在造价没有明显提高的前提下,两个伸缩节是有利的、值得推荐的。目前,国内最大的管桥结构——四川小关子水电站,直径6.5 m,长度也在190 m左右,桥梁为拱桥,也是在两端布置了两个波纹管式伸缩节。因此,仍然建议采用两个伸缩节的方案。

9.5　上管桥结构分析

上一节主要对下管桥结构进行了有限单元法整体分析,论证了伸缩节不同布置方案的可行性,从强度角度加以评价,认为采用两个伸缩节的方案是较为有利的。这一节针对上管桥结构加以研究,其计算方法基本相同。由于针对伸缩节的布置论证在上一节已有详细论证,上管桥的结构形式基本与下管桥相同,下管桥的结论完全适用于上管桥结构。因此,以下仅讨论两个伸缩节布置方案,不再研究一个伸缩节方案。

9.5.1　计算结果

以下介绍上管桥的计算结果。计算参数和计算方法等在第9.1节有详细表述,计算荷载在第9.3节有较详细的介绍,所以这里不再一一说明。与下管桥相比,上管桥的布置形式和结构形式基本相同,计算参数和计算荷载等基本一致,所采用的有限元计算模型也是基本相同的。大的区别主要表现在:管壁厚度为20 mm,内水压力水头为110 m。

根据对下管桥所作的详尽分析,推荐采用两个伸缩节的布置方案,且取消中间的支承环支座,管道支墩间距最大取为20 m。上管桥的受力条件较下管桥更有利,采用和下管桥完全一样的布置形式是可行的,因此仅计算两个伸缩节方案。利用有限单元法建立整体计算模型,考虑地基的沉降和上述所有荷载的作用,计算管桥结构的应力和变形,其结果汇总见表9-5-1。整体计算模型如图9-5-1所示,计算时考虑支承环支座摩擦力的作用。

管道局部的变形示于图9-5-2中,这里给出的是支承环附近一段管道的变形,可以形象地看出管道变形后的形状。图9-5-3表示了管道的顺河向位移(横桥向)分布,从桥墩和梁的位移看出,中间较两端大,是风力和水力作用的结果,而管道本身表现为向两侧的变形,属于在内水压力作用下的自身变形。同时,两端的变形已很小。图9-5-4为支承环附近管道的应力分布,这里给出的为竖向应力,最大值在支承环的侧边,最大约为152 MPa。

表 9-5-1　上管桥整体分析时校核强度汇总(两端均设伸缩节时)

结构	项目	计算结果	发生位置
管道	横桥向最大位移(mm)	7.61	管道的侧缘
		2.53	桥梁第 3 跨跨中
	伸缩节处横桥向位移 (mm)	0.55	上游伸缩节处
		0.23	下游伸缩节处
	竖直向位移(mm)	8.18	管道顶
		7.1	管道底
		5.2	桥梁第 2 跨跨中
	最大轴向位移(mm)	9.38	上游伸缩节处
		-8.07	下游伸缩节处
	管道顺桥向应力(MPa)	24.45，-26.35	2# 支承环处管道局部应力
	环向最大应力(MPa)	117.78	除支承环以外的所有管道上；
		-27.39	4# 墩支承环附近应力
	支承环竖直向应力 (MPa)	151.9	支承环边缘,面积很小；
		-153.0	4# 支承环图 9-4-3 所示位置
桥墩	最大轴力(kN)	-5 680	2#,3#,4# 桥墩最下端
	弯矩(kN·m)	609	3# 桩最下端
		279	3# 桥墩下端
伸缩节处	转角	1'34″	上游伸缩节处
		0'94″	下游伸缩节处

项目	计算结果、最大值出现位置及其说明		
第四强度理论相当应力校核(考虑摩擦力)			
应力控制位置	1. 跨中管壁 (整体膜应力)	2. 支承环及其近旁管壁 边缘(局部膜应力)	3. 支承环及其近旁管壁 (包括局部膜应力和局部膜应力 加弯曲应力两种情况)
最大相当应力 (MPa)	115.71	114.84	116.22
出现位置	第 5 跨道下缘	4# 桥墩管道上缘	4# 桥墩管道上缘
最小相当应力 (MPa)	102.0	8.25	6.57
出现位置	第 6 跨 5# 支承环 附近管道侧缘	1# 支承环管道上缘	5# 支承环管道侧缘
γ_d	1.6	1.3	1.1
$\dfrac{f_s}{\gamma_0 \varphi \gamma_d}$	187.5	230.7	272.7
评价结论	符合要求	符合要求	符合要求

图 9-5-1　上管桥整体结构模型示意图

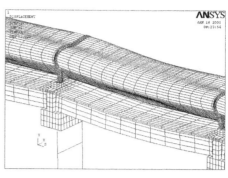

图 9-5-2　上管桥管道变形示意图（局部）

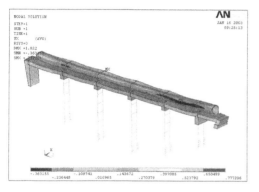

图 9-5-3　上管桥横桥向位移分布图　（单位：mm）

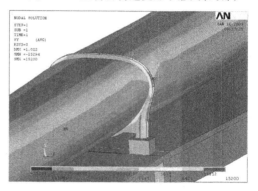

图 9-5-4　上管桥支承环竖直向应力分布图
（单位：N/cm² = 0.01 MPa）

图 9-5-5 表示了桥墩的轴力分布,基本是上小下大,以受压为主要特征。图 9-5-6 为桥梁的挠度分布图,跨中最大可达到 5.2 mm 左右。

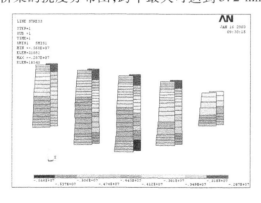

图 9-5-5　上管桥桥墩轴力分布图　（单位：N）

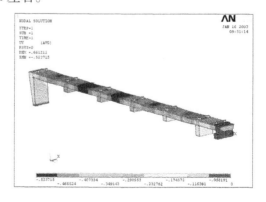

图 9-5-6　上管桥桥梁挠度示意图　（单位：cm）

9.5.2　计算结果分析与评价

此次计算模型的边墩在横桥向的位移完全约束,即假定 0# 墩和 6# 墩的横桥向约束足够安全,没有因为风荷载,水冲力,以及其他横桥向的压力而有位移发生。这一假定主要是基于两端桥墩已很低,基本可视为固定端,竖直向的位移根据第9.2节的计算结果施加。

由表9-5-1可以看出,管道的受力是安全的,最大等效应力只有116 MPa,能够满足按照第四强度理论计算的承载力极限设计要求。

与下管桥的计算结果相比较。环向应力明显降低,因为这一项是由水头大小决定的,而下管桥的水压力大于上管桥的压力。同时,如图9-5-2所示的管道下凹也更加明显。下管桥最大的竖直向位移(管道顶)为7.5 mm,上管桥的最大竖直向位移为8.18 mm。前面分析过,管道顶的下凹是由于管道作为一个连续梁的结构,支承环顶部由于受到弯矩产生的拉力产生的。上管桥相对于下管桥来讲,管道的自重和管内的水重几乎没有改变,但管道的壁厚由22 mm降为20 mm,所以产生了比下管桥更大的竖直向位移,但总体的差别不大。

伸缩节处的侧向位移约为0.55 mm,最大轴向位移约为9.38 mm。跨中的管道侧向变形和竖向变形较大,主要由内水压力作用下的自身变形组成,整体变形所产生的位移很小,这对伸缩节的布置和设计影响不大。

支承环局部的应力较大,最大轴向应力约为26 MPa,属于支承端部的应力集中。其他部位的轴向应力要小一些。

总之,通过分析计算认为,上管桥的受力条件较下管桥要好一些,结构的应力相对较低,强度完全可以满足要求,设计方案是可行的。整体有限元分析表明,支墩间距最大取为20 m也是完全可行的。管道的壁厚合适,所选用的钢材符合要求。两个伸缩节的方案是合理的,伸缩节位置的相对变形和转角均不大。

9.6 采用整体模型论证跨中支座的必要性

在第2章曾采用简化模型论证了取消中间支承环支座的可行性,本章进一步利用整体管桥模型论证跨中设置支承环的必要性。建立了三维有限元模型,给出了桥梁跨中设置支承环时的计算结果,并与第4章模型Ⅰ的计算结果进行对比,说明虽然在跨中设置支承环对管道受力有一定的改善作用,但对钢管道受力的改善效果不十分明显,且钢板的强度裕量较大,相反,设置中间支座后导致桥梁的受力复杂化,横梁的断面设计困难。综合评价认为,跨中不设置支承环完全是可行的。

9.6.1 计算模型和计算方法

第9.2节采用理想模型分析了跨中设置支承环的利弊,说明如果在每跨跨中设置支承环,混凝土桥梁对管道受力性能的改善很小,当采用混凝土连续梁时,混凝土梁对管道的受力有一定的贡献,但由于设计、施工等工序的复杂性,而且采用简支混凝土梁、跨中不设置支承环时,管道的第四强度应力能够满足规范对压力管道的强度要求。所以,我们建议采用简支混凝土梁,管道跨中不设置支承环的方案。由于第9.2节采用单跨(20 m)的计算模型,可能存在一定的误差。为了进一步论证跨中支承环设置的不必要性,我们建立实际的下管桥整体模型重新加以更深入的研究。

9.6.1.1　计算模型

采用三维有限元模型,混凝土桥梁继续用六自由度块体单元模拟,管道和支承环采用六自由度板单元模拟,支承环底板和混凝土桥梁之间采用耦合来模拟滚动支座的竖向支承作用,使二者的顺桥向、横桥向位移以及竖直向的转角相协调,桥墩采用考虑剪切变形的梁单元模拟,地基沉降的模拟同第9.4节,仍然采用弹簧单元模拟其沉降和侧移。整体结构模型如图9-6-1所示。

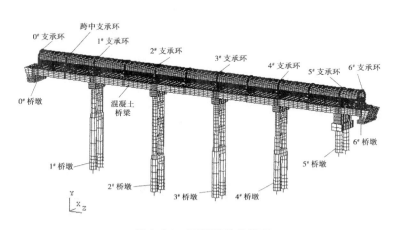

图 9-6-1　下管桥整体模型

9.6.1.2　计算方法

当考虑跨中支承环的作用时,混凝土桥梁和管道相互作用的影响变大,尤其与混凝土桥梁自身变形的完成与否有很大的关系,所以这里采用与第9.2节模型Ⅵ、模型Ⅶ相类似的加载方式来模拟施工过程,即建立两个载荷不同的模型,第一个模型考虑管道、混凝土桥梁和桥墩的重力,以及风荷载、水流压力、支承环底板与混凝土桥梁的摩擦力等荷载,但不考虑管道内水重和水头压力的作用,第二个模型只考虑管道内水重和水头压力的作用,然后将二者结果线性叠加。第一种模型是指在混凝土桥梁建成之后即承受自重,风荷载以及内部水压力的作用,能够产生一定的变形,第二种模型是指在混凝土桥梁和管道自身变形完成后通水,才会存在管道内水重和管内静水压力。我们未考虑材料进入塑性时的受力状况,所以这里将两个模型的结果进行线性叠加是合理的。然后计算混凝土桥梁和管道的应力与变形进行强度复核和变形验算。

9.6.2　计算结果与分析

9.6.2.1　计算结果

表9-6-1所示为有限单元法的主要计算结果,可见在考虑跨中支承环时各项计算结果均有不同程度的降低,但降低幅度很小,尤其是第四强度等效应力的降低很有限。表9-6-1中各项参数所代表的意义参见第9.4.2.1节的说明。

图 9-6-2、图 9-6-3 所示为管道的横桥向位移和局部竖直向位移等值线图,由变形分布可以看出,管道所有位置的最大横桥向位移仍然发生在管道的侧缘,这个位移也主要由两部分构成,一部分为管道和混凝土桥梁在风荷载、水流压力作用下的整体横桥向位移;一部分为在内水压力作用下,管道自身发生比较大的变形。而且在桥墩的支承环处变形最大,受跨中支承环的横桥向约束作用,跨中的横桥向变形相对较小。从这里以及前面计算的变形图可以看出,为管道提供较大竖直向支撑力的位置,管道截面一般都变形成为一个类似桃子的形状,在桥墩支承环处也表现出类似的特征,说明桥墩支承环为管道提供了较大的竖直向支撑力。但在跨中支承环处,并没有表现出上述类似的特性,说明跨中支承环的支撑作用相对较小。从图 9-6-3 中 3# 支承环附近的变形可以看出,支承环仍然很有效地约束了管道的径向变形,其分布规律与图 9-4-4、图 9-4-7 相类似。

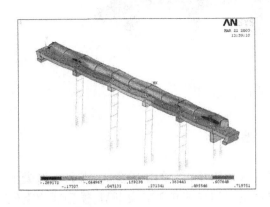

图 9-6-2　下管桥横桥向位移等值线图
（设中间支座）

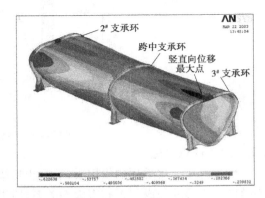

图 9-6-3　第三跨竖直向位移等值线图
（设中间支座）

　　图 9-6-4 所示为第一跨管道环向应力等值线图,由图中可见,环向应力在内水压力作用下,应力值普遍较高,达到 135 MPa 左右,在支承环位置,环向应力有所降低,而且在支承环附近,应力分布比较复杂,应力变化比较剧烈。

　　支承环竖直向应力的分布同图 9-4-3 和图 9-4-7,只是应力值有所变化,具体数值见表 9-6-1。

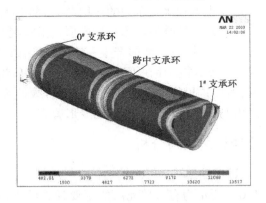

图 9-6-4　第一跨管道环向应力等值线图
（设中间支座）

表 9-6-1　跨中设支承环的下管桥整体计算结果汇总

结构	项目	计算结果	发生位置
管道	横桥向最大位移（mm）	7.2	管道的侧缘
		4.6	桥梁第 3 跨跨中
	伸缩节处横桥向位移（mm）	0.50	上游伸缩节处
		0.1	下游伸缩节处
	竖直向位移（mm）	6.22	管道顶
		6.09	管道底
		4.6	桥梁第 3 跨跨中
	最大轴向位移（mm）	−8.07	上游伸缩节处
		9.87	下游伸缩节处
	管道顺桥向应力（MPa）	25.92，−23.44	3# 支承环处管道局部应力
	环向最大应力（MPa）	135.2	除支承环以外的所有管道上
		−4.82	1# 墩支承环附近应力
	支承环竖直向应力（MPa）	133.88	支承环边缘，面积很小；图 9-4-3 所示位置
		−100.8	
桥墩	最大轴力（kN）	−5 650	2# 桥墩最下端
	弯矩（kN·m）	830	2# 桩最下端
		440	2# 桥墩下端
转角	伸缩节处	1′00″	上游伸缩节处
		1′00″	下游伸缩节处

项目	计算结果、最大值出现位置及其说明		
第四强度理论相当应力校核			
应力控制位置	1. 跨中管壁（整体膜应力）	2. 支承环及其近旁管壁边缘（局部膜应力）	3. 支承环及其近旁管壁（包括局部膜应力和局部膜应力加弯曲应力两种情况）
	考虑支座摩擦力	考虑支座摩擦力	考虑支座摩擦力
最大相当应力（MPa）	129.36	111.97	103.55
出现位置	1# 支承环附近下缘	3# 支承环上缘	3# 支承环附近上缘
最小相当应力（MPa）	110.97	26.38	14.81
出现位置	1# 支承环附近侧缘	1# 支承环附近侧缘	1# 支承环附近侧缘
γ_d	1.6	1.3	1.1
$\dfrac{f_s}{\gamma_0 \varphi \gamma_d}$	187.5	230.7	272.7
评价结论	满足	满足	满足

图 9-6-5 所示为第三跨顺桥向应力等值线图,最大顺桥向拉应力出现在管道的上侧缘,但不是上缘,这是由于管道在水压力和管道自重作用下,发生弯曲变形,弯曲变形使得管道顶部向下陷,变形之后管道顶不再是管道截面内离惯性中心最远的点,所以没有在管道顶部出现最大的拉应力,而是出现在上侧缘,见 9.4.2.2 节分析。其受力分布与图 9-4-5 相同。

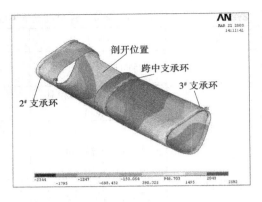

图 9-6-5 第三跨管道顺桥向应力
等值线图(设中间支座)

9.6.2.2 计算结果分析

由表 9-6-1 可以看出,管道的受力是安全的,最大等效应力为 129 MPa,能够满足规范要求。

为更清楚地对跨中设支承环的计算结果进行对比分析,我们将管道应力和变形的主要成果汇总列于表 9-6-2,以便比较此模型和第 9.4 节模型 I 的计算结果。

表 9-6-2 跨中设置支承环与否的整体计算结果对照

项目	不设跨中支承环	跨中设支承环
管道横桥向最大位移(mm)	8.1, -3.61	7.2, -2.89
伸缩节处横桥向位移(上游,下游,mm)	0.52,0.06	0.50,0.1
竖直向位移(管道顶,管道底,mm)	7.4,7.0	6.22,6.09
伸缩节处最大轴向位移(上游、下游,mm)	-8.49,10.48	-8.07,9.87
管道顺桥向应力(MPa)	26.26, -23.3	25.92, -23.44
环向最大应力(MPa)	131.4, -11.59	135.2, -4.82
支承环竖直向应力(MPa)	179.16, -111.75	133.88, -100.8
第四强度等效应力对比		
1.跨中管壁(整体膜应力)	128.32	129.36
2.支承环及其近旁管壁边缘(局部膜应力)	121.2	111.97
3.支承环及其近旁管壁(包括局部膜应力和局部膜应力加弯曲应力两种情况)	119.94	103.55

管道横桥向位移,设跨中支承环时管道横桥向位移减小,这种减小量由两部分构成,一部分是管道自身变形的减小,在跨中设支承环,部分地约束了管道的自身变形;一部分为整体变形的减小,管道横桥向位移最大值一般发生在跨中,在跨中设置支承环,使得混凝土桥梁和管道在跨中的变形相协调,混凝土桥梁约束了管的横桥向整体变形,但从变化的数值上来看,这种整体变形所占比重并不大。变形的减小主要是由于支承环对管道自身变形的约束造成的。

由于伸缩节处两种模型都有支承环,所以对伸缩节处横桥向的位移影响不大。

竖直向位移,在跨中设置支承环时,竖直向位移较小,位移减小数值主要由两部分组成,一部分是约束管道的自身变形,一部分是支承环对管道的竖直向支撑作用增加,管道的整体竖直向位移减小,从表中数据可以看出,跨中设置支承环,管道跨中的竖直向位移将减小 1 mm 左右,是很有限的。由于支承环设置在跨中,相对于其他指标,其对竖直向位移这项指标的贡献是最为明显的。

伸缩节处最大轴向位移和管道顺桥向应力基本没有改变。

环向最大应力主要是由内水压力产生,所以普遍分布的最大应力值仍然为 130 MPa 左右,没有明显的改变。

由于跨中设置支承环时跨中支承环部分承担了桥墩上所设支承环的荷载,减小了桥墩支承环的应力,支承环竖直向最大应力发生在很小的局部范围内,所以当减小桥墩支承环的压力载荷时,支承环的竖直向应力反应敏感,但最大应力值仍然在所选用的钢材的强度允许范围内。

对于支承环及其近旁管壁边缘(局部膜应力)和支承环及其近旁管壁(包括局部膜应力和局部膜应力加弯曲应力两种情况)的应力值,两个模型的计算结果相差 9.0 MPa 左右,其最大应力值都远小于许用应力值 230 MPa,所以从局部位置的第四强度等效应力值来衡量,跨中不设置支承环是完全可行的。而且,在实际结构中,混凝土会发生徐变,随着时间的延长,跨中设置支承环的优势将逐渐减小(计算中未考虑混凝土徐变的影响)。

对于跨中管壁(整体膜应力)应力,二者相差很小,这是大面积分布的应力值,主要由内水压力控制(9.1.3.1 节),所以在跨中设置支承环,减小管道顺桥向的应力值,从而减小第四强度等效应力值的效果极为有限。

结合第 9.2 节的计算结果,我们得出以下一些结论:

(1)虽然整体分析模型与局部理想分析模型的计算结果在数值上有一定的差别(这是由第 9.2 节的理想约束条件决定的),但对于是否在跨中设置支承环的分析论证,整体模型和局部模型都是完全有效和一致的。第 9.2 节的假设是合理的,其计算结果可以用来对比分析各种工况下管道的受力情况。

(2)第 9.2 节的局部模型和本节的整体模型计算结果都说明,跨中设置支承环对管道的受力性能改善不显著,尤其是对于大面积分布的跨中管壁应力,其影响更小。

(3)在实际施工中,混凝土简支梁可能会由于某些误差使其变形变大,这样在跨中设置支承环时混凝土桥梁对管道受力性能的贡献将小于计算值,甚至会由于混凝土桥梁的徐变过大,混凝土桥梁对管道反而可能起不利作用。

(4)结合第 9.2 节的分析结果,我们认为,在跨中设置支承环能部分地改善管道的受力性能,但作用很有限,跨中不设支承环时管道的等效应力强度还有较大的安全余量,采用跨中不设支承环的结构布置方案是完全可行的。

9.7　伸缩节设计参数计算

本节主要利用前面几节的计算结果,通过伸缩节位置的三向位移和转角确定,结合其他工程参数,选定伸缩节的结构形式和相关参数,为管桥结构更准确、全面地整体分析提供依据。伸缩节采用两个布置在两端的方案,建议采用波纹管式伸缩节,并提出了一套设计参数,据此由设计制造厂家提供伸缩节的物理力学参数。

9.7.1 伸缩节形式

适用于水电站钢管的伸缩节形式有套筒式伸缩节、压盖式限位伸缩节、套筒式波纹密封全封闭伸缩节、波纹管式伸缩节等。伸缩节的形式应根据管径和内压大小以及变位要求等因素确定。

国内目前采用波纹管式伸缩节的工程已经很多,技术也较为成熟。表9-7-1列出了目前国内部分采用在波纹管伸缩节的工程,供参考。波纹管伸缩节的最大优点是补偿变形的能力强,不存在漏水的问题,维护方便。缺点是造价稍高,加工的难度也相应提高。例如,三峡水电站左岸厂房,采用了波纹管伸缩节,直径达12.4 m,内水压力为1.4 MPa,轴向位移最大为15 mm,径向为5 mm,安装最大轴向补偿量为20 mm。

表9-7-1 水电站压力钢管采用波纹管伸缩节工程一览表

序号	水电站名称	钢管直径(mm)	设计水头(m)	形式
1	河北桃林口	3 000	30	单式
2	云南老虎山	1 500	100	单式
3	四川上河坝	1 368	650	单式
4	四川凤鸣桥	2 440	160	复式
5	马来西亚 KOTA	1 900	20	复式
6	四川沙牌	2 000	400	单式/复式
7	四川紫马	1 100	440	单式/复式
8	四川文锦江	1 500	200	复式
9	四川什邡金河二级	1 136	340	单式
10	青海大干沟	3 200	200	单式
11	四川崇州鞍子河	1 500	200	单式
12	贵州白水河	1 400	650	单式
13	四川小关子	6 500	34	单式
14	四川铜钟	6 000	35	单式
		7 000	70	复式
15	三峡左岸	12 400	140	复式
16	四川红叶二级	2 000	210	复式
17	四川姚河坝	4 000	250	复式
18	四川吉日波	1 800	250	单式/复式

根据以上各节的计算结果,经过分析论证,初步确定采用两端设两个伸缩节的方案。伸缩节拟采用加强 U 形波纹管伸缩节,有关伸缩节的形式和技术参数由中国华电工程公司提供。国内波纹管伸缩节的生产厂家还有南京晨光—东螺波纹管有限公司等。

波纹管伸缩节设计遵循标准:《金属波纹管膨胀节通用技术条件》(GB/T 12777—1999),并应与压力钢管设计规范相符合。

9.7.2 伸缩节参数确定

经过上述各节对管桥结构的整体分析计算,得出伸缩节位置的相对变形和转角,结合钢管的其他有关参数,确定伸缩节的主要设计参数见表9-7-2。

其中,为便于加工和运行维护,上下管桥采用相同的结构形式和尺寸。伸缩节的长度为 1 500 mm,最大轴向位移补偿量约为 29 mm,角变位不是很大,根据计算得到的结果列于表中。波纹管的形式初定为加强 U 形。由于角变位和侧向变位均很小,以轴向变位为主,可采用单式轴向型(多波)。具体尺寸和参数见表9-7-2中所列。

表 9-7-2　波纹管伸缩节设计参数

项目		上管桥		下管桥	
伸缩节结构形式		单式(有导流管、外保护罩)		单式(有导流管、外保护罩)	
伸缩节内直径(mm)		3 900		3 900	
伸缩节两连接端壁厚(mm)		22		24	
伸缩节两连接端钢管材料		16MnR		16MnR	
伸缩节总长度(mm)		1 500		1 500	
设计水头(m)		110		135	
水流流速(m/s)		5.15		5.15	
一年最大温差		60 ℃		60 ℃	
一天最大温差		30 ℃		30 ℃	
伸缩节使用寿命		50 年		50 年	
位移参数	上下游位置	上游	下游	上游	下游
	最大轴向位移量(mm)	−29.1	28.75	−29.3	27.0
	最大转角	1′34″	0′94″	1′39″	1′09″
	最大横向位移量(mm)	0.55	0.23	0.52	0.06
波纹管材料	材料牌号	SUS304		SUS304	
	20 ℃时许用应力(MPa)	137		137	
	20 ℃时弹性模量(MPa)	195 000		195 000	
	泊松比	0.3		0.3	
波纹管参数	波纹型式	加强 U 形		加强 U 形	
	波纹管壁厚(mm)	2 mm×2 层		2 mm×2 层	
	一个波距	70		70	
	波数	2		2	
伸缩节参数	轴向循环补偿量(mm)	±30		±30	
	横向循环补偿量(mm)	±1.5		±1.5	
	角向循环补偿量(°)	±0.03		±0.03	
	安装一次性补偿量(mm)	±10		±10	
	轴向总刚度(kN/mm)	29.8		29.8	

初选的伸缩节补偿能力为:轴向循环补偿量为 30 mm,横向循环补偿量为 1.5 mm,角向循环补偿量为 0.03°,安装一次性补偿量为 10 mm。根据伸缩节的形式和参数,确定其轴向总刚度为 29.8 kN/mm。

须说明的是,这里所进行的伸缩节选择还是初步的,是为了确定伸缩节的轴向刚度而进行的计算前期工作。因为在以上的计算中,我们没有考虑伸缩节的轴向刚度,将伸缩节位置作为自由端处理。而实际上伸缩节相当于一个弹簧,在轴向变位下会提供一个轴向反力,从而产生轴向应力。上述计算中(第 9.4 节和第 9.5 节)仅考虑了支座的摩擦力作用。

伸缩节的有关尺寸和参数是根据我们提供的计算数据由生产厂家确定的,实际设计和购置过程中,可能还会有一定的变化。但估计变化量不大,且根据其他工程的计算经验,伸缩节轴向刚度所产生的轴向应力并不突出,所占比重较小。所以,以后对伸缩节的调整不致对计算结果产生太大的影响。

可以看出,由于上、下管桥的上下游端部的各位置上计算参数相差不大,故在 4 个位置上采用同一型号规格的波纹管伸缩节,是合理可行的。

根据石柱站气象要素统计表(1957～2000 年)的有关参数,年最高气温为 40.2 ℃,年最低气温为 -4.7 ℃。考虑到年最低气温和年最高气温一般不会在同一年出现,应该采用日平均最高和最低气温,但气象资料中没有明确说明这一项。所以,依据第 9.1 节的介绍,确定采用日平均气温变化为 30 ℃,计算所得的温度变位和其他荷载引起的变位见表 9-6-1。

施工过程中,最后一个管段焊接合拢处,应对其温度和位移进行测量,从而确保合拢时的钢管温度接近于平均气温。因此,建议在多年平均气温 16.4 ℃ 左右的时间进行焊接合拢,这样更加有利于伸缩节的正常工作。

计算中,假定钢管在温度和其他荷载作用下的轴向位移,均为由两端向 3# 支承环支座处移动,即由两端向中间位移,每一伸缩节的伸缩量近似一致。

表 9-7-2 中所给出的位移值是结构受荷载作用产生的位移和温度变化产生的位移之和。结构受常规荷载作用产生的顺桥向位移根据表 9-4-1 和表 9-5-1 取值。横桥向位移根据伸缩节处各结点横桥向位移平均求得。温度产生的顺桥向位移根据公式(9-7-1)计算。将结构受荷载产生的顺桥向位移和温度产生的顺桥向位移值相加即为对伸缩节位移补偿的要求量,以此来确定伸缩节的形式和规格。

$$\Delta L = \alpha \times \Delta T \times L \tag{9-7-1}$$

式中 α——钢材的线膨胀系数,取 1.2×10^{-5};

ΔT——温度变化量,这里取 30 ℃;

L——管道的总长度,由于这里采用两个伸缩节,所以上下游伸缩节分别取 3 跨长度计算,即对于下管桥,上游取 $18 + 2 \times 20 = 58(\text{m})$,下游取 $6 + 2 \times 20 = 46$ (m),上管桥的计算与此相同。

为了便于观察管道的应力和计算第四强度应力,前面采用了板单元模拟管道。在计算伸缩节处转角时,分别计算管道上缘、下缘和中轴处的顺桥向位移,然后根据这个位移值来计算伸缩节处的转角,其值见第 9.4 节有关描述。

常规荷载作用下的伸缩节变位值分别列于表9-7-3,也即为没有考虑温度变化时的伸缩节位移补偿量。当温度变化不是30℃,或者认为实际运行中温度变化幅度可能超过这一取值时,应相应地对温度产生的轴向位移量进行修正,即根据公式(9-7-1)计算,并与表9-7-3的结果叠加,即为最终设计取值。还须注意,温度变化是双向的,即分别为伸长和压缩,叠加计算中应取绝对值最大者。

表9-7-3 常规荷载作用下伸缩节的相对变位计算结果

项目		上管桥		下管桥	
	上下游位置	上游	下游	上游	下游
常规荷载作用	最大轴向位移量(mm)	−9.38	8.07	−8.49	10.48
	最大转角	1′34″	0′94″	1′39″	1′09″
	最大横向位移量(mm)	0.55	0.23	0.52	0.06

同时,考虑到计算中不可避免地存在模型的简化和计算参数的不确定性,以及其他一些影响因素,从安全可靠性的角度考虑,在伸缩节的设计中,应适当留有一定的裕量。同时,焊接过程中由于加工误差和温度影响,也许留有一定的裕量,并将钢管凑合节取消,直接采用伸缩节作为合拢的最后一节管道。

9.8 下管桥结构整体计算与分析

前面几节对管桥的布置和结构设计做了大量的分析论证工作,确定了结构的布置形式和主要参数。本节除第9.3.3节所述的荷载外,将伸缩节的轴向约束作用按照弹簧单元模拟,考虑其刚度对管桥结构受力的影响。最终的计算结果可以作为设计的依据。同时本节分别对压力管道的梁单元模型和板单元模型进行了自振特性分析,给出了整体振型以及局部振型相应的频率和振型。

9.8.1 下管桥强度计算结果与分析

9.8.1.1 下管桥计算结果

通过以上的整体分析论证,建议采用两端设两个伸缩节的方案,计算模型如图9-4-1所示。计算中考虑的主要荷载,如风压荷载、水流冲力等,计算方法和数据如第9.3.3节所述,这里直接采用,不再一一叙述。

伸缩节对压力管道产生轴向、侧向和扭转的刚度约束作用,这里只考虑其轴力对整个管道受力的影响,忽略其横向约束作用以及转动时对管道的受力影响,因为一般可认为其他方向的约束作用相对很小。采用轴向弹簧单元模拟伸缩节。轴向约束作用用轴向总刚度除以弹簧单元的个数,计算出每一个弹簧单元的弹簧刚度。其他的荷载以及假定同第9.3.3节和第9.4节的计算。伸缩节轴向总刚度由制造厂家提供,见前一节的介绍。

这里所考虑的荷载作用主要包括:

(1)结构自重。

（2）内水压力和管内水重。

（3）顺河向风压力。

（4）顺河流方向的水流冲力。

（5）支座摩擦力，按照作用在每一个支座上的正压力乘以摩擦系数计算。

（6）伸缩节轴向力：根据表9-7-1所给出的伸缩节弹性系数施加弹簧单元模拟。

（7）温度仅仅对管道的位移有影响，其与结构在载荷作用下产生的变形叠加即为结构的总变形。在验证伸缩节的变性能力时须采用二者之和。表9-8-1中数值仅为结构由于荷载作用产生的变形值，不包括温度产生的变形值。

考虑了所有荷载作用后的计算结果，汇总表示于表9-8-1中。

表9-8-1   整体分析时下管桥校核强度汇总（两个伸缩节布置方案）

结构	项目	计算结果	发生位置
钢管	横桥向位移（mm）	8.0（−0.36） 3.0	钢管的侧缘 桥梁第3跨跨中
	伸缩节处横桥向位移（mm）	0.54 0.08	上游伸缩节处 下游伸缩节处
	竖直向位移（mm）	7.5 4.66	钢管顶 桥梁第3跨跨中
	最大轴向位移（mm）	10.14 −8.38	上游伸缩节处 下游伸缩节处
	管道顺桥向应力（MPa）	26.6 −23.7	3#支承环上缘 1#支承环下缘
	环向最大应力（MPa）	131.4 −111.4	除支承环以外的所有管道上 4#桥墩支承环附近应力
	支承环竖直向最大应力（MPa）	159.06 −153.36	4#桥墩支承环边缘
桥墩	最大轴力（kN）	−5 860	2#桥墩最下端
	弯矩（kN·m）	837	2#桩最下端
		442	2#桥墩下端
桩底沉降量（mm）	1#桩	−0.779 −0.852	分别为各灌注桩桩底的沉降量，背风面桩的沉降量较大，迎风面的沉降量较小，系弯矩作用
	2#桩	−0.738 −0.909	
	3#桩	−1.07 −1.225 5	
	4#桩	−1.035 5 −1.159 8	
	5#桩	−0.827 06 −0.838 79	
伸缩节处转角		1′22″	上游伸缩节转角
		1′18″	下游伸缩节转角

结构	项目	计算结果	发生位置
计算结果及其说明			
应力控制位置	1.跨中管壁（整体膜应力）	2.支承环及其近旁管壁边缘（局部膜应力）	3.支承环及其近旁管壁（包括局部膜应力和局部膜应力加弯曲应力两种情况）
最大等效应力（MPa）	128.27	120.99	119.47
出现位置	第5跨跨中下缘	4#支承环上缘	4#支承环钢管上缘
最小等效应力（MPa）	114.3	18.22	8.81
出现位置	5#支承环钢管上缘	4#支承环侧缘	4#支承环钢管侧缘
γ_d	1.6	1.3	1.1
$\dfrac{f_s}{\gamma_0 \varphi \gamma_d}$	187.5	230.7	272.7
评价结论	符合	符合	符合

图 9-8-1 示意性给出钢管环向应力的分布,为了观察管道底的应力分布情况,将第二跨、第三跨以及第四跨的管道上缘剖开,采用剖面透视的方法便于观察。

9.8.1.2 计算结果的分析

钢管本身的侧向变形最大为 8 mm 左右。伸缩节处的位移是我们所关心的,侧向位移分别为 0.54 mm 和 0.1 mm,轴向位移分别为 10.14 mm 和 8.38 mm,伸缩节处的转角相对较小。

最大轴向应力为 26.6 MPa。支承环附近的最大应力为 159 MPa。钢管其他位置的应力大致在 130 MPa 左右。

桥墩的内力均较小,现有的断面尺寸经过配筋后可以满足要求。

灌注桩的桩基沉降量均不大,最大只有 1.2 mm,这一数值与前面第 9.3 节的计算结果基本一致。

总之,考虑伸缩节刚度约束作用后的结果与第 9.4 节没有考虑其刚度时的计算结果基本相同,可见伸缩节对管道的受力性能影响很小,我们前面所作的伸缩节位置为自由的假定基本是合理的,结论也是可信的。

钢管的最大等效应力为 128 MPa,小于钢管的抗力限值 187.5 MPa,说明钢管的设计是安全的,强度可以满足规范要求。

支承环局部的应力也不大,有较大的安全余量。

整体计算结果说明,现行的设计是合理的,取消桥墩中间的支承环支座是完全可行的。伸缩节的布置也是合理的,相对变位量不大。

最后,对钢管应力的分布特点加以补充说明:

按照前面的分析,最大的等效应力应该出现在轴向受压区域。但是在某些特殊的区域,由于环向应力的影响,最大等效应力有可能出现在轴向受拉区域。环向应力主要由两部分组成,一部分是水压力所产生的环向应力,由于钢管为轴对称结构,内水压力在管道周边产生的环向应力值都基本相等。另一部分为管道内水体自重产生,因其不是对称荷载,所以在管道底部产生的环向应力值大于管道上缘。另外,由于管道结构本身是一个连续梁结构,管道本身会产生挠度,使得管道截面的变形成为一个桃子形状,如图9-4-5所示。这样,管道上部的环向应力值必然有所减小。用这个环向应力值和轴向应力组合计算第四强度等效应力时,当管道上下缘的环向应力相差比较大时,环向应力值有可能影响等效应力的分布。由图9-8-1可以看出,环向应力在跨中管道底部达到最大值,当这个环向应力代替轴向应力成为决定等效应力分布的主要因素

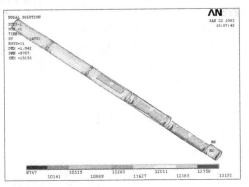

图9-8-1　下管桥钢管环向应力分布示意图
（单位：N/cm² = 0.01 MPa）

时,等效应力最大值就可能出现在跨中管道底部。所以表9-8-1中等效应力的第一项跨中管壁应力(整体膜应力)最大值,发生在第5跨跨中下缘,即在轴向受拉区域。

9.8.2　模态分析计算模型与成果分析

为分析结构的自振特性,通过模态分析计算了下管桥结构的自振频率和振型。为研究管道自身振型的影响,这里分别采用梁单元和板单元两种单元来模拟管道。

压力管道为整体上评价,属于连续梁结构;但在一个断面上,又可看作一个圆环结构,或者说是一个圆柱型压力容器结构。因此,其振动有两种主要形式:其一为梁式振动,即整体上作横向运动,变形后圆形断面保持不变;另一种振动形式为圆环结构的径向振动,主要表现为断面的扩张和收缩变形,变形后断面形状类似于梅花状。所以,这里在有限单元法中分别采用梁单元和板单元计算,以区别两种不同形式的振动。

9.8.2.1　采用梁单元模拟管道研究整体自振特性

1)计算模型和荷载

计算模型如图9-8-2所示,上部管道以梁单元模拟,这种梁单元考虑横向的剪切变形,但不考虑由于横向变形引起的轴向变形。混凝土桥梁部分采用六自由度块体单元模拟,桥墩也采用梁单元模拟,用弹簧单元考虑地基的沉降变形,关于弹簧单元刚度的选取请参考第9.3节,边桥墩考虑到沉降量很小,与岩石地基的接触面积较大,为计算方便,采用固定约束,这对管道自振特性的影响不大。此模型考虑了伸缩节的作用,伸缩节对管道的拉力或压力作用采用弹簧单元模拟,弹簧刚度根据表9-7-2选取。管道采用梁单元模拟,混凝土桥梁采用块体单元模拟,这样,在横截面上是点(管道)和线(混凝土桥梁)的连接问题。在这里我们假定支承环的刚度足够大,在正常工作条件下,管道和其滚轴支座间的支承环在竖直向的变形可以略去不计,所以将滚轴支座和相应的管道节点采用耦合来使它们的轴向和横桥向位移协调。而且假定混凝土桥梁的刚度足够大,两滚轴支座在竖

直向和管道轴向的位移相同,没有位移差。此模型是针对两个伸缩节情况,认为在温度和其他荷载作用下,管道轴向的变形会从两边向中间 3# 桥墩位置变形,所以,我们假定,管道中间第三个桥墩位置的轴向位移为零。在管道 3# 桥墩位置约束轴向位移。

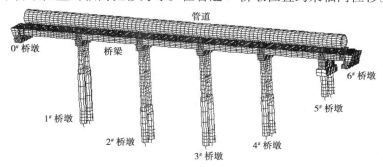

图 9-8-2　下管桥钢管自振特性分析模型

自振频率和振型是结构本身的固有特性,主要与结构本身的刚度、质量和阻尼有关,与荷载无关。所以,在模态计算时,不考虑风荷载、水流压力、人群荷载和活荷载等,只考虑结构的质量对结构自振特性的影响。主要包括混凝土桥梁和桥墩的质量、支承环的质量、管道的质量等。管内水流受到管道的完全约束而与管道一起振动,在自振特性分析时可简化为管道的附加质量,管内水的作用按照附加质量的形式加在管道相应位置。计算时首先计算出各跨管道内水的总质量,然后平均分配到相应跨的管道节点上,附加质量大小按照公式(9-8-1)计算。支承环自身的质量也按照附加质量的形式加在支承环处,加劲环质量忽略不计。

$$m = \pi r^2 \times L \times \rho / N \tag{9-8-1}$$

式中　m——每个节点上分配的质量;

　　　πr^2——管道的横截面面积;

　　　L——某跨长度;

　　　ρ——水的密度;

　　　N——某跨的节点总数。

利用公式(9-8-1)所计算的各跨等效节点附加质量为:

第一跨:$m = 3.14 \times 1.95^2 \times 18 \times 1\,000/12 = 1.79 \times 10^4 (\text{kg})$

第二跨:$m = 3.14 \times 1.95^2 \times 20 \times 1\,000/14 = 1.71 \times 10^4 (\text{kg})$

第三跨:$m = 3.14 \times 1.95^2 \times 20 \times 1\,000/14 = 1.71 \times 10^4 (\text{kg})$

第四跨:$m = 3.14 \times 1.95^2 \times 20 \times 1\,000/14 = 1.71 \times 10^4 (\text{kg})$

第五跨:$m = 3.14 \times 1.95^2 \times 20 \times 1\,000/14 = 1.71 \times 10^4 (\text{kg})$

第六跨:$m = 3.14 \times 1.95^2 \times 6 \times 1\,000/3 = 2.39 \times 10^4 (\text{kg})$

支承环的附加质量:$m = 3.14 \times (2.25^2 - 1.95^2) \times 0.03 \times 2 \times 7\,800 = 1.85 \times 10^3 (\text{kg})$,其中 2.25 和 1.95 分别为支承环的外、内径,0.03 为支承环的厚度,7 800 为钢材密度。

2)计算结果和分析

计算自振特性时阻尼以常系数阻尼 0.05 考虑。

为研究管道的自振特性,这里主要给出管道的振型。共计算 20 阶振型和频率,前 20

阶频率列于表 9-8-2。频率较低,属于长周期结构,20 阶频率中从第 6 阶开始基本上为混凝土桥梁自身的振型,上部管道的振型幅值很小,这些振型的振动方式与图 9-8-5 所示的第 3 阶振型相似。第 18 阶和第 19 阶振型管道出现较小的振动幅值,第 20 阶振型为混凝土桥梁和桥墩的振型。前 20 阶频率分布比较密集,从最小的 0.168 Hz 到 1.02 Hz,而且第 20 阶振型已经较多地出现了混凝土桥梁的局部振型,所以我们计算前 20 阶振型来验证其振动特性应该能够满足工程要求。

表 9-8-2　梁单元模型管桥结构自振频率 　　　　　　　　　　　（单位:Hz）

阶次	1	2	3	4	5	6	7	8	9	10
频率	0.168	0.319	0.436	0.463	0.528	0.571	0.625	0.672	0.731	0.778
阶次	11	12	13	14	15	16	17	18	19	20
频率	0.807	0.812	0.845	0.872	0.900	0.924	0.949	0.965	0.981	1.02

　　从自振频率看,最接近地震卓越周期的振型为第 20 阶振型,周期值为 0.98 s。按照Ⅱ类场地土计算,地震的卓越周期一般为 0.1 ~ 0.3 s。可见,较好地避开了地震卓越周期。对抗震有利,说明藤子沟下管桥结构的设计是合理和可行的。

　　第 1 阶振型为管道和混凝土桥梁的整体横桥向振动,类似于简支梁的第 1 阶振型,管桥的中间振动幅值最大;第 2 阶振型在 2# 和 3# 桥墩处改变振幅方向,1#、2# 桥墩振动方向相同,3#、4# 桥墩振动方向相同,管道的振型和混凝土桥梁的振型基本相同,随着混凝土桥梁一起振动;第 3 阶振型为 2# 桥墩和 3# 桥墩的顺桥向振动,相应的混凝土桥梁有较小的顺桥向振动,管道的振幅很小。第 4 阶主要为桥墩的振型,振动幅值和振动的方向类似于第 3 阶振型;第 5 阶振型出现了比第 2 阶振型更高一阶的振型,在 0# 桥墩与混凝土桥梁连接部位变位较大,管道也出现与混凝土桥梁相同的振型;第 6 阶和第 7 阶振型均为桥墩和混凝土桥梁的振型,管道的振幅很小;第 9 阶振型表现为比第 5 阶振型更高一阶的振型,0# 桥墩和 6# 桥墩与混凝土桥梁连接的位置均出现较大的变位;前面所提到的振型主要为管道、混凝土桥梁以及桥墩的横桥向或者顺桥向的振型,第 11 阶振型出现竖直方向的振型,2# 桥墩和 3# 桥墩之间的桥梁振幅最大,这是竖直向的一阶振型,类似于二次曲线;第 15 阶振型是比第 11 阶振型更高阶的振型,1# 桥墩和 2# 桥墩之间的混凝土桥梁以及 3#、4# 桥墩之间的混凝土桥梁振幅最大;从 16 阶振型开始,逐渐表现为更高频率的振型,例如出现混凝土桥梁自身的局部振型,这些振型对管道的振动没有很大影响。其各阶振型图如图 9-8-3 ~ 图 9-8-9 所示。

9.8.2.2　板单元模型管道振动特性计算

1)计算模型

　　为研究管道自身的振动特性,这里采用板单元模拟管道,其他混凝土梁、桥墩等的模拟和约束同 9.8.2.1 节所述。支承环也按照板单元模拟,按照实际尺寸建立三维有限元模型(见图 9-8-11)。支承环底板和混凝土桥梁之间的滚动支座只能传递竖直向位移和横桥向位移,所以在二者之间将竖直向位移和横桥向位移耦合,使它们之间的位移相协调。管内水体在振动过程中受到管道完全约束,所以考虑水体的顺桥向和横桥向质量惯

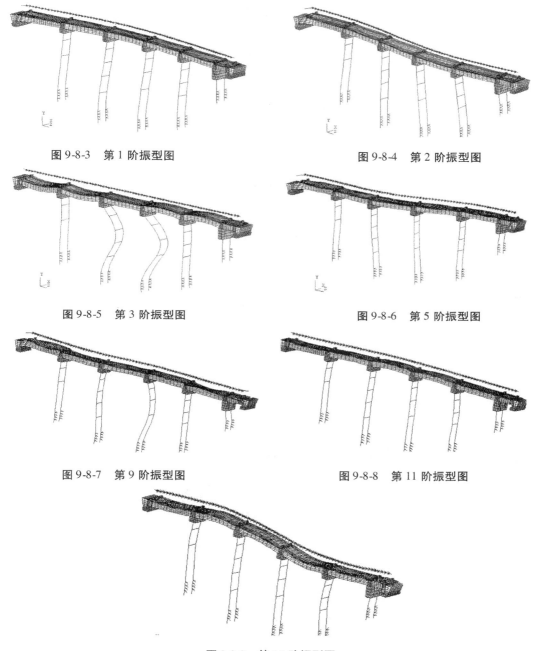

图 9-8-3　第 1 阶振型图

图 9-8-4　第 2 阶振型图

图 9-8-5　第 3 阶振型图

图 9-8-6　第 5 阶振型图

图 9-8-7　第 9 阶振型图

图 9-8-8　第 11 阶振型图

图 9-8-9　第 15 阶振型图

性作用,按照两个方向的附加质量加在管道的相应节点上。

利用公式(9-8-1)所计算各跨管内水体的附加质量分别为:

第一跨:$m = 3.14 \times 1.95^2 \times 17.47 \times 1\,000/924 = 226(\mathrm{kg})$

第二跨:$m = 3.14 \times 1.95^2 \times 19.47 \times 1\,000/990 = 235(\mathrm{kg})$

第三跨:$m = 3.14 \times 1.95^2 \times 19.47 \times 1\,000/990 = 235(\mathrm{kg})$

第四跨：$m = 3.14 \times 1.95^2 \times 19.47 \times 1\ 000/990 = 235(\text{kg})$

第五跨：$m = 3.14 \times 1.95^2 \times 19.47 \times 1\ 000/990 = 235(\text{kg})$

第六跨：$m = 3.14 \times 1.95^2 \times 5.47 \times 1\ 000/462 = 141(\text{kg})$

利用公式(9-8-1)所计算的支承环处的附加质量：$m = 3.14 \times 1.95^2 \times 0.53 \times 1\ 000/330 = 19.18(\text{kg})$。前面为了验证管道的局部膜应力强度，在支承环附近对管道网格进行了加密，这里将这一部分加密网格的管道内水附加质量和支承环的附加质量近似都加在这些加密的网格的结点上。其示意图如图9-8-10所示。板单元模型示意图见图9-8-11。

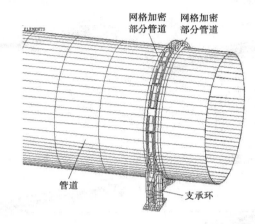

图 9-8-10　局部网格加密示意图

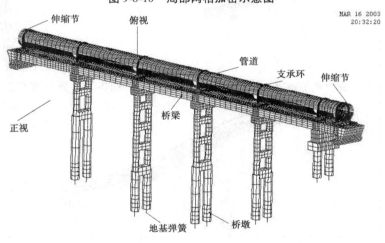

图 9-8-11　板单元模型示意图

2）计算结果和分析

表9-8-3所示为前20阶自振频率，最小的频率为0.181 Hz，频率的分布比梁单元的模型更加密集，这主要是管道自身的振型增加了很多，有较多的局部振型。而采用梁单元模型时局部的振型为高阶振型，低阶振型一般都是整体的振型，各个整体振型所对应的频率相差较大。当管道采用板单元时，模拟出了管道的断面形状，管道自身的振型较多，所

以表9-8-3所示的自振频率分布也相当密集。

表 9-8-3　板单元模型管桥结构自振频率　　　　　　（单位：Hz）

阶次	1	2	3	4	5	6	7	8	9	10
频率	0.181	0.289	0.344	0.398	0.407	0.422	0.436	0.436	0.445	0.448
阶次	11	12	13	14	15	16	17	18	19	20
频率	0.450	0.460	0.464	0.469	0.471	0.475	0.480	0.485	0.486	0.496

振型分析。第1阶振型主要表现为整体的横桥向振型，$2^{\#}$桥墩和$3^{\#}$桥墩横桥向位移最大，类似于9.8.2.1节采用梁单元分析时的振型，但板单元模拟时的自振频率高于梁单元模型的自振频率。当采用板单元模拟管道时，管道的整体刚度相对于梁单元模型有所降低，这是由于梁单元模型的基本假定决定的，照此推理，板单元的模型自振频率应该低于梁单元模型，但这里表现的正好相反，可能是由于支承环的影响，采用板单元模拟支承环表现出了支承环的形状，具有一定的抗弯、扭能力，所以相对于前面采用耦合将管道和混凝土桥梁连接起来的情况，支承环的刚度有所加强。第1阶振型中管道自身也有变形，管道截面连同支承环成为椭圆形。第2阶振型中$2^{\#}$桥墩和$3^{\#}$桥墩的振动方向相反，混凝土桥梁和管道成为一个周期正弦曲线，管道自身的变形比较复杂，在两端，伸缩界连接处，截面为扭曲的椭圆形状，在$3^{\#}$桥墩附近管道整体变形曲线的拐角处，管道形状复杂，类似于一个"桃形"和"倒立的桃形"。这是管道整体变形扭曲导致的。第3阶振型的整体振型类似于第1阶振型，幅值相对于第1阶振型较小，管道的变形和幅值较第1阶振型明显增大。在建立模型时，考虑到水体受到管道的完全包围，所以将水体质量加在管道上，这里之所以表现出管道自身的大的振动幅值，主要就是由于管道自身的质量以及水体的附加质量所致，管道在径向管壁薄，刚度较小，类似于结构中的鞭梢效应，管道的振动幅值剧烈增加。第4阶振型中，基本上为管道自身截面内的振型，整体的振动幅值相对较小，这是管道竖直向弯曲导致的管道自身的变形。各桥跨随着振幅方向的不同，相应的截面变形的形状正好相反，例如当第三跨向下振动时，正视图的相应面积变小，俯视图的相应面积增大，第4跨向上振动时，正视图相应的面积变大，俯视图的相应面积减小。第5阶振型的整体振型微小，主要为管道$\pm 45^{\circ}$方向的变形产生的振型，相邻两跨的变形形状相差90°，即如果第一跨$+45^{\circ}$方向为椭圆的长轴，-45°方向为椭圆的短轴，则第二跨-45°方向为椭圆的长轴，$+45^{\circ}$方向为椭圆的短轴，依此类推，这是由于管道在混凝土桥梁上摆动导致管道自身的变形产生的振型。第6阶振型与第4阶振型相似，但振幅正好相反。第7阶振型为桥墩的振型，管道的振幅很微小。第8阶振型以桥墩振型为主，管道的振幅很微小。管道在桥梁上摆动的同时有较小的扭转振型参与。第9阶振型表现出较大的扭转振型。第10阶振型是主要由于管道竖直向弯曲引起的振型。各阶振型图如图9-8-12～图9-8-30所示。

9.9　上管桥整体结构计算与分析

本节主要进行上管桥的结构计算。第9.5节对不考虑伸缩节的上管桥结构进行了详

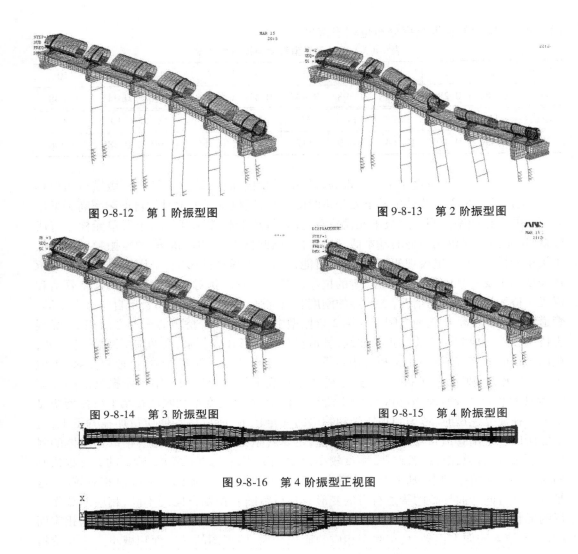

图 9-8-12　第 1 阶振型图　　　　　　　　　图 9-8-13　第 2 阶振型图

图 9-8-14　第 3 阶振型图　　　　　　　　　图 9-8-15　第 4 阶振型图

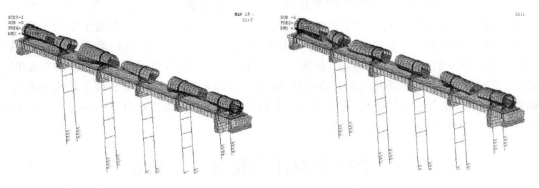

图 9-8-16　第 4 阶振型正视图

图 9-8-17　第 4 阶振型俯视图

图 9-8-18　第 5 阶振型图　　　　　　　　　图 9-8-19　第六阶振型图

图 9-8-20　第 6 阶振型正视图

图 9-8-21　第 6 阶振型俯视图

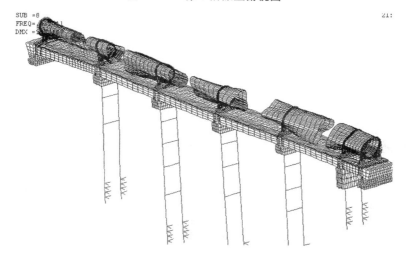

图 9-8-22　第 8 阶振型图

图 9-8-23　第 8 阶振型正视图

图 9-8-24　第 8 阶振型俯视图

细的计算分析,本节进一步对考虑伸缩节弹性作用的管桥结构进行了计算分析,与前面第 9.5 节的计算结果比较说明其结论基本一致。将伸缩节作为弹簧单元模拟的计算结果作为最终管桥结构设计的依据。同时,本节分别采用梁单元模型和板单元模型研究了上管桥结构的自振特性。

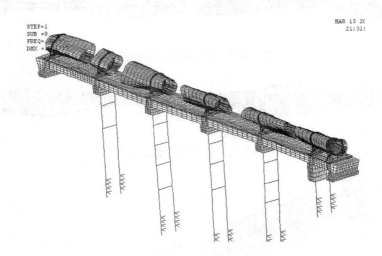

图 9-8-25 第 9 阶振型图

图 9-8-26 第 9 阶振型正视图

图 9-8-27 第 9 阶振型俯视图

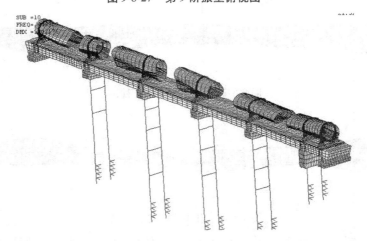

图 9-8-28 第 10 阶振型图

图 9-8-29　第 10 阶振型正视图

图 9-8-30　第 10 阶振型俯视图

9.9.1　上管桥强度计算与分析

9.9.1.1　上管桥计算结果

上管桥的结构基本与下管桥相同,主要的不同之处在于下管桥的水头压力较大,而上管桥水头压力较小。但其结构形式和跨度以及荷载基本相同,所以上管桥未进行关于中间是否设支承环支座的论证,而是直接采用下管桥的论证结论。因此,上管桥仍然采用桥墩中间不设支座的布置方案(最大跨度 20 m),采用简支混凝土桥梁,在明管道的上下游端部设两个伸缩节,采用波纹管伸缩节。

上管桥计算时所采用的假定完全与下管桥相同。地基弹簧刚度以及荷载按照第 9.3 节的结果施加。上管桥也采用两个伸缩节布置在两端的方案。伸缩节和下管桥的参数相同,所以伸缩节弹簧刚度的模拟处理方法与下管桥相同,具体计算参数参考表 9-7-2。同时,考虑钢管和桥梁之间支座的摩擦力。

所计算的荷载作用和计算方法,请参考下管桥的计算和以上各章的计算分析,这里不再一一重复叙述。

9.9.1.2　计算结果分析

上管桥整体模型计算结果汇总见表 9-9-1。

第四强度等效应力最大值为 116 MPa,能够满足强度的要求。计算结果基本与第 9.5 节的计算结果一致,所以这里不再进行详细的分析。

9.9.2　模态分析计算模型与成果分析

为分析上管桥结构的自振特性,通过整体模态分析计算了管桥结构的自振频率和振型。为研究管道自身振型的影响,这里分别采用梁单元和板单元两种单元来模拟压力管道。其计算模型和处理方法与下管桥基本相同,不再详细说明。

9.9.2.1　梁单元模型管道整体自振特性计算

1)计算模型和荷载

计算模型采用图 9-9-1 所示的模型,上部管道以梁单元模拟。其他的有关假定和荷载同 9.8.2.1 节所述。

表 9-9-1　上管桥整体分析校核强度汇总（两个伸缩节布置方案）

名称	项目	值	发生位置
钢管	横桥向位移（mm）	7.61（-3.67）	钢管的侧缘
		2.54	桥梁第 3 跨跨中
	伸缩节处横桥向位移（mm）	0.55	下游
		0.23	上游
	竖直向位移（mm）	8.18	钢管顶
		5.24	桥梁第 2、3 跨跨中
	最大轴向位移（mm）	9.12	上游伸缩节处
		-7.88	下游伸缩节处
	轴向最大应力（顺桥向）（MPa）	25.24	2# 支承环上缘
		-25.43	4# 支承环下缘
	环向最大应力（MPa）	117.78	除支承环以外的所有管道上；
		-27.28	4# 墩支承环附近应力
	竖直向最大应力（MPa）	151.78（-152.96）	4# 墩支承环边缘
桥墩	最大轴力（kN）	-5 680	2#、3#、4# 桥墩最下端
	弯矩（kN·m）	609.0	3# 桩最下端
		279	3# 桥墩下端
桩底沉降量（mm）	1# 桩	-0.970 01　　-1.065 6	分别为各灌注桩桩底的沉降量，背风面桩的沉降量较大，迎风面的沉降量较小
	2# 桩	-0.712 68　　-0.821 77	
	3# 桩	-0.745 30　　-0.888 60	
	4# 桩	-0.751 91　　-0.835 08	
	5# 桩	-0.967 30　　-0.975 03	
伸缩节处转角		1'15"	上游伸缩节处转角
		1'00"	下游伸缩节处转角

计算结果及其说明

应力控制位置	1.跨中管壁（整体膜应力）	2.支承环及其近旁管壁边缘（局部膜应力）	3.支承环及其近旁管壁（包括局部膜应力和局部膜应力加弯曲应力两种情况）
最大等效应力（MPa）	115.85	115.1	116.5
出现位置	第 5 跨跨中下缘	4# 支承环上缘	4# 支承环钢管上缘
最小等效应力（MPa）	102.05	9.25	7.33
出现位置	5# 支承环钢管上侧缘	4# 支承环侧缘	5# 支承环钢管侧缘
γ_d	1.6	1.3	1.1
$\dfrac{f_s}{\gamma_0 \varphi \gamma_d}$	187.5	230.7	272.7
评价结论	符合要求	符合要求	符合要求

利用公式(9-8-1)所计算的各跨等效节点附加质量为:

第一跨:$m = 3.14 \times 1.95^2 \times 18 \times 1\,000/13 = 1.65 \times 10^4 (\text{kg})$

第二跨:$m = 3.14 \times 1.95^2 \times 20 \times 1\,000/15 = 1.59 \times 10^4 (\text{kg})$

第三跨:$m = 3.14 \times 1.95^2 \times 20 \times 1\,000/15 = 1.59 \times 10^4 (\text{kg})$

第四跨:$m = 3.14 \times 1.95^2 \times 20 \times 1\,000/15 = 1.59 \times 10^4 (\text{kg})$

第五跨:$m = 3.14 \times 1.95^2 \times 20 \times 1\,000/15 = 1.59 \times 10^4 (\text{kg})$

第六跨:$m = 3.14 \times 1.95^2 \times 9.95 \times 1\,000/7 = 1.70 \times 10^4 (\text{kg})$

支承环的附加质量:

$$m = 3.14 \times (2.25^2 - 1.95^2) \times 0.03 \times 2 \times 7\,800 = 1.85 \times 10^3 (\text{kg})$$

其中,2.25 m 和 1.95 m 分别为支承环的外、内径,0.03 m 为支承环的厚度,7 800 kg/m³ 为钢材的密度。

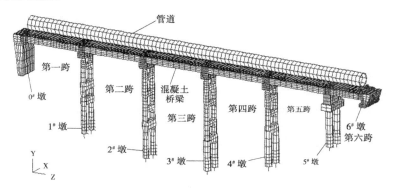

图 9-9-1　上管桥自振特性分析模型

2)计算结果与分析

计算自振特性时阻尼取常系数阻尼 0.05。

结构的前 20 阶频率列于表 9-9-2。如 9.8.2.1 节所述,我们计算前 20 阶振型来验证其振动特性,一般可以满足工程要求。

表 9-9-2　梁单元模型上管桥结构自振频率　　　　　　　　　　(单位:Hz)

阶次	1	2	3	4	5	6	7	8	9	10
频率	0.164	0.288	0.334	0.422	0.440	0.482	0.542	0.617	0.629	0.765
阶次	11	12	13	14	15	16	17	18	19	20
频率	0.808	0.850	0.850	0.866	0.872	0.901	0.974	0.97	0.982	1.01

从自振频率看,最接近地震卓越周期的振型为第 20 阶振型,周期值为 0.98 s。按照Ⅱ类场地土计算,地震的卓越周期为 0.1 ~ 0.3 s。可见,结构较好地避开了地震卓越周期。对抗震有利,说明藤子沟上管桥结构的设计从抗地震角度评价是合理和可行的。

上管桥的前七阶振型与下管桥的前七阶振型相似。

第 8 阶振型图如图 9-9-2 所示,2#桥墩和 3#桥墩的振动方向相反,而且在第一跨和第五跨的混凝土桥梁上有微小的局部振型出现;第 9 阶振型是混凝土桥梁和桥墩的局部振型,管道的振幅几乎为零;第 10 阶为桥梁和管道的竖直向振动以及桥墩的弯曲振型,但管道的振动相对较小,振型图如图 9-9-3 所示;第 11 阶振型为桥墩和混凝土桥梁的振型,管道的振幅很小;第 12 阶振型类似于第 10 阶振型;第 13 阶振型为混凝土桥梁的振型,管道振幅很小;第 14 阶振型为竖直向振型,管道也有比较大的振幅,振型图如图 9-9-4 所示;第 15 阶至第 20 阶振型均以混凝土桥梁和桥墩的振型为主,管道的振幅微小,这里不再详细描述。

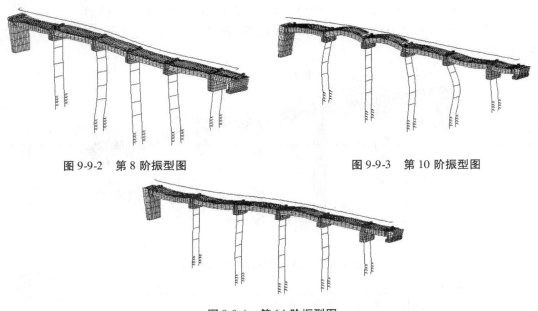

图 9-9-2　第 8 阶振型图　　　　　　　　　图 9-9-3　第 10 阶振型图

图 9-9-4　第 14 阶振型图

9.9.2.2　板单元模型管道振动特性计算

1)计算模型

有关假定和计算荷载(附加质量)的规定同 9.8.2.2 所述。

利用公式(9-8-1)计算各跨管内水体的附加质量分别为:

第一跨:$m = 3.14 \times 1.95^2 \times 17.47 \times 1\,000/924 = 226(\text{kg})$

第二跨:$m = 3.14 \times 1.95^2 \times 19.55 \times 1\,000/990 = 236(\text{kg})$

第三跨:$m = 3.14 \times 1.95^2 \times 19.55 \times 1\,000/990 = 236(\text{kg})$

第四跨:$m = 3.14 \times 1.95^2 \times 19.55 \times 1\,000/990 = 236(\text{kg})$

第五跨:$m = 3.14 \times 1.95^2 \times 19.55 \times 1\,000/990 = 236(\text{kg})$

第六跨:$m = 3.14 \times 1.95^2 \times 9.47 \times 1\,000/792 = 143(\text{kg})$

利用公式(9-8-1)计算支承环处的附加质量:

$$m = 3.14 \times 1.95^2 \times 0.53 \times 1\,000/330 = 19.18(\text{kg})$$

2)计算结果与分析

表 9-9-3 所示为前 20 阶自振频率,第 1 阶频率为 0.175 Hz。

表 9-9-3　板单元模型上管桥结构自振频率　　　　　　　　（单位:Hz）

阶次	1	2	3	4	5	6	7	8	9	10
频率	0.175	0.278	0.331	0.334	0.390	0.398	0.404	0.405	0.414	0.423
阶次	11	12	13	14	15	16	17	18	19	20
频率	0.425	0.431	0.436	0.442	0.444	0.449	0.463	0.469	0.476	0.482

　　前 3 阶振型和 9.8.2.2 中描述的相同;由于上管桥相对于下管桥,边墩的约束变弱,主要是由于上管桥 0# 墩较高,所以第 4 阶振型不同于下管桥第 4 阶振型,表现为混凝土桥梁的顺桥向振动,管道的振幅很小;第 5 阶振型和第 6 阶振型分别同下管桥板单元模型的第 4 阶与第 5 阶振型(9.8.2.2 节);第 7 阶振型为整体横桥向振型和上部管道的振型,管道的局部变形较大,变形的形状随着整体振幅的正负有所不同,如图 9-9-5 所示;第 8 阶振型为管道竖直向弯曲振动,管道的形状随着振动方向的不同有所不同,第 4 跨和第 5 跨管道的振幅较大,其他跨的振幅很小,振型图如图 9-9-6 所示;第 9 阶振型类似于第 8 阶振型,但第 1 跨、第 2 跨和第 3 跨的管道横桥向振型较为明显;第 10 阶振型为桥墩的振型,管道的振幅微小。

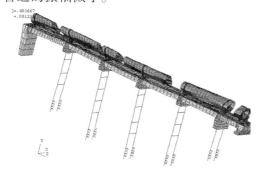 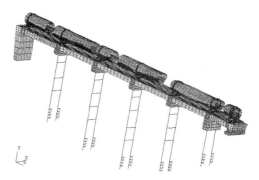

图 9-9-5　第 7 阶振型图　　　　　　　　　　　　　图 9-9-6　第 8 阶振型图

9.10　结论与建议

　　通过对藤子沟水电站上管桥和下管桥结构的整体三维有限单元法分析,进行了压力钢管的强度复核和管桥整体结构的固有振动特性分析,对支承环支座的布置方案和伸缩节的布置形式进行了多方案比较,确定了合理的布置方案,为设计提供了可靠依据,以下对主要的计算成果加以总结,并对管桥结构设计提出参考建议。

9.10.1　主要结论

9.10.1.1　支座间距论证

　　对藤子沟水电站支座间距进行了详细深入的论证分析,分别采用了两种模型,即单跨简化模型和整体结构模型。分析的结论为:从应力强度的要求复核,采用 20 m 跨度的方案是完全可行的。20 m 跨度方案(跨中不设支撑环)的管道轴向应力符合设计规范不超过环向应力15%的建议,且综合等效应力低于钢材的设计强度,钢管的强度裕量较大,结构是安全的。

钢管支座间距采用20 m 方案,在桥墩的跨中不再设中间支座和支承环,支座均坐落于桥墩上,管道的受力明确,变形均匀,布置方便。支承环和支座的数量减少,加工、安装和维护等工作量减小。最主要的优点在于,横梁由于不再承担钢管的荷载,其受力只有自重和检修交通荷载,其设计变得异常简单,断面可适当减小,施工等非常方便,可节省工期和工程量,经济效益显著。

9.10.1.2 伸缩节布置方案论证

对伸缩节布置在不同位置(上游端、下游端、中间)和一个伸缩节与两个伸缩节方案,进行了计算分析。从应力强度的角度评价,上述布置方案均是可行的,钢管应力均满足强度要求。由于两个伸缩节布置在两端的方案,管桥的应力和变形相对较小,支座滑动的距离较短,整个管桥结构适应不均匀变形的能力更强,因此,推荐在明管道的上下游端部设两个伸缩节。

通过计算,给出了伸缩节的三向变位值和转角,可以作为伸缩节选型与设计的依据。建议采用波纹管伸缩节,上下管桥采用相同型号规格的伸缩节,其结构参数初定为:轴向位移补偿量 ± 30 mm,横向位移补偿量 ± 1.5 mm,角向位移补偿量 $\pm 0.03°$,安装一次性补偿量 ± 10 mm,轴向总刚度为 29.8 kN/mm。

9.10.1.3 压力钢管强度复核

综合考虑了结构自重、管内水体重量和内水压力、风荷载、水流冲力、支座摩擦力和伸缩节轴向刚度等荷载作用,采用三维有限元法计算钢管的应力。计算结果表明,上、下管桥钢管的最大等效应力分别为116.5 MPa 和128.27 MPa,支承环局部最大应力分别为151.8 MPa 和159.0 MPa,均低于钢材的设计强度,按照承载力极限状态复核,均可满足要求。

9.10.1.4 桥梁强度复核

桥墩在各种荷载综合作用下,上管桥最大轴力和弯矩分别为5 680 kN 和609 kN·m,灌注桩桩底最大沉降量约为 0.97 mm;下管桥最大轴力和弯矩分别为 5 860 kN 和837 kN·m,灌注桩桩底最大沉降量约为1.23 mm。根据现行设计的构造和断面尺寸,进行配筋验算,认为内力和配筋均可满足要求,灌注桩和桥墩的强度满足要求,桩基沉降量较小。至于横梁的设计,由于取消中间支座,横梁不再是压力钢管的支承结构,仅起交通桥的作用,梁的受力简化,断面可减小,强度不再成为技术问题。

9.10.1.5 管桥结构固有振动计算

利用整体结构模型计算了管桥结构的自振频率和振型,分别利用梁单元和板单元模拟管道的横向弯曲振动和径向振动。上管桥结构的第 1 阶自振频率为 0.164 Hz/0.175 Hz,下管桥结构的第 1 阶自振频率为 0.168 Hz 和 0.181 Hz。计算说明,由于管桥结构的高度和跨度均较大,自振频率较低,结构柔度较大。结构自振周期较长(5.5 s 以上),不在地震卓越周期范围(0.1~0.3 s)之内,对抗地震有利。由于管桥结构距离水轮机较远,中间有调压井阻隔,水轮机的脉动压力不可能传递到明管段,与机组振源的耦合共振发生的可能性很小。

9.10.1.6　影响因素分析

计算成果表明,管桥结构受力的主要控制因素为管道自重和水体重量以及内水压力、风压力和河流水流的冲击力有一定作用,管道中间支座的摩擦力和伸缩节的轴向力作用较小。灌注桩基础的沉降量相对较小,说明基础的刚强度较大,对整体受力和稳定性有利,基础沉降变形对压力管道的影响相对较小。

9.10.2　参考意见和建议

通过上述一系列的计算分析工作,并经过对国内外类似工程设计经验和研究成果的总结,加深了对管桥结构受力特征和技术关键的认识,提出若干意见和建议供参考和讨论。

（1）国内压力钢管支座间距的选取一般在 6～10 m 的范围,本课题经过认真而慎重的论证,并参考规范的建议和国外的经验,推荐采用 20 m 的支座间距,在材料、加工、安装和维护等各个方面质量均有保证的前提下,基于现有的理论和计算技术,是完全可行的,也是非常经济的。

（2）桥墩支座处的受力较为集中,支承环所传递的荷载巨大,应做好局部的设计和加强。同时,支承环的局部应力较大,受力条件复杂,应保证材料、加工和焊接等方面的质量。

（3）波纹管伸缩节一般可代替管道的凑合节。凑合节的焊接应注意时间选择,尽量在气温接近年平均温度的时间合拢。

（4）横梁采用简支梁是可行的,断面可适当减小。由于梁的荷载很小,也可采用其他轻型结构,如钢结构,便于施工安装。

（5）钢管支座型式可参考桥梁支座,采用聚四氟乙烯滑动支座结构。

10　泄洪消能整体水工模型试验研究

10.1　概　述

藤子沟水电站位于重庆市石柱县境内龙河上游河段,坝址距石柱县城 27 km。藤子沟水电站是龙河梯级电站的龙头水库,该工程以发电为主,兼有防洪、养殖、旅游等功能。工程规模为大(2)型,等别为Ⅱ等。藤子沟水电站采用混合式开发方式,其工程由大坝、引水系统和厂区系统三大部分组成,总库容 1.92×10^8 m³,装机两台,总装机容量 66 MW。

大坝为混凝土双曲拱坝,最大坝高 127.0 m,坝顶高程 777.0 m,泄洪建筑物是在坝顶中部设三个表孔泄洪,每孔净宽 12.0 m,堰面为 WES 曲线,方程为 $y = 0.065\ 1x^{1.85}$,堰顶高程为 764.0 m,正常蓄水位 775.0 m,死水位 725.0 m。

藤子沟水电站河谷狭窄,大坝下游地质条件较差,而大坝为双曲拱坝,最大泄洪量为 3 286 m³/s($P = 0.1\%$)。全部由坝身泄洪,使得泄洪消能问题突出。为此,本书重点对大坝的泄洪消能问题进行研究。具体布置见图 10-1-1。

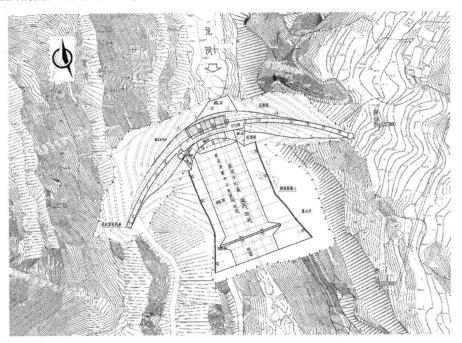

图 10-1-1　双曲拱坝平面布置

10.2 试验内容和要求

设计提供的各频率洪水,泄流量与上、下游水位关系见表 10-2-1。对表中 10 种工况,分别进行以下试验研究:

表 10-2-1 泄洪各频率泄流量与上下游水位关系

工况	洪水频率（%）	水库最高水位（m）	相应最大泄量（m³/s）	相应下游水位（m）
1	0.10	776.72	3 286	676.21
2	0.20	776.22	3 085	675.87
3	0.50	775.67	2 876	675.51
4	1	775.35	2 756	675.29
5	2	775.02	2 638	675.07
6	3.3	775.00	2 340	674.52
7	5	775.00	2 080	674.00
8	10	775.00	1 640	673.03
9	20	775.00	1 220	672.03
10	50	775.00	700	670.25

（1）验证泄洪孔在各种频率洪水下的泄洪能力。

（2）挑流方案泄洪消能试验。包括观测水流流态,断面流速分布,冲刷深度、挑距、水舌入水范围、最大冲深。

（3）跌流方案泄洪消能试验。①调整泄洪孔形状,优化堰面曲线,以期达到较好的消能效果。②确定水垫塘的水垫深度并优化水垫塘长度、宽度及二道坝顶高程等几何尺寸。③观测泄洪时的流态和各种水力参数,如河道水位、流速、堰上水面线等;射流冲击参数,水垫塘底板时均压力,脉动压力,溅水雾化分区情况,提出岸坡防护建议等。④按水库调度情况进行不同组合下的不同闸门开度的泄洪试验。

10.3 试验设备及测试仪器

（1）流速采用 CYS 直读式流速仪测量。

（2）冲刷、水位等采用水准仪、测针、测尺测量。

（3）时均压力采用测压管测量。

（4）脉动压力采用 YL-100 型压力传感器配 DJ800 多功能数据采集仪与微机系统,通过软件 SG200 控制,采集检测记录处理等。

10.4　模型设计

模型按重力相似准则设计,模型几何比尺为1：50,各水力参数模型比尺见表10-4-1。

表 10-4-1　水力参数比尺

几何比尺 λ_L	流量比尺 λ_Q	流速比尺 λ_V	频率比尺 λ_f	时间比尺 λ_T
50	17 678	7.07	1	7.07

模型取坝上游水库长 500 m,两岸高程 780 m,坝下游长 800 m,两岸高程 700 m。溢流堰和上游库区、下游河道分别采用水泥砂浆刮制和抹制,水垫塘及二道坝用有机玻璃制作。

模型制作及安装精度按水利部发布的《水工(常规)模型试验规程》(SL 155—1995)控制。

10.5　试验成果及分析

根据设计要求,试验先后开展了挑流方案和跌流方案试验研究。

10.5.1　挑流方案泄洪消能试验

挑流消能采用坝顶挑流布置,如图 10-5-1 所示,三个泄洪孔每孔宽 12 m,泄洪孔编号从左岸起依次为 $1^\#$ 孔、$2^\#$ 孔、$3^\#$ 孔。堰面采用 WES 堰面型式,挑角 $\theta = 30°$,鼻坎高程为 757.18 m,反弧半径 5 m。

为了探讨藤子沟电站泄洪消能布置采用挑流消能的可行性,试验首先分别对大坝 100 年一遇、50 年一遇、5 年一遇洪水泄洪时流态和坝下游冲刷情况进行了观测。

坝下游冲坑部位岩石采用散粒体碎石模拟,根据设计提供的泥岩抗冲流速 $V_a = 4$ m/s,按 $V_a = (5\sim7)\sqrt{D}$ 公式计算,选择模型冲刷料粒径 $D = 9$ mm。模型冲刷时间为 2.5 h,约合原体 18 h。

10.5.1.1　水流流态、流速

当宣泄 100 年一遇洪水时,水舌自堰顶经鼻坎挑起,高速射向下游水面,三孔水舌均以俯角 65°~75°成"一"字排开,布满河宽。射流在下游河道水垫中扩散,在其上、下游和两侧产生旋滚,水面波动剧烈。测得水舌外缘挑距 $L_0 = 75$ m(距坝脚),内缘距坝脚最近为 55 m,水舌入水宽度为 54 m。冲坑下游断面流速分布见表 10-5-1,最大流速在右岸边为 12.03 m/s,水舌入水两侧和上游回流流速最大为 6.48 m/s。

表 10-5-1　流速　　　　　　　　　　　　　　　（单位：m/s）

断面	左	左中		中		右中		右
	表	底	表	底	表	底	表	表
0+200	8.22	7.66	8.69	6.34	8.39	8.40	8.78	10.94
0+240	8.90	6.38	7.32	7.20	8.90	6.73	8.72	12.03

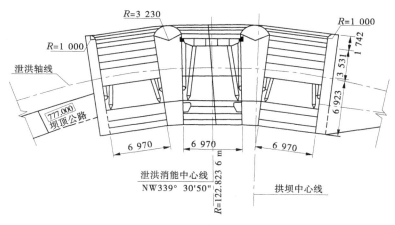

（a）泄洪孔平面图

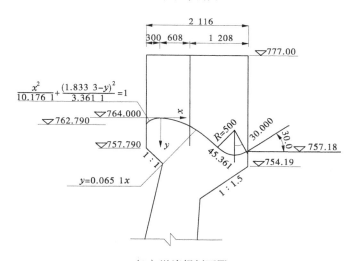

（b）溢流坝剖面图

单位：

高程以m计，尺寸以cm计。

图 10-5-1　挑流消能方案堰型布置

10.5.1.2 冲刷

当以上述三种频率洪水泄洪时,受到入水水舌巨大的冲击,可松动的岩块被迅速卷起冲向下游,在坝下游500~700 m处落淤。试验观测的冲刷情况非常严重,见表10-5-2,坝下游冲刷地形见图10-5-2。

表10-5-2　坝下游冲刷情况

工况	闸门调度	冲坑最深点高程 (m)	冲坑深度 (m)	冲坑最深点位置(m)	
				距坝脚	距泄洪中心线
$P=2\%$ $Q=2\ 638\ \mathrm{m^3/s}$ $Z_{下}=675.07\ \mathrm{m}$	三孔全开	628.71	34.8	80.0	左0.20
$P=2\%$ $Q=1\ 220\ \mathrm{m^3/s}$ $Z_{下}=672.03\ \mathrm{m}$	1#全关 2#、3#孔 均开5.8 m	641.51	22.0	70.2	左2.85

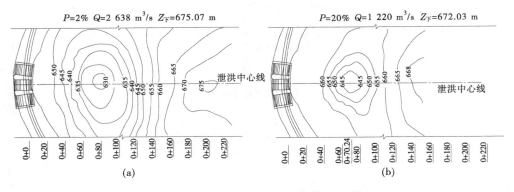

图10-5-2　挑流方案泄洪坝下游冲刷图

当宣泄5年一遇洪水时,冲坑挑距$L_d=68.00\ \mathrm{m}$,冲坑最深点高程为641.51 m,最大冲深约22.00 m,距坝脚70.20 m,在泄洪中心线左2.85 m,冲坑上游坡度$i=1:2.5$,当宣泄50年一遇洪水泄洪时最大冲深34.30 m,100年一遇洪水泄洪时冲坑深度也大于30 m。

10.5.1.3 小结

上述试验成果表明,本工程如果采用坝顶挑流,落差较大(平均落差100 m左右)、射流入水角度偏大,为65°~75°,水舌入水集中($P=1\%$,入水单宽流量$q_\lambda=51\ \mathrm{m^3/(s\cdot m)}$),坝下为泥岩,地质条件较差,使坝下游冲刷严重,冲坑距坝脚太近,威胁大坝的安全稳定,故对本工程来说泄洪消能方案不适宜采用挑流消能布置,应对消能布置型式进一步优化。

10.5.2　跌流方案泄洪消能试验成果

针对本工程河谷狭窄、落差大、表孔集中泄洪的特点,采用跌流加水垫塘联合消能的泄洪消能布置形式,以底板动水冲击压力$\Delta P<15\times9.81\ \mathrm{kPa}$为控制标准,开展了泄洪消能跌流布置形式的试验研究。

10.5.2.1 方案比选

跌流泄洪消能布置原方案:坝顶三个泄洪表孔为俯冲跌流式,堰面曲线 WES,方程为 $y = 0.065x^{1.85}$,堰顶高程 764.0 m,出口高程为 750.328 m。坝下游设水垫塘长 110.0 m、宽 55.0 m、底板高程为 656.0 m、二道坝高 11.5 m、顶高程 667.5 m,水垫塘两侧混凝土衬砌高程为 676.7 m。

通过对原方案分析,认为:泄洪孔俯角过大,约 54°,水垫塘水垫较浅,射流将对水垫塘底板产生很大的冲击力,影响坝体稳定,故对原方案进行了修改。

修改方案Ⅰ是在原方案的堰顶下游面做切线,使出口曲面为平面,堰面出口俯角减小为 40°,出口高程抬高 2.1 m。但试验观测到:当宣泄 500 年一遇洪水时,水舌入水集中;入水宽度约 42 m、厚度 3~4 m、入水角度 78°左右,水舌落点距坝脚不到 40 m,测得底板最大动水冲击力 $\Delta P = 56.7 \times 9.81$ kPa,远大于 15×9.81 kPa。

修改方案Ⅱ是在修改方案Ⅰ基础上,将各孔出口加设齿坎,并减小 1#、3# 孔堰面俯角至 35°,使各孔水舌扩散、拉开,呈弧线跌落入水面,当宣泄 100 年一遇洪水时,测得最大 $\Delta P = 22.6 \times 9.81$ kPa,仍大于 15×9.81 kPa 的控制标准。并且二道坝前壅水较高,水流越出二道坝后形成严重跌流。

修改方案Ⅲ是将水垫塘加长到 135 m,二道坝高程降低到 666.0 m。将修改方案Ⅱ的 2# 孔俯角也减小 5°,为 35°。在 1#、3# 孔齿坎另一侧加小齿坎,使水舌以大弧线落入水垫中,但由于 1#、3# 孔水舌入水叠加,底板受力集中,测得 100 年一遇洪水泄洪水垫塘底板最大动水冲击力为 17.8×9.81 kPa,还大于 15×9.81 kPa,且 3# 孔水翅有时砸击右岸坡。跌流各方案试验成果比较列于表 10-5-3 中。

10.5.2.2 推荐方案试验

为了降低底板的动水冲击力 ΔP 值,满足小于 15×9.81 kPa 的控制标准,综合分析修改方案Ⅱ、修改方案Ⅲ的特点,认为解决问题的关键是调整堰面出口俯角和齿坎。具体尺寸见表 10-5-4,三个孔堰面出口俯角分别是:1#、2# 孔 35°,3# 孔 30°,出口高程是 1#、2# 孔 754.31 m,3# 孔 755.50 m;1#、3# 孔坎长 3 m、宽 6.5 m,1# 孔、2# 孔、3# 孔出坎角度分别为 0°、俯角 15°、挑角 10°,坎高程分别为:756.03 m、755.23 m、757.52 m;水垫塘长 135 m,后接 20 m 护坦;二道坝高程为 666.0 m。经过优化的推荐方案坝身及水垫塘纵剖面见图 10-5-3,孔口体型布置见图 10-5-4。

10.5.2.3 泄流能力验证

1)试验条件

试验条件是三孔敞泄,库水位为 776.78~768.76 m,$Z \sim Q$ 曲线见图 10-5-5。其流量系数 $m = 0.431 \sim 0.463$,m 的计算公式为

$$m = \frac{Q}{nB\sqrt{2g}\,H_0^{1.5}}$$

式中:$n = 3$;$B = 12$ m;$H_0 = Z_{\text{上游水位}} - Z_{\text{堰顶高程}}$。

从试验结果看,本枢纽泄流能力可以满足设计要求,当宣泄 1 000 年一遇洪水时,测得 $Z_{\text{上}} = 776.60$ m,低于设计水位($Z_{\text{上}} = 776.72$ m)0.12 m;当宣泄 200 年一遇洪水时,测得 $Z_{\text{上}} = 775.55$ m,低于设计水位($Z_{\text{上}} = 775.67$ m)0.12 m。

表 10-5-3　跌流各方案试验成果比较

跌流方案	泄洪孔出口形式 堰型	俯角(°) 1#	俯角(°) 2#	俯角(°) 3#	齿坎尺寸 1#	齿坎尺寸 2#	齿坎尺寸 3#	齿坎位置 1#	齿坎位置 2#	齿坎位置 3#	试验成果 流态	试验成果 底板上动水冲击力最大值 ΔP (×9.81 kPa)
原方案	WES曲线	54	54	54								
修改方案 I		40	40	40	长3 m，宽6 m，挑角10°	长3 m，宽6 m，挑角10°	长3 m，宽6 m，挑角10°	靠右边墩	中间	靠左边墩	水舌入水集中，入水角度大于73°，水舌落点距坝脚不到40 m	56.7>15 (P=0.2%)
修改方案 II	在WES堰面做切线	35	40	35	长3 m，宽6 m，挑角10°	长3 m，宽6 m，挑角10°	长3 m，宽6 m，挑角10°	靠左边墩	中间	靠右边墩	各孔水舌扩散呈弧线形落入水垫中，入水角度大于70°小于75°，距坝脚最近为50 m	22.6>15 (P=1%)
修改方案 III		35	35	35	在原齿坎另一侧加小坎，长0.6 m，宽6 m，挑角0°	长3 m，宽6 m，俯角15°	在原齿坎另一侧加小坎，长0.6 m，宽6 m，挑角0°	靠左边墩	中间	靠右边墩	1#,3#孔水舌呈大弧线落入水垫中，1#,3#孔水翘时有砸击左右岸坡	17.8>15 (P=1%)
推荐方案		35	35	30	小坎取消，大坎调整为长9 m，宽6 m，挑角0°	长3 m，宽6.5 m，俯角15°	小坎取消，大坎调整为长9 m，宽3 m，挑角10°	靠右边墩	中间	靠左边墩	各孔水舌错开分层，呈近似椭圆弧线落入水垫中	13.7<15 (P=1%)

表 10-5-4　泄洪孔几何尺寸

孔编号 (左岸起)	闸孔宽度 (m)	堰顶高程 (m)	出口俯角 (°)	出口高程 (m)	坎宽度 (m)	坎长度 (m)	出坎俯角 (°)	坎高程 (m)
1#	12	764	35	754.31	9	3	0	756.03
2#	12	764	35	754.31	6.5	3	15	755.23
3#	12	764	30	755.5	9	3	−10	757.52

2) 水流流态

按要求试验对上游库区、水舌、水垫塘、二道坝及下游河道进行了流态观测。

(1) 库区流态。库区水面较为平静,进流顺畅,敞泄时闸墩附近未见漩涡,1#孔、3#孔各左、右边墩进口下游侧有收缩。闸门局部开启控泄时,闸墩进口处时有漩涡。

(2) 水舌流态。如图 10-5-6 所示,各孔水舌分层错开,3#孔水舌在最前(向下游)、1#孔水舌在其后、2#孔水舌在最后,出口后水舌厚度逐渐变薄,呈弧状水帘跌落水垫塘中。在水面上 1#孔、3#孔水舌均以 3/4 大缺口椭圆曲线,并连接成为上游缺口椭圆曲线(在长轴方向),2#孔水舌独自也以小缺口椭圆曲线(在长轴方向),被括在 1#、3#水舌弧线内,分区分层沿弧线均匀散开,每孔落水弧线即水舌厚度约 1 m。各工况下大坝泄洪射流参数见表 10-5-5。

宣泄 1 000 年一遇洪水,水舌入水角度为 70°~74°,入水宽度约为 57 m,入水范围为 0+52 m~0+72 m(注:0+000 m 为坝脚);宣泄 100 年一遇洪水时,水舌入水角度为 70°~72°,入水宽度约为 52 m,入水范围为 0+50 m~0+71 m。当宣泄 10 年一遇、5 年一遇洪水时,1#孔关闭,2#、3#孔控泄,弧状水帘比较明显,3#孔水舌将 2#孔水舌包在里面,两孔水舌独立沿各自曲线落入水面。综合各工况看入水范围为最远约 0+80 m,最近约 0+48 m。

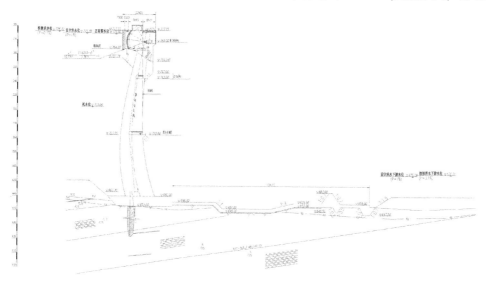

图 10-5-3　坝身及水垫塘纵剖面图

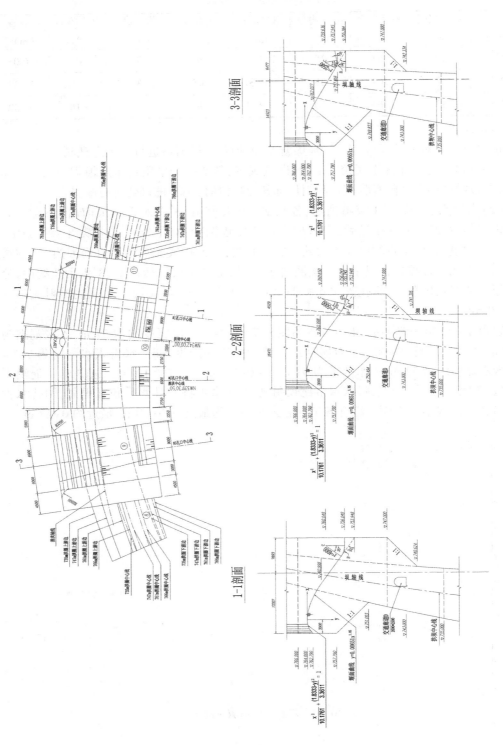

图 10-5-4 孔口体型布置图

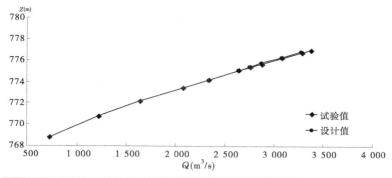

流量 $Q(\mathrm{m^3/s})$	3 383	3 285	2 876	2 638	2 340	2 080	1 640	1 220	714
试验水位 $Z(\mathrm{m})$	776.78	778.60	775.55	774.95	774.12	773.40	772.10	770.70	768.76
设计水位 $Z(\mathrm{m})$		776.72	775.67	774.02					
流量系数	0.461	0.451	0.459	0.457	0.456	0.453	0.446	0.441	0.431

图 10-5-5　泄洪坝段三孔全开库水位与泄量关系曲线

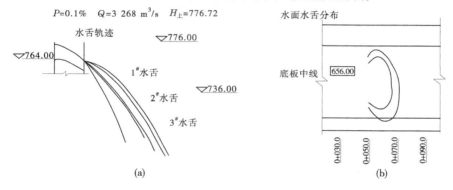

图 10-5-6　水舌轨迹及水面水舌分布图

表 10-5-5　各工况下泄洪射流参数

洪水频率 （%）	泄洪组合	泄流量 （$\mathrm{m^3/s}$）	入水范围 （m）	入水宽度 （m）	入水角度 （°）
0.10	三孔全开	3 286	0+52~0+72	57	70~74
0.20	三孔全开	3 085	0+50~0+72	55	70~73
0.50	三孔全开	2 876	0+50~0+71	54	70~73
1	三孔全开	2 756	0+50~0+71	52	70~72
2	三孔全开	2 638	0+50~0+70	51	70~72
3.30	$1^\#$孔开 5 m $2^\#$、$3^\#$孔全开	2 340	0+50~0+74	53	70~75
5	$1^\#$孔开 5.5 m $2^\#$孔全开、$3^\#$孔开 5.2m	2 080	0+50~0+80	56	65~75
10	$1^\#$孔关 $2^\#$孔全开、$3^\#$孔开 7.4 m	1 640	0+50~0+75	38	62~75
20	$1^\#$孔关 $2^\#$、$3^\#$孔开 5.8 m	1 220	0+48~0+75	43	65~75
50	$1^\#$、$3^\#$孔全关,$2^\#$孔开 6.7 m	700	0+48~0+60	23	62~76

（3）水垫塘流态。由于齿坎挑流的作用，各孔水舌以类似椭圆曲线射入水垫塘内，增大了入水范围，形成多股射流冲击底板，在水垫塘中扩散运动，在塘底部相互影响复杂多变，相互交汇，又受到水垫塘边壁的碰撞折冲，使水垫塘内水流紊动剧烈，水面跌宕起伏，并掺有大量空气，水垫塘内水流分为四个区域：①静水区，在坝脚到射流水舌之间区域，水面基本平稳，有水面波动和回流；②射流入水区，此区水流波动剧烈，水滴飞溅；③回流区，在水舌入水前后，沿水垫塘两侧边坡形成回流；④旋滚区，在水舌入水与二道坝之间，水体挟带着大量的气体，水团翻滚，掺混剪切、扩散。

（4）二道坝下游河道。当宣泄1 000年一遇洪水至50年一遇洪水时，二道坝后水流略有不同程度的跌落，水流出塘后一般在0+200 m调整平顺，在0+220 m～0+240 m河道才接近平稳。当宣泄30年一遇洪水至2年一遇中小洪水时，水流越过二道坝后水面仍有波动，但二道坝后无明显跌落，一般在0+200 m左右河道逐渐平稳。

3）流速

各工况下，二道坝及下游河道四个断面流速分布如图10-5-7所示，试验成果表明：河道断面分布基本对称，河道内无水流折冲现象，由于水垫塘断面比下游河道宽，水流越过二道坝后过水断面有收缩，岸边流速比较大。当宣泄100年一遇洪水时，直到0+240 m断面右岸岸边流速还是11.91 m/s，所以出塘后两岸岸边流速较大，应注意防护。

水垫塘内水舌入水的上游侧左岸回流流速较大，当100年一遇洪水泄洪时达到8.9 m/s，2年一遇洪水泄洪时达到7.4 m/s。

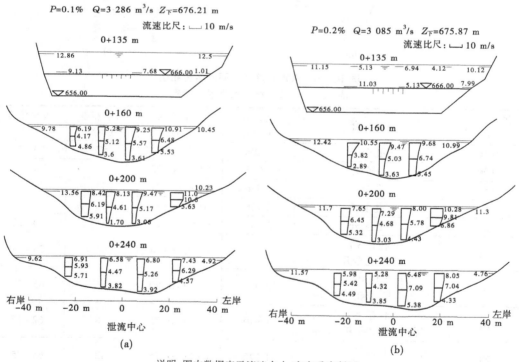

说明：图中数据表示流速大小，方向垂直断面

图10-5-7　坝下游各断面流速分布

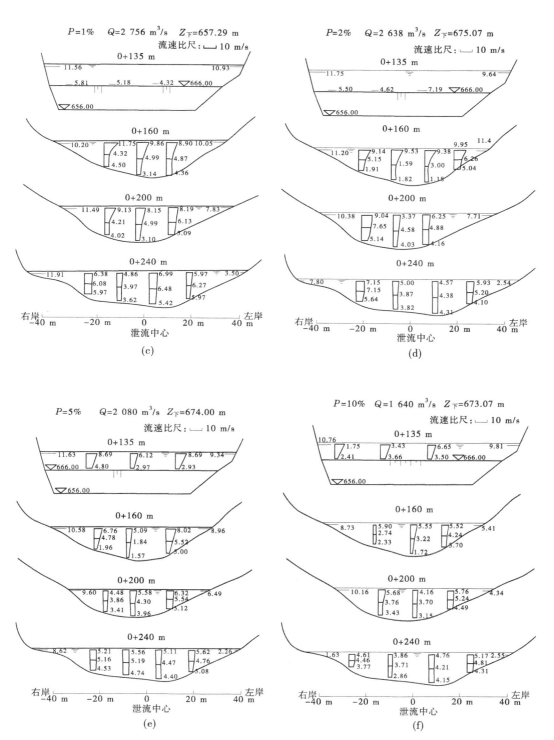

续图 10-5-7

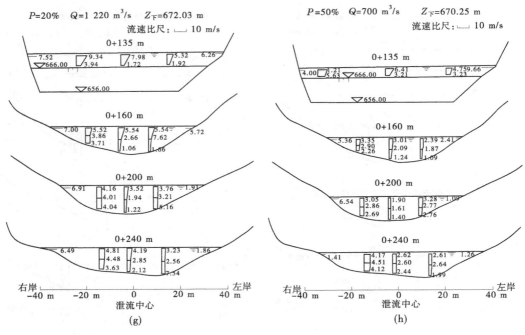

$P=20\%$ $Q=1\ 220\ m^3/s$ $Z_{下}=672.03\ m$

$P=50\%$ $Q=700\ m^3/s$ $Z_{下}=670.25\ m$

流速比尺：└─┘ 10 m/s

流速比尺：└─┘ 10 m/s

(g)

(h)

续图 10-5-7

4）水位

（1）泄洪孔堰面水位。大洪水泄洪,各孔敞泄时,堰面水位如图 10-5-8 所示。当宣泄 1 000 年一遇洪水时,$1^{\#}$、$2^{\#}$、$3^{\#}$ 孔弧门轴处水位分别为：767.53 m、761.79 m、762.94 m,均低于弧门轴高程 796.00 m。

（2）水垫塘及下游河道水位。各工况水垫塘内及下游两岸水位统计见表 10-5-6。

由于下游水深较小,水垫塘内波动大,使水垫塘内两岸涌浪较高,由于左岸坡度较右岸缓,涌浪爬坡高,当宣泄 1 000 年一遇洪水时,在 0+125 m 断面,左岸水位（涌浪爬坡高程）达最高为 684.62 m,右岸为 682.33 m。水垫塘内水舌入水上游区水深比下游水深低 1.2~1.8 m,二道坝跌落差值为 2.4~3.2 m。

5）水垫塘时均动水压力特性

对于本工程来说,坝顶泄洪、坝下水垫塘消能方案的核心问题是水垫塘底板的稳定,而判断底板稳定重要的指标之一是底板上浮力-时均动水冲击压力 ΔP。为此试验分别施测了 10 个工况下的时均动水压力。

水垫塘底板测压点的布置及编号如图 10-5-9 所示,在底板上主要受力区按梅花形分布（2.5~5 m 间距）,共布置 222 个测点;两岸边坡按 5 m 间距共布置 16 个测点（测点高程见表 10-5-8）。

实测水垫塘底板和两岸边坡在各工况下时均压力 P 最大值分别见表 10-5-7、表 10-5-8;水垫塘底板最大测压管水头 H 的空间分布见图 10-5-10;水垫塘底板上动水冲击压力 ΔP 的等势线分布见图 10-5-11。测压管水头 H 的定义为：

$P=0.1\%$ $Q=3\ 286\ \mathrm{m^3/s}$ $Z_{上}=776.60\ \mathrm{m}$

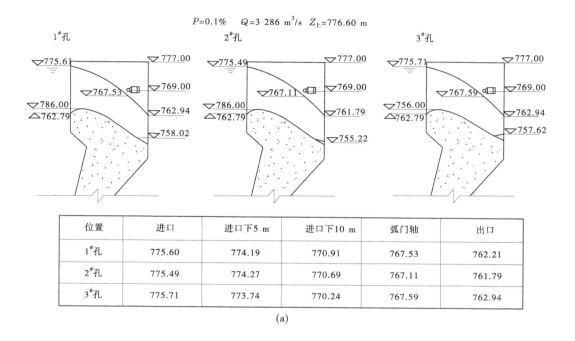

位置	进口	进口下5 m	进口下10 m	弧门轴	出口
1#孔	775.60	774.19	770.91	767.53	762.21
2#孔	775.49	774.27	770.69	767.11	761.79
3#孔	775.71	773.74	770.24	767.59	762.94

(a)

$P=0.2\%$ $Q=3\ 085\ \mathrm{m^3/s}$ $Z_{上}=775.93\ \mathrm{m}$

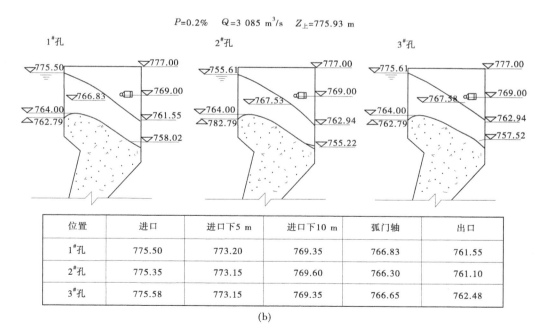

位置	进口	进口下5 m	进口下10 m	弧门轴	出口
1#孔	775.50	773.20	769.35	766.83	761.55
2#孔	775.35	773.15	769.60	766.30	761.10
3#孔	775.58	773.15	769.35	766.65	762.48

(b)

图 10-5-8   各孔中心堰上水面线　（单位:m）

$P=0.5\%$ $Q=2\,876\ \mathrm{m^3/s}$ $Z_{上}=775.55\ \mathrm{m}$

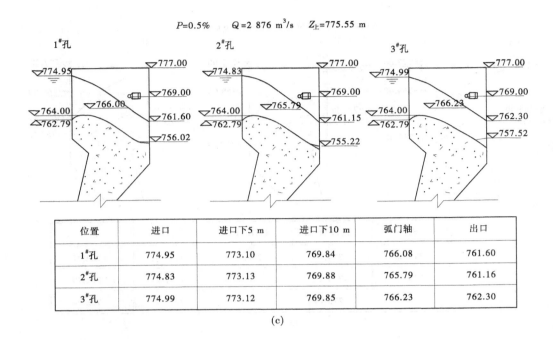

位置	进口	进口下5 m	进口下10 m	弧门轴	出口
1#孔	774.95	773.10	769.84	766.08	761.60
2#孔	774.83	773.13	769.88	765.79	761.16
3#孔	774.99	773.12	769.85	766.23	762.30

(c)

$P=2\%$ $Q=2\,638\ \mathrm{m^3/s}$ $Z_{上}=774.95\ \mathrm{m}$

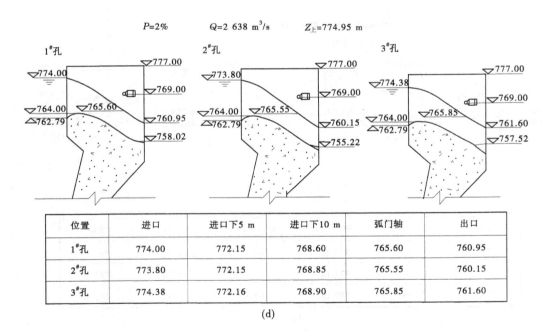

位置	进口	进口下5 m	进口下10 m	弧门轴	出口
1#孔	774.00	772.15	768.60	765.60	760.95
2#孔	773.80	772.15	768.85	765.55	760.15
3#孔	774.38	772.16	768.90	765.85	761.60

(d)

续图 10-5-8

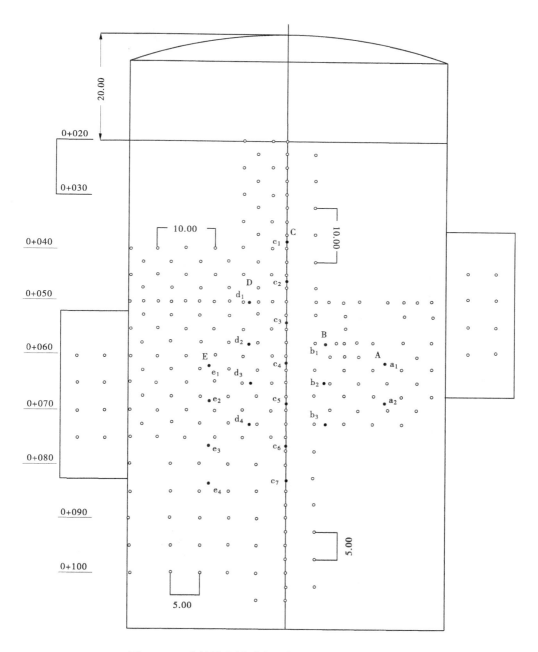

图 10-5-9　水垫塘底板时均压力及脉动压力测点布置

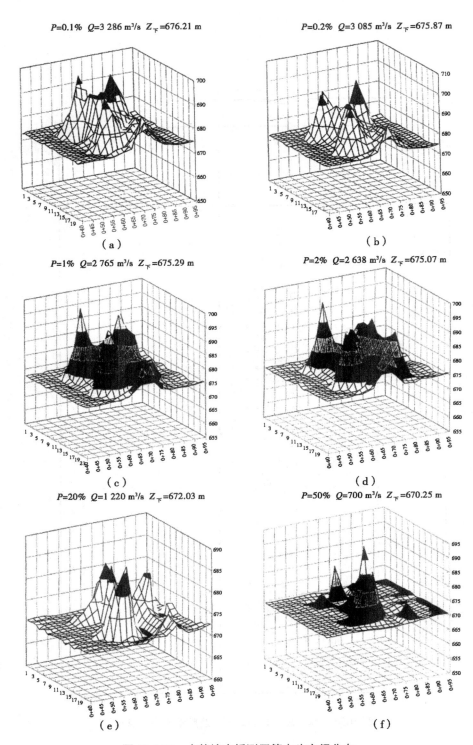

图 10-5-10 水垫塘底板测压管水头空间分布

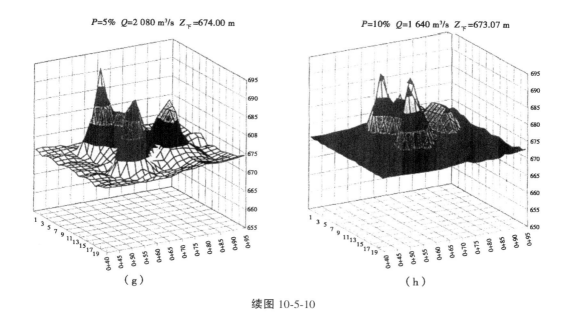

续图 10-5-10

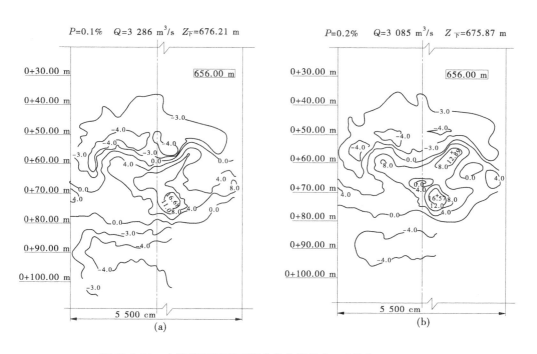

图 10-5-11　水垫塘底板测压管水头空间分布　（单位：×9.81 kPa）

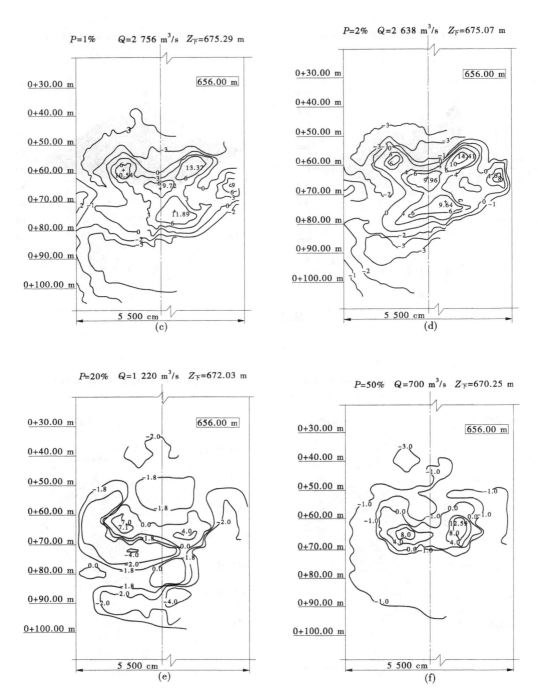

续图 10-5-11

表 10-5-6　各工况下水垫塘内及下游两岸水位统计表

距坝脚 (m)	P=0.1% Q=3 286 m³/s		P=1% Q=2 756 m³/s		P=2% Q=2 638 m³/s		P=3.3% Q=2 340 m³/s		P=5% Q=2 080 m³/s		P=10% Q=1 640 m³/s		P=20% Q=1 220 m³/s		P=50% Q=700 m³/s	
	左	右	左	右	左	右	左	右	左	右	左	右	左	右	左	右
0+30	676.08	676.48					675.87	673.17	675.21	673.46	672.93	672.18	671.63	673.73	671.41	670.86
0+40	677.98	678.02	676.58	675.63	676.88	675.93	675.47	675.33	674.11	673.81	672.73	674.63	672.53	674.48	671.51	671.61
0+50	678.59	678.67	677.01	676.48	677.03	676.38	676.98	675.57	676.01	674.46	673.88	676.43	673.88	675.68	673.76	671.41
0+60	680.18	679.97	680.18	677.31	679.78	677.68	678.60	676.37	675.96	676.61	675.03	676.68	673.73	675.28	672.71	672.26
0+70	680.23	680.83	680.23	679.38	680.33	679.78	678.98	678.42	677.01	676.91	677.03	676.83	674.33	675.23	672.96	673.46
0+80	680.83	681.68	680.73	679.46	680.98	680.73	680.27	679.52	677.81	677.21	676.88	676.63	675.03	675.18	673.26	673.96
0+90	680.83	682.68	684.58	680.28			683.05	679.42	678.16	677.76	677.33	677.13	675.73	676.43	673.56	673.11
0+100	680.23	682.83	684.63	681.01	684.23	680.78	682.87	679.57	680.16	680.26	676.83	676.43	676.18	676.08	673.71	672.26
0+110	683.93	681.67	683.03	680.88	682.63	680.83	681.75	679.82	678.36	678.96	677.23	676.33	676.53	675.28	673.10	672.36
0+125	684.62	682.33	681.63	680.03	680.33	680.08	678.92	679.12	678.16	678.61	677.53	675.73	674.53	674.18	673.51	672.41
0+135	684.38	680.33	679.38	679.36	679.32	679.11	677.85	677.17	676.31	675.71	675.08	675.33	673.98	673.78	672.11	671.66
0+160	680.33	680.58	679.28	678.38	679.08	678.77	677.18	678.03	676.96	677.41	676.58	675.63	675.33	674.68	672.31	672.16
0+180	681.27	679.12	677.83	676.56	677.58	676.72	677.72	676.32	676.36	676.06	674.38	674.68	674.18	673.53	671.81	671.51
0+200	681.19	681.67	676.83	676.98	676.38	676.81	676.13	676.12	675.26	676.41	674.98	674.33	674.08	673.43	671.56	672.31
0+220	680.27	680.67	677.13	676.96	676.98	676.76	675.67	676.62	675.16	675.61	674.08	674.93	673.73	674.63	671.41	671.71
0+240	679.32	679.37	676.68	677.06	676.98	677.03	676.42	677.06	675.11	675.61	674.93	674.53	673.83	674.53	671.66	671.86
0+260	679.22	680.14	676.46	677.34	677.23	677.38	675.98	677.05	675.16	675.61	674.53	674.93	673.53	674.43	671.41	671.61

表 10-5-7　各工况下水垫塘底板时均压力统计表

（单位：×9.81 kPa）

测点号	频率 P									
	P=0.1%	P=0.2%	P=0.5%	P=1%	P=2%	P=3.3%	P=5%	P=10%	P=20%	P=50%
01	33.83	38.83	39.08	42.18	40.93	41.13	38.93	36.93	16.88	17.48
02	19.33	17.68	17.93	16.63	16.28	17.18	16.68	15.28	14.73	12.43
03	28.51	26.91	27.16	24.71	23.51	18.01	16.26	17.26	24.66	14.96
1	19.46	19.26	19.66	19.26	19.56	28.71	28.26	28.96	14.86	14.61
2	17.91	18.26	19.06	18.76	18.96	32.36	31.86	30.11	16.46	14.81
3	17.73	17.83	19.18	18.73	18.78	30.53	30.28	31.13	15.38	15.18
4	17.51	17.11	18.61	17.41	18.61	34.01	30.26	32.01	21.61	26.01
5	17.76	17.86	17.91	17.86	18.06	17.31	16.81	16.71	15.61	14.06
7		16.98	17.28	17.08	17.23	16.98	16.53	16.43	15.13	13.78
8	16.56	17.46	16.31	17.06	17.01	15.86	15.36	15.36	14.66	14.41
9	18.91	18.91	19.66	19.11	19.26	18.66	18.11	16.91	15.86	14.81
10	16.91	17.31	18.41	17.76	18.76	17.21	16.86	15.86	15.71	14.36
11	17.03	17.68	18.13	17.68	17.88	16.98	17.03	16.03	15.83	14.53
12	16.81	16.76	17.21	17.21	17.36	16.86	16.01	15.61	14.86	14.06
13	17.03	16.88	17.28	16.68	17.03	16.53	16.03	15.78	15.03	14.18
14	17.26	17.11	17.06	17.01	17.11	16.91	16.01	15.66	14.61	14.41
15	16.86	16.61	17.01	16.51	16.86	16.16	15.81	15.61	14.51	14.21
16	16.61	16.76	16.46	16.16	16.46	15.76	15.41	15.06	14.16	14.11
17	18.46	18.36	19.41	18.86	19.36	18.71	18.26	16.61	16.36	14.71
18	17.18	16.63	17.18	17.28	17.53	16.73	16.83	15.98	15.63	14.23

测点号	频率 P										
	P=0.1%	P=0.2%	P=0.5%	P=1%	P=2%	P=3.3%	P=5%	P=10%	P=20%	P=50%
19	16.76	16.11	16.96	16.21	16.96	16.61	16.46	14.71	14.51	14.41
20	17.06	16.76	17.61	17.06	17.66	17.21	15.86	14.86	14.66	14.26
21	17.16	16.86	17.71	17.01	17.41	17.31	16.26	15.56	14.41	14.41
22	16.61	16.66	16.51	16.41	16.86	16.21	15.46	14.81	14.66	14.31
23	16.31	16.31	16.21	16.21	16.46	15.51	15.01	14.86	14.16	13.81
24	15.76	16.36	16.81	16.16	16.06	16.81	19.86	15.91	18.41	13.26
25	18.16	17.46	19.26	18.31	18.91	18.56	17.81	16.36	15.66	14.46
26	16.16	16.36	16.71	16.11	16.61	16.31	16.36	14.76	15.11	14.31
27	16.21	15.81	16.96	16.11	16.86	15.91	15.16	14.51	14.06	13.96
28	15.96	15.71	16.66	16.31	16.81	16.16	15.31	14.01	13.86	13.61
29	16.31	16.16	16.86	16.61	17.11	16.26	15.81	14.66	14.26	13.76
30	16.36	16.11	16.56	15.96	16.61	16.01	15.81	14.61	14.21	13.76
31	16.41	15.91	16.36	16.01	16.81	15.91	16.16	14.56	14.81	13.31
32	16.31	15.91	16.31	15.61	15.61	16.31	15.96	14.91	14.76	13.71
33	19.11	18.11	20.11	18.51	19.81	19.46	17.46	17.66	15.36	14.11
34	16.86	16.76	16.91	16.21	16.91	16.16	16.36	15.26	15.21	13.86
35	17.56	16.21	17.16	16.36	17.11	16.31	16.61	15.61	15.86	13.01
36	18.01	16.96	18.31	17.61	18.31	17.66	17.71	16.51	16.56	13.11
37	16.76	16.41	15.31	16.66	16.91	17.16	18.36	16.46	15.21	12.91
38	17.36	16.21	17.46	16.61	17.26	16.81	16.41	16.46	15.91	14.51

测点号	P=0.1%	P=0.2%	P=0.5%	P=1%	P=2%	P=3.3%	P=5%	P=10%	P=20%	P=50%
39	18.91	18.81	18.91	17.81	18.81	22.91	25.81	20.21	25.21	13.16
40	17.81	17.21	16.86	16.81	16.56	17.56	28.31	15.71	24.46	13.31
41	19.86	18.76	18.46	18.01	18.11	17.71	17.81	17.76	17.56	13.71
42	19.71	19.36	18.26	17.21	18.06	16.21	17.11	19.51	18.86	13.51
43	22.98	22.68	25.18	19.58	24.03	22.68	17.08	23.18	16.23	18.03
44	23.13	21.63	29.03	24.78	31.93	29.23	18.53	23.93	16.48	12.63
45	24.78	21.78	29.88	22.78	28.38	33.38	23.28	24.33	16.78	11.88
46	20.63	20.68	22.28	20.38	20.63	28.28	26.88	23.48	18.78	12.88
47	28.71	21.61	30.01	31.96	28.26	37.16	24.21	25.11	17.46	12.56
48	33.21	30.86	31.46	31.01	30.86	17.91	23.96	20.36	19.76	12.96
49	24.91	21.11	20.31		18.41	17.26	17.11	21.56	15.46	14.41
50	25.41	23.06	21.36	20.36	19.26	17.91	16.51	26.11	15.76	13.26
51	24.38	25.13	21.98	21.68	20.08	20.33	15.33	18.43	13.98	12.73
52	27.48	25.68	24.33	23.73	22.08	24.18	17.13	19.43	13.83	12.88
53	25.78	24.58	27.58	23.28	28.18	27.88	20.28	19.78	13.63	11.93
54	27.98	24.13	30.23	28.38	31.08	34.28	21.28	20.53	14.28	11.88
55	31.68	30.48	33.08	33.53	26.78	31.88	23.13	22.03	14.78	12.68
56	29.11	25.36	26.36	21.76	22.61	19.36	16.46	19.61	15.61	13.51
57	26.61	23.36	22.96	22.51	21.26	14.86	15.21	19.06	14.11	12.51
58	25.98	22.93	22.43	22.88	20.63	21.78	14.78	17.13	13.13	12.88

频率 P

测点号	频率 P									
	P=0.1%	P=0.2%	P=0.5%	P=1%	P=2%	P=3.3%	P=5%	P=10%	P=20%	P=50%
59	24.38	22.93	22.48	22.03	21.88	22.83	16.13	15.08	12.28	12.43
60	27.03	22.88	24.98	24.28	24.33	24.98	16.78	14.78	12.93	11.78
61	31.58	29.23	31.58	27.68	28.88	25.33	18.03	16.88	13.83	12.53
62	45.51	44.81	41.06	38.71	32.61	18.81	17.36	17.56	14.61	12.71
63	32.86	32.11	31.31	28.61	27.71	25.41	17.11	19.81	15.61	15.31
64	23.56	23.61	22.96	20.21	25.81	23.91	15.86	22.86	14.41	12.91
65	24.93	21.78	21.68	20.68	20.03	20.58	14.78	16.28	13.68	12.83
66	22.88	21.43	20.18	19.93	18.88	19.93	14.53	14.43	13.58	13.93
67	29.13	22.03	22.78	22.88	20.93	21.03	15.88	10.03	13.88	16.33
68	29.08	27.43	27.48	25.08	25.68	23.33	17.13	17.13	14.68	14.53
69	31.16	28.36	28.21	27.06	26.06	22.81	17.51	17.26	15.51	14.81
70	22.11	22.51	27.66	27.61	29.61	28.86	15.26	18.06	14.11	13.36
71	20.56	19.06	23.41	20.01	22.86	22.51	14.51	17.71	13.81	12.51
72	21.43	18.93	19.23	19.08	17.93	18.38	14.53	14.93	16.63	14.23
73	28.88	26.28	21.98	23.23	19.98	18.93	16.53	16.88	21.33	29.68
74	38.13	28.88	29.48	26.03	26.78	22.18	24.53	21.03	17.43	26.18
75	36.13	28.78	29.98	31.28	30.63	25.88	22.98	26.33	19.03	19.58
76	30.06	28.41	27.51	25.71	24.06	22.91	18.91	23.06	27.56	19.61
77	19.91	19.76	18.66	21.26	23.21	22.41	16.26	16.86	15.21	14.26
78	19.66	18.91	29.86	19.91	24.46	23.11	14.96	16.11	14.01	12.96

续表 10-5-7

频率 P

测点号	$P=0.1\%$	$P=0.2\%$	$P=0.5\%$	$P=1\%$	$P=2\%$	$P=3.3\%$	$P=5\%$	$P=10\%$	$P=20\%$	$P=50\%$
79	22.58	20.38	19.08	17.28	18.68	19.13	14.83	14.88	14.93	12.78
80	29.58	26.48	21.68	22.53	19.73	17.93	17.58	16.68	30.23	29.68
81	31.36	30.51	27.91	26.96	28.31	24.01	25.21	24.86	21.81	38.56
82	26.73	36.63	35.78	35.03	32.78	29.43	31.93	35.43	19.28	20.28
83	36.73	35.58	34.18	35.28	32.58	24.78	30.78	34.03	17.88	20.63
84	18.46	17.91	18.91	18.01	17.76	17.91	15.26	15.31	14.26	13.56
85	16.61	17.01	19.36	15.76	17.61	17.96	14.71	14.31	13.86	12.81
86	31.78	30.63	26.28	24.83	21.03	19.03	18.58	18.18	29.53	17.03
87	28.88	30.78	26.58	27.08	24.38	23.93	25.78	23.43	19.43	23.08
88	29.48	28.08	28.58	26.78	27.03	25.53	27.43	30.43	16.23	14.68
89	31.58	28.18	29.73	24.78	26.53	25.78	25.53	27.18	14.78	14.08
90	35.26	33.96	15.36	28.91	26.21	29.01	27.46	30.61	14.76	15.36
91	19.01	17.91	18.51	18.06	18.66	18.01	16.86	16.51	14.91	13.91
92	16.91	16.36	17.06	16.26	16.36	16.36	15.36	14.61	14.31	13.36
93	23.03	24.08	21.43	21.68	21.78	17.33	16.83	16.78	13.88	14.23
94	37.93	37.98	34.08	37.23	33.18	31.73	33.18	34.28	24.78	21.38
95	28.68	25.43	25.28	24.03	24.33	25.08	25.53	26.53	16.58	14.78
96	20.76	20.46	19.56	20.36	19.76	21.01	19.61	19.21	14.31	13.61
97	22.21	20.66	20.06	20.66	20.06	20.61	18.96	19.11	14.51	13.71
98	17.11	16.36	16.66	16.36	16.41	16.21	15.11	14.61	14.46	13.71

频率 P

测点号	P=0.1%	P=0.2%	P=0.5%	P=1%	P=2%	P=3.3%	P=5%	P=10%	P=20%	P=50%
99	16.73	16.43	16.28	16.23	16.33	15.83	14.73	14.43	14.03	12.98
100	25.68	25.58	25.63	25.43	22.93	22.53	22.03	25.28	16.73	16.33
101	24.83	30.68	30.68	35.08	34.58	35.63	30.83	35.93	17.23	14.98
102	17.83	17.63	18.03	17.73	17.73	18.53	17.78	18.53	15.83	13.23
103	18.01	18.56	18.56	19.06	18.91	19.46	17.96	17.66	14.41	13.21
104	13.01	20.86	20.31	22.51	19.11	19.46	20.06	16.46	14.46	13.96
105	17.86	17.41	18.36	17.31	17.36	16.91	16.11	15.71	14.61	13.86
106	16.96	16.46	16.66	16.21	16.16	15.91	15.21	14.91	14.46	13.56
107	16.63	16.58	17.08	16.83	16.58	15.58	14.93	14.53	14.48	13.28
108	19.36	21.81	24.46	25.71	25.76	25.81	22.96	15.61	14.21	15.01
109	16.08	16.33	17.18	16.68	17.28	17.93	16.28	18.28	14.53	14.03
110	17.78	17.43	18.23	17.88	17.63	16.68	16.33	15.38	14.28	13.18
111	17.53	17.28	18.28	17.78	17.78	17.83	16.53	14.58	14.48	13.28
112	17.71	17.16	17.26	16.81	16.56	16.41	15.56	15.61	14.56	13.71
113	17.11	16.41	16.66	16.16	16.36	16.41	14.96	14.61	14.56	13.61
114	16.76	16.56	16.61	16.26	16.26	15.81	15.06	14.91	14.41	13.41
115	16.31	16.21		16.01	16.26					
116	16.53	16.63	16.58	16.13	16.08	15.78	14.53	14.43	14.38	13.23
117	16.76	17.06	16.81	16.76	16.56	16.16	15.06	14.76	14.56	13.51
118	16.71	16.56	16.61	16.41	16.51	15.81	14.91	16.71	14.41	13.41

续表 10-5-7

频率 P

测点号	P=0.1%	P=0.2%	P=0.5%	P=1%	P=2%	P=3.3%	P=5%	P=10%	P=20%	P=50%
119	17.81	17.36	17.21	17.11	16.86	16.61	15.86	15.61	14.56	13.81
120	17.66	17.31	17.31	16.76	16.96	16.66	15.71	15.41	14.56	13.66
121	17.56	17.11	17.21	16.81	16.96	16.46	15.66	15.31	14.81	13.86
122	17.33	17.18	17.13	16.73	16.58	16.18	15.68	15.53	14.63	13.48
123	17.13	16.58	17.03	16.18	16.13	15.33	14.83	15.28	14.53	13.43
124	16.71	16.46	16.31	16.06	16.01	15.61	15.06	14.81	14.41	13.41
125	16.66	16.56	16.31	16.01	15.86	15.41	15.06	15.01	14.31	13.31
126	16.56	16.26	16.36	16.16	16.11	15.71	14.96	15.36	14.51	13.41
127	16.73	16.63	16.38	15.88	16.13	15.48	14.68	14.48	14.53	13.48
128	16.83	16.63	16.33	16.18	16.28	15.53	14.78	14.78	14.38	13.48
129	16.63	16.63	16.63	16.28	16.38	15.68	15.53	14.98	14.33	13.68
130	16.56	16.51	16.26	16.06	16.46	16.01	15.31	14.81	14.31	13.41
131	17.06	16.31	16.56	15.86	16.46	15.81	15.21	14.81	14.41	13.41
132	16.56	16.01	16.71	16.16	16.41	15.56	15.31	14.56	14.31	13.51
133	16.76	16.51	16.61	16.01	16.26	16.01	15.21	14.71	14.46	13.71
134	17.06	16.51	16.66	16.21	16.11	16.16	15.21	14.86	14.46	13.66
135	16.86	16.61	16.61	16.46	16.11	16.21	15.61	14.96	14.36	13.81
136	17.46	16.76	17.16	16.56	16.71	16.46	15.76	14.96	14.41	13.61
137	17.81	16.96	17.26	16.96	17.31	16.46	15.86	15.21	14.41	13.36
138	17.81	17.51	17.21	17.16	17.16	16.41	15.76	15.21	14.46	13.46

续表 10-5-7

频率 P

测点号	$P=0.1\%$	$P=0.2\%$	$P=0.5\%$	$P=1\%$	$P=2\%$	$P=3.3\%$	$P=5\%$	$P=10\%$	$P=20\%$	$P=50\%$
139	17.53	17.13	17.18	16.63	16.73	16.18	15.68	15.28	14.73	13.58
140	17.71	17.21	17.11	16.86	16.81	16.66	15.76	15.36	14.76	13.61
141	17.11	16.71	16.81	16.66	16.61	16.21	15.56	15.46	14.56	13.46
142	17.11	16.96	16.81	16.61	16.66	16.11	15.66	15.11	14.46	13.51
143	17.21	16.86	16.76	16.51	16.41	15.96	15.51	15.11	14.51	13.46
144	16.96	16.81	16.66	16.71	16.71	16.06	15.56	15.11	14.36	13.46
145	17.11	16.96	17.16	16.66	16.71	16.36	15.46	15.06	14.31	13.61
146	17.83	17.18	17.23	16.88	16.93	16.38	16.03	15.33	14.58	13.68
147	17.61	17.11	17.26	16.91	17.01	16.71	15.71	15.41	14.46	13.51
148	17.41	17.01	17.01	16.76	16.81	16.41	15.61	15.41	14.46	13.46
149	17.58	17.03	17.23	16.88	16.83	16.18	16.28	15.33	14.53	13.48
150	17.36	16.96	16.96	16.61	16.76	16.21	15.56	15.36	14.36	13.46
151	17.21	17.21	17.06	16.71	16.96	16.31	15.56	15.46	14.56	13.41
152	17.36	17.21	17.01	16.76	17.06	16.66	15.81	15.41	14.36	13.36
153	17.58	17.18	17.43	16.93	17.03	16.38	16.18	15.48	14.73	13.63
154	17.56	17.11	17.41	16.91	16.91	16.81	15.61	15.41	14.71	13.51
155	17.53	17.23	17.23	16.78	16.93	16.48	15.63	15.58	14.63	13.48
156	17.53	17.03	17.13	16.88	16.88	16.33	15.78	15.53	14.43	13.68
157	17.36	17.06	17.11	16.81	17.01	16.41	15.91	15.46	14.46	13.46
158	17.56	17.11	17.01	16.91	16.81	16.21	15.81	15.26	14.26	13.31

续表 10-5-7

频率 P

测点号	P=0.1%	P=0.2%	P=0.5%	P=1%	P=2%	P=3.3%	P=5%	P=10%	P=20%	P=50%
159	17.91	17.66	17.26	17.16	17.06	16.81	16.01	15.21	14.21	13.36
160	17.73	17.33	17.53	16.98	16.88	16.48	16.23	15.43	14.68	13.78
161	17.53	17.03	17.18	16.78	16.93	16.33	15.73	15.48	14.53	13.48
162	17.48	17.08	17.03	16.73	16.73	16.43	15.68	15.43	14.53	13.48
163	22.53	17.13	17.28	16.88	16.83	16.43	15.93	15.43	14.33	13.43
164		16.61		16.41	16.41					
165	17.71	17.21	17.21	17.06	17.96	16.66	15.86	15.36	14.41	13.61
166	17.36	17.11	17.21	16.91	16.96	16.66	16.16	15.31	14.41	13.56
167	18.73	18.43	18.23	18.68	18.18	16.38	15.73	14.93	14.43	13.48
168	30.98	30.08	29.03	26.08	24.93	21.48	23.68	28.58	20.18	33.93
169	26.21	25.66	25.51	23.26	22.76	16.56	16.31	14.96	13.26	13.46
170	24.93	25.78	25.43	23.83	24.23	16.18	15.43	15.38	14.78	13.43
171	17.76	17.46	17.31	16.76	16.96	16.31	15.81	15.41	14.36	13.51
172	17.66	17.11	17.31	16.91	16.96	16.51	15.71	15.31	14.46	13.56
173	17.61	17.21		17.06	16.81		15.46	16.21	14.06	13.51
174	22.38	19.53	19.73	18.68	19.68	20.48	18.83	21.63	15.78	13.88
175	23.33	23.08	22.63	21.88	21.08	13.63	13.68	13.28	14.13	10.33
176	21.63	21.33	23.23	22.58	22.98	15.88	15.63	14.73	14.38	12.93
177	27.73	25.18	29.28	27.58	25.43	15.63	16.18	13.88	13.83	12.78
178	17.81	17.36	17.31	16.86	17.06	16.61	15.81	15.51	13.16	13.41

频率 P

测点号	P=0.1%	P=0.2%	P=0.5%	P=1%	P=2%	P=3.3%	P=5%	P=10%	P=20%	P=50%
179	17.61	17.46	17.31	16.91	16.91	16.56	15.96	15.26	14.36	13.66
180	17.11	17.41		16.96	17.06	16.46	15.96	15.36	14.66	13.56
181	21.93	21.28	21.43	19.68	19.63	18.33	17.03	21.23	22.63	24.68
182	28.38	26.18	25.98	24.43	23.73	25.63	22.18	26.78	18.33	25.93
183	26.36	24.56	21.31	20.76	18.96	18.16	17.66	14.81	14.21	13.06
184	16.78	16.33	16.33	16.78	16.23	16.13	15.73	14.93	14.48	13.53
185	17.76	17.36	17.31	17.01	16.81	16.56	15.81	15.16	14.56	13.56
187	17.68	17.48	17.33	16.83	17.13	16.73	15.88	15.18	14.18	13.43
188	33.28	35.53	34.68	34.68	33.18	15.43	16.03	14.48	14.38	12.73
190	27.01	26.86	25.06	23.41	23.71	15.96	15.21	15.06	16.91	13.36
191	36.78	31.83	31.33	28.28	25.53	17.03	16.58	15.43	14.68	13.98
192		17.11		16.21	16.56					
193	17.71	21.01	17.16	17.16	16.96	16.56	15.91		11.51	13.46
194	17.76	17.46	17.36	17.06	17.11	16.81	16.06	15.26	11.51	13.71
196	25.18	24.83	23.18	21.68	21.68	17.18	15.83	19.43	27.53	29.53
197	31.21	26.86	25.01	22.71	20.21	17.36	17.31	15.56	14.61	13.26
198	18.23	17.43	17.28	17.03	16.93	16.03	15.43	14.98	14.33	13.43
199	17.76	17.46	17.06	17.06	17.01	16.61	15.96	15.36	14.71	13.71
200	17.81	17.56	17.36	17.16	17.06	16.91	15.96	15.26	14.51	13.71
201	17.71			20.11	18.86					11.91

续表 10-5-7

<table>
<tr><th rowspan="2">测点号</th><th colspan="10">频率 P</th></tr>
<tr><th>P=0.1%</th><th>P=0.2%</th><th>P=0.5%</th><th>P=1%</th><th>P=2%</th><th>P=3.3%</th><th>P=5%</th><th>P=10%</th><th>P=20%</th><th>P=50%</th></tr>
<tr><td>203</td><td>30.26</td><td>29.81</td><td>25.91</td><td>24.41</td><td>24.06</td><td>16.71</td><td>17.46</td><td>16.01</td><td>14.41</td><td>13.56</td></tr>
<tr><td>205</td><td>17.48</td><td>17.13</td><td>17.78</td><td>17.23</td><td>17.13</td><td>15.83</td><td>15.18</td><td>14.78</td><td>14.23</td><td>12.83</td></tr>
<tr><td>206</td><td>17.76</td><td>17.41</td><td>17.06</td><td>16.96</td><td>17.06</td><td>16.56</td><td>15.66</td><td>15.26</td><td>14.51</td><td>13.41</td></tr>
<tr><td>207</td><td>17.81</td><td>17.46</td><td>17.36</td><td>17.16</td><td>16.96</td><td>16.71</td><td>16.21</td><td>15.36</td><td>14.56</td><td>13.86</td></tr>
<tr><td>208</td><td>17.81</td><td>17.46</td><td>17.46</td><td>17.11</td><td>16.96</td><td>16.71</td><td>15.96</td><td>15.26</td><td>14.46</td><td>13.71</td></tr>
<tr><td>210</td><td>21.28</td><td>18.83</td><td>19.48</td><td>17.68</td><td>17.53</td><td>18.78</td><td>17.93</td><td>15.13</td><td>14.33</td><td>12.68</td></tr>
<tr><td>211</td><td>23.01</td><td>21.91</td><td>19.36</td><td>20.21</td><td>19.56</td><td>16.16</td><td>16.81</td><td>14.96</td><td>13.31</td><td>12.86</td></tr>
<tr><td>212</td><td>18.43</td><td>19.23</td><td>17.73</td><td>17.43</td><td>17.53</td><td>16.33</td><td>16.28</td><td>14.78</td><td>14.63</td><td>13.18</td></tr>
<tr><td>213</td><td>17.86</td><td>17.46</td><td>17.51</td><td>17.06</td><td>17.01</td><td>16.81</td><td>15.86</td><td>15.26</td><td>12.61</td><td>13.66</td></tr>
<tr><td>214</td><td>18.01</td><td>17.56</td><td>17.36</td><td>17.11</td><td>17.01</td><td>16.96</td><td>16.06</td><td>15.36</td><td>14.56</td><td>13.86</td></tr>
<tr><td>215</td><td>17.81</td><td>17.36</td><td>17.46</td><td>17.06</td><td>16.91</td><td>16.71</td><td>16.06</td><td>15.21</td><td>11.76</td><td>13.66</td></tr>
<tr><td>216</td><td>26.56</td><td>26.26</td><td>24.91</td><td>25.71</td><td>23.21</td><td>16.16</td><td>16.46</td><td>14.71</td><td>13.26</td><td>13.61</td></tr>
<tr><td>217</td><td>21.56</td><td>19.56</td><td>17.81</td><td>16.76</td><td>16.56</td><td>17.76</td><td>16.36</td><td>15.86</td><td>14.21</td><td>13.16</td></tr>
<tr><td>218</td><td>30.76</td><td>30.96</td><td>26.21</td><td>28.96</td><td>30.21</td><td>16.56</td><td>18.71</td><td>15.06</td><td>14.31</td><td>13.36</td></tr>
<tr><td>219</td><td>36.86</td><td>37.86</td><td>36.71</td><td>38.36</td><td>31.96</td><td>17.71</td><td>19.61</td><td>17.16</td><td>16.46</td><td>13.01</td></tr>
<tr><td>220</td><td>17.76</td><td>20.56</td><td>17.56</td><td>17.26</td><td>16.86</td><td>16.81</td><td>15.96</td><td>15.51</td><td>14.61</td><td>13.61</td></tr>
<tr><td>221</td><td>17.81</td><td>17.61</td><td>17.51</td><td>17.21</td><td>16.96</td><td>16.76</td><td>16.31</td><td>15.56</td><td>14.66</td><td>13.71</td></tr>
<tr><td>222</td><td>17.86</td><td>17.56</td><td>17.46</td><td>17.21</td><td>17.96</td><td>16.71</td><td>16.26</td><td>15.56</td><td>14.61</td><td>13.71</td></tr>
</table>

表 10-5-8　水垫塘斜坡时均压力统计表

（单位：×9.81 kPa）

频率 P

测点号		P=0.1%	P=0.2%	P=0.5%	P=1%	P=2%	P=3.3%	P=5%	P=10%	P=20%	P=50%
左岸斜坡（上排）高程659.16	223	14.70	14.25	14.15	13.65	14.15	13.4	12.8	12.15	11.25	10.5
	224	14.65	14.30	14.05	13.85	13.95	13.55	12.8	12.15	11.3	10.3
	225	14.55	14.25	14.15	13.65	13.80	13.4	12.75	12.15	11.3	10.35
	226	14.30	13.95	13.80	13.70	13.60	13.35	12.75	12.25	11.4	10.6
左岸斜坡（下排）高程657.58	227	16.23	15.93	15.83	15.33	15.48	14.98	14.38	13.58	12.78	12.03
	228	16.23	15.78	16.08	15.38	15.48	14.88	14.43	13.68	12.68	11.98
	229	15.88	15.63	15.68	15.23	15.23	14.88	14.23	13.63	12.63	11.83
	230	15.78	15.33	15.13	14.93	14.98	14.78	14.03	13.83	12.33	11.73
左岸斜坡（上排）高程666.99	231	7.19	6.79	7.54	6.64	6.94	6.64	5.59	4.89	3.94	2.64
	232	7.04	7.04	7.19	6.79	6.54	6.49	6.19	5.54	4.34	3.29
	233	6.94	7.54	7.09	6.69	6.39	6.29	6.34	5.69	4.39	3.79
	234	7.29	7.04	6.99	6.69	6.69	6.54	6.19	5.34	4.54	3.04
左岸斜坡（下排）高程659.99	235	14.59	14.34	14.29	14.44	14.19	13.24	11.64	11.14	10.79	9.39
	236	19.89	17.64	19.79	16.49	15.89	13.74	12.44	11.34	10.84	9.64
	237	15.74	14.14	14.59	21.79	13.24	12.34	13.69	14.09	11.64	9.84
	238	12.99	12.99	13.49	13.14	13.14	12.69	13.04	11.64	11.09	10.09

$$H = P/\gamma + H_a \qquad\qquad (10\text{-}5\text{-}1)$$

式中 γ——水容重；

P——底板时均压力最大值；

H_a——底板高程。

水垫塘底板动水冲击压力 ΔP 定义为：

$$\Delta P = P_{max} - \gamma Z_下 \qquad\qquad (10\text{-}5\text{-}2)$$

式中 P_{max}——冲击区最大动水压力；

$Z_下$——二道坝后下游水深。

（1）动水冲击压力的测量结果。当宣泄 50 年一遇洪水、泄流量为 2 638 m³/s 和 100 年一遇洪水、泄流量为 2 756 m³/s 时，水垫塘底板最大动水冲击力分别是：$\Delta P=14.4\times9.81$ kPa 和 $\Delta P=13.37\times9.81$ kPa。因此，满足 $\Delta P<15\times9.81$ kPa 控制标准，ΔP 最大值距坝脚 57.50 m，距底板中心线左 10 m。当宣泄 5 年一遇和 2 年一遇小洪水时，最大动水冲击压力分别为 $\Delta P=7.1\times9.81$ kPa 和 $\Delta P=12.59\times9.81$ kPa。各工况下水垫塘底板上最大动水冲击压力见表 10-5-9，由表可知：当宣泄 1 000 年一遇和 500 年一遇洪水时，$\Delta P>15\times9.81$ kPa。水垫塘底板受力较为集中的区域为 0+50 m～0+80 m。

表 10-5-9　各工况下水垫塘底板上最大动水冲击压力值及其位置

洪水频率（%）	泄洪组合	泄流量（m³/s）	冲击压力最大值 ΔP（×9.81 kPa）	距坝脚（m）	距底板中心线（m）
0.10	三孔全开	3 286	16.68	62.5	左 5
0.20	三孔全开	3 085	16.57	62.5	左 5
0.50	三孔全开	2 876	12.9	57.5	左 10
1	三孔全开	2 756	13.37	57.5	左 10
2	三孔全开	2 638	14.41	57.5	左 10
3.30	1#孔开 5 m 2#、3#孔全开	2 340	9.91	75	右 2.5
5	1#孔开 5.5 m 2#孔全开、3#孔开 5.2 m	2 080	12.68	57.5	右 10
10	1#孔关 2#孔全开、3#孔开 7.4 m	1 640	9.44	65	右 2.5
20	1#孔关 2#、3#孔开 5.8 m	1 220	7.1	65	右 12.5
50	1#、3#孔全关，2#孔开 6.7 m	700	12.59	65	右 7.5

（2）水垫塘底板受力特征。由各工况水垫塘底板最大测压管水头 H 的空间分布情况可知：在水舌入水冲击区域 H 的值较大，在其上、下游均较小，具有典型的高拱坝坝顶溢

流表孔单独泄洪的特征,是动水冲击压力 ΔP 最大区域,与很多工程试验成果相符(如江口、溪洛渡、小湾、拉西瓦等)。从水垫塘底板动水冲击压力的等势线分布中 ΔP 值的大小可看出:各孔水舌入水冲击底板时,沿近似椭圆曲线分布的区域,1#孔和 3#孔形成的外椭圆弧线(在 0+55 m~0+78 m 范围),2#孔水舌形成较明显的小椭圆轨迹(在 0+55 m~0+70 m 之间),完全再现了水舌入水流态的特点。

6)底板脉动压力特性

由于水垫塘内水垫较浅,射流范围宽,底板紊动大,所以脉动压力幅值较大,表 10-5-10 为脉动压力参数统计表,图 10-5-12 为脉动压力均方根 σ 的沿程分布。

由图 10-5-12、表 10-5-10 可知,水垫塘底板脉动压力幅值较大,当宣泄 50 年一遇洪水和 100 年一遇洪水时,底板脉动压力均方根 σ 最大分别为 8.49×9.81 kPa、11.35×9.81 kPa,5 年一遇和 2 年一遇小洪水泄洪时 σ 最大分别为 8.92×9.81 kPa、6.52×9.81 kPa。

各工况下水垫塘底板上的脉动压力过程属于低频大振幅脉动,脉动压力能量主要集中在 0~10 Hz 范围内($\lambda_f = 1$),冲击区脉动压力基本符合正态分布。

7)两岸溅水分析

试验对两岸强溅水区域和溅水最高点进行了观测,如图 10-5-13 所示,水垫塘内水舌入水区的上、下游两侧 0+20 m~0+135 m 范围内为强溅水区和溅水最高点发生区,宣泄 1 000 年一遇洪水时,强溅水区最高点在 0+70 m 断面,右岸高程为 707.58 m,左岸为 702.08 m;溅水最高点在 0+60 m 断面,右岸高程为 737.63 m,左岸为 727.78 m。当宣泄 2 年一遇洪水时,强溅水区最高在 0+60 m 断面,右岸高程 702.68,左岸为 701.18 m;溅水最高点在 0+60 m 断面,右岸高程为 724.93 m,左岸为 722.93 m。由此可见,由于右岸比左岸坡陡,所以溅水高度较左岸大。

8)闸门调度

本枢纽在中小洪水泄洪时,闸门调度运行比较关键,受到动水冲击压力 ΔP 的限制,如果控制不当,会使 ΔP 大于 15×9.81 kPa。1#孔闸门不宜全开,因为它的堰面俯角比 3#孔大、齿坎挑角小,水舌入水较后者集中。1#孔和 3#闸门局部开启时,开度不能小于 4 m,否则水舌不稳定的水翅会扫射两岸。因此,建议参考表 10-5-11 进行中小洪水闸门的调度运行。

10.5.3 优化水垫塘方案试验成果

为进一步优化藤子沟电站拱坝水垫塘设计,在推荐方案的水垫塘布置方案基础上,对水垫塘形式做进一步优化。

根据试验及水垫塘底板受力特征,在水垫塘底板受力集中的区域进行局部挖深;同时缩短水垫塘的长度、降低二道坝的高程,以达到进一步减小水垫塘底板的动水冲击压力、减少工程量的目的。根据设计的要求,比选了两个方案。

表10-5-10 水垫塘底板脉动压力幅值统计表

（单位：×9.81 kPa）

测点号幅值

频率		A列		B列			C列							D列				E列			
		a_1	a_2	b_1	b_2	b_3	c_1	c_2	c_3	c_4	c_5	c_6	c_7	d_1	d_2	d_3	d_4	e_1	e_2	e_3	e_4
0.1	平均值	8.18	13.68	11.58	16.91	20.75	6.57	6.55	6.23	12.57	17.89	14.61	6.80	5.73	6.82	19.77	12.29	18.19	9.43	12.16	6.76
	最大值	30.69	33.60	39.80	52.51	49.53	7.53	9.82	12.27	50.35	52.22	50.05	19.35	10.18	32.14	51.08	35.01	49.61	24.21	50.06	30.96
	最小值	1.93	3.45	4.09	1.98	8.63	2.68	4.70	3.96	4.48	1.13	9.38	2.92	0.01	4.28	2.95	0.59	6.72	1.59	4.46	3.63
	均方根	2.98	3.35	5.01	5.56	9.89	0.43	1.17	1.79	5.76	5.38	7.96	2.80	1.32	3.36	8.55	3.27	10.26	3.13	6.26	3.28
0.2	平均值	8.27	13.54	10.67	16.44	19.28	2.39	7.46	6.85	11.85	18.57	11.69	6.40	6.56	8.33	18.14	10.98	18.36	8.18	11.82	6.85
	最大值	19.72	40.22	40.92	44.51	49.87	2.93	9.51	11.90	50.71	48.11	49.71	25.51	10.88	30.70	20.81	19.68	49.92	16.15	50.06	21.62
	最小值	4.87	4.33	1.70	2.93	12.29	1.36	3.08	0.39	0.96	3.54	5.52	6.41	2.41	3.50	5.14	0.71	3.43	1.05	8.09	1.12
	均方根	3.01	4.08	4.51	4.70	9.72	0.23	0.89	1.60	5.67	6.23	6.77	3.08	1.23	3.25	9.25	2.48	8.47	2.38	5.25	3.07
0.5	平均值	18.17	22.62	20.33	25.19	29.31	17.61	16.56	16.86	21.16	26.62	25.25	17.75	15.56	17.55	28.27	22.84	23.83	18.27	18.71	16.74
	最大值	28.97	54.97	53.00	60.46	59.80	18.41	19.69	22.54	52.47	60.37	60.33	33.00	19.70	31.18	61.36	41.40	59.89	26.20	60.34	36.56
	最小值	7.99	10.55	10.48	13.88	3.20	14.97	10.42	10.58	8.67	13.66	7.12	5.06	9.68	6.37	10.00	13.44	9.55	10.65	4.79	6.44
	均方根	2.88	3.42	4.37	4.31	9.20	0.30	1.22	1.55	4.26	4.47	6.72	3.27	1.22	2.44	7.84	2.98	6.16	2.01	4.16	3.00
1.0	平均值	18.15	21.21	18.41	22.59	23.54	15.54	15.88	16.72	20.87	24.91	29.72	16.60	14.97	18.95	27.38	20.41	23.21	17.56	20.75	16.12
	最大值	31.83	47.06	45.05	43.56	59.76	15.89	18.09	21.23	51.65	47.32	60.24	27.31	14.97	38.48	61.25	32.16	53.39	24.41	57.24	30.88
	最小值	7.13	12.43	8.25	12.15	7.61	15.16	10.29	8.17	2.23	11.12	3.84	5.02	11.33	8.20	0.37	11.48	7.51	11.13	5.56	7.92
	均方根	2.77	2.58	3.77	3.84	8.96	0.17	0.96	1.42	4.12	4.40	11.35	2.89	1.83	3.06	7.81	2.47	5.78	1.98	4.96	2.47
2.0	平均值	9.83	11.69	13.95	14.86	16.08	6.05	7.24	7.25	11.74	14.82	12.96	8.38	6.33	7.82	16.27	13.14	12.99	8.28	9.40	8.14
	最大值	20.31	23.37	43.61	53.00	50.67	6.26	8.87	11.97	45.36	43.25	35.94	22.05	9.61	32.22	52.17	26.88	50.70	13.05	51.19	23.43
	最小值	1.40	0.96	1.74	2.54	9.86	5.87	0.05	0.31	17.35	0.50	12.19	0.52	0.33	0.96	6.42	0.38	3.33	2.52	5.42	3.78
	均方根	2.62	2.75	3.76	4.98	8.49	0.08	0.65	1.24	4.18	3.99	4.48	2.79	1.20	2.41	6.66	3.09	5.54	1.57	6.25	3.73

続表 10-5-10

測点号幅値

頻率		A 列		B 列			C 列							D 列				E 列			
		a_1	a_2	b_1	b_2	b_3	c_1	c_2	c_3	c_4	c_5	c_6	c_7	d_1	d_2	d_3	d_4	e_1	e_2	e_3	e_4
3.3	平均值	17.80	18.98	21.21	21.24	23.83	14.33	16.14	15.78	18.93	22.63	22.64	16.24	15.22	16.71	22.49	20.31	18.50	17.16	19.20	16.28
	最大值	28.28	31.23	55.04	41.04	59.78	14.52	17.02	20.03	39.48	44.61	55.22	26.68	19.74	27.71	55.66	30.72	38.83	22.13	60.29	28.64
	最小值	9.34	11.38	6.15	12.03	5.11	14.13	14.75	9.66	1.75	5.68	7.24	7.05	10.70	9.08	3.91	13.08	8.52	12.01	2.79	6.25
	均方根	2.25	2.04	5.43	3.34	7.19	0.07	0.27	1.14	3.02	3.54	5.23	2.26	1.10	2.07	5.42	2.21	3.41	1.38	5.55	2.76
10	平均值	15.47	13.77	15.76	24.80	15.12	15.63	14.59	14.73	18.17	17.36	19.18	16.22	17.22	20.69	18.89	14.82	16.46	13.97	17.45	15.42
	最大值	37.38	21.20	47.46	62.75	31.00	16.13	16.97	20.44	49.44	47.39	47.95	57.84	18.78	62.53	61.35	26.21	45.86	23.52	60.36	34.35
	最小值	7.38	5.12	3.13	5.57	5.31	14.56	8.39	6.17	8.22	4.33	6.72	0.55	8.06	3.52	3.89	8.00	0.24	7.71	10.76	6.40
	均方根	3.14	2.06	3.55	8.01	2.68	0.15	0.94	1.53	3.60	4.56	4.09	3.46	1.39	6.93	5.35	1.92	3.92	1.77	2.85	2.61
20	平均值	14.50	13.15	14.08	15.26	14.14	13.95	14.14	14.16	14.09	16.71	15.39	16.82	14.21	15.65	16.43	12.21	26.46	15.03	14.09	15.09
	最大值	38.23	22.46	26.71	27.32	29.80	15.69	16.06	16.04	18.57	46.65	21.60	60.13	16.31	49.61	47.22	17.97	59.91	40.95	21.26	47.71
	最小值	3.21	5.11	9.28	9.33	0.65	14.12	12.19	12.06	9.71	1.59	10.77	4.08	12.25	9.12	6.39	5.69	3.69	2.48	9.35	1.26
	均方根	2.41	1.66	1.07	1.84	1.69	0.22	0.60	0.63	1.10	4.33	1.55	3.38	0.57	2.98	3.21	1.48	8.92	3.88	1.38	3.27
50	平均值	12.74	12.65	13.02	17.63	12.61	13.30	13.19	12.99	13.49	15.81	12.43	12.75	13.16	12.59	18.15	12.23	18.41	14.76	12.53	11.84
	最大值	19.52	21.82	23.57	48.06	19.73	14.68	15.24	15.69	18.76	36.22	17.56	16.61	15.36	20.10	49.26	19.52	51.93	45.28	20.88	16.63
	最小值	7.01	5.28	6.01	7.96	5.88	13.30	11.28	7.05	5.09	6.28	8.27	8.48	10.66	5.71	7.48	6.16	3.10	5.61	6.50	7.13
	均方根	1.64	1.89	1.68	4.17	1.86	0.18	0.56	0.88	1.62	3.43	1.28	1.26	0.62	1.49	4.79	1.63	6.27	4.15	1.78	1.22

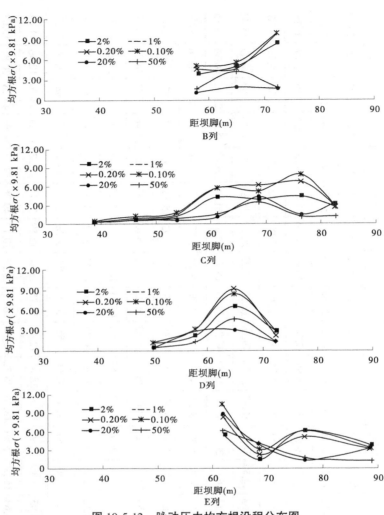

图 10-5-12　脉动压力均方根沿程分布图

表 10-5-11　中小洪水闸门调度参考表

洪水频率(%)	泄流量（m³/s）	闸门调度组合
3.30	2 340	1#孔开 5 m,2#、3#孔全开
5	2 080	1#孔开 5.5 m,2#孔全开、3#孔开 5.2 m
		1#、3#均开 5.4 m,2#孔全开
10	1 640	1#孔全关,2#孔全开、3#孔开 7.4 m
		1#孔开 7.4 m,2#孔全开、3#孔全关
20	1 220	1#孔全关,2#、3#孔均开 5.8 m
		1#、3#均开 5.8 m,2#孔全关
		1#、2#均开 5.8 m,3#孔全关
50	700	1#、2#孔全关,3#孔开 6.7 m
		1#、3#孔全关,2#孔开 6.7 m
		2#、3#孔全关,1#孔开 6.7 m

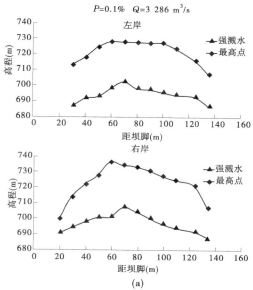

距坝脚(m)		20	30	40	50	60	70	80	90	100	110	125	135
左岸	强溅水		686.58	691.48	692.68	697.88	702.08	697.83	696.98	695.38	693.83	692.58	686.63
	最高点		712.88	717.68	724.53	727.78	727.78	727.40	727.20	727.08	723.60	716.00	707.60
右岸	强溅水	690.88	694.63	698.18	700.93	701.43	707.58	704.90	700.60	697.10	694.60	692.13	688.38
	最高点	700.03	714.38	722.88	728.73	737.63	735.53	734.33	731.88	728.58	725.88	722.33	707.68

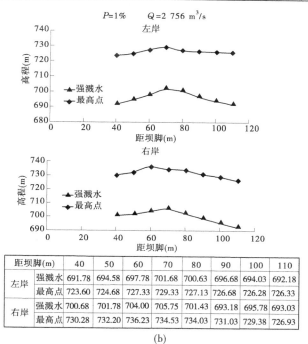

距坝脚(m)		40	50	60	70	80	90	100	110
左岸	强溅水	691.78	694.58	697.78	701.68	700.63	696.68	694.03	692.18
	最高点	723.60	724.68	727.33	729.33	727.13	726.68	726.28	726.33
右岸	强溅水	700.68	701.78	704.00	705.75	701.43	693.18	695.78	693.03
	最高点	730.28	732.20	736.23	734.53	734.03	731.03	729.38	726.93

(b)

图 10-5-13　坝下游两岸溅水分布图

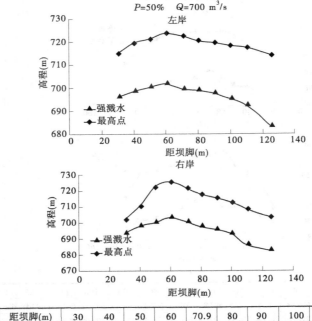

距坝脚(m)		30	40	50	60	70.9	80	90	100	110	125
左岸	强溅水	695.68	698.13	699.53	701.18	698.90	698.30	696.90	694.50	691.58	682.58
	最高点	714.33	718.93	720.68	722.93	721.60	719.70	718.80	717.40	715.48	713.08
右岸	强溅水	693.08	697.63	699.60	702.68	699.78	697.00	691.93	692.23	685.18	681.53
	最高点	701.68	710.20	721.78	721.93	721.00	717.20	715.00	712.00	707.68	702.53

(c)

续图 10-5-13

10.5.3.1 试验成果及分析

根据设计要求,按表 10-2-1 的泄流量与上下游水位关系开展试验研究。水垫塘底板受力,以动水冲击压力 $P<15×9.81$ kPa 为控制标准。

1.优化方案一试验

推荐方案坝下游水垫塘长 135 m、宽 55 m、底板高程为 656 m、二道坝高 10 m、顶高程 666 m。综合分析各方案及推荐方案的试验成果,认为由于水垫塘内水垫深度较浅,致使底板局部受力较大。故采取局部挖深的方式以减小射流对塘底板的冲击,而局部挖深提高了水垫塘的消能率,可以适当减少水垫塘的长度。具体尺寸为:在 0+47.9 m~0+80.9 m (0+000 m 计为表孔出口坎末端)范围内挖深 4 m,底板高程为 652.0 m,上游反坡为 1:1,下游陡坡为 1:0.7,接 656 m 高程水垫塘底板;二道坝向上游移至 0+117.9 m。

试验观测到:各级流量泄洪时,在水垫塘内 0+80 m~0+95 m 水面形成巨大翻滚,壅水较高,水面跌落明显。当宣泄 50 年一遇洪水时,两岸涌浪较高,最大高程达到 688.76 m,水面壅水落差达 4.6 m。水垫塘底板动水冲击压力 ΔP 值较原推荐方案降低,仅在 652 m 高程水垫塘下游坡底 0+45 m~0+47 m ΔP 增加,达到 14.18×9.81 kPa。

2.优化方案二试验

为降低水垫塘两岸涌浪高度,又对优化方案一进行修改,修改后的方案二水垫塘纵向剖面如图 10-5-14 所示。仍然在 0+47.9 m~0+80.9 m 的 33 m 范围内挖深 4 m,底板高程为 652 m,上游反坡为 1∶1,接 656 m 高程水垫塘底板,坡顶桩号为 0+43.9 m;下游改为 1∶4 的缓坡,接 656 m 高程水垫塘底板,下游坡顶桩号为 0+96.9 m;二道坝降低了 3 m,顶高程为 663 m,上、下游坡均为 3∶1,二道坝顶上游在 0+117.9 m,上游坡底在 0+115.57 m;二道坝后接 20 m 长护坦。

(1)水流流态、水位、流速。水垫塘内仍然翻滚剧烈,但壅水降低,水面跌落不明显,宣泄大洪水时,水垫塘长度略显不足。当宣泄 1 000 年一遇洪水至 50 年一遇洪水时,水流出塘后一般在 0+185 m 左右调整平顺,在 0+200 m~0+220 m 河道才接近平稳。当宣泄 30 年一遇洪水至 2 年一遇中小洪水时,一般在 0+200 m 左右河道渐渐平稳。

各工况水垫塘内及下游两岸水位统计见表 10-5-12,与方案一比,两岸涌浪明显降低,当宣泄 100 年一遇洪水和 50 年一遇洪水时,涌浪最高在左岸分别为 685.85 m 高程和 684.58 m 高程。

各工况下,二道坝及下游河道四个断面流速分布如图 10-5-15 所示,由于坝下游河道陡峭狭窄,岸边流速比较大。当宣泄 50 年一遇洪水时,在 0+197.9 m 断面右岸岸边流速仍然是 5.75 m/s,出塘后两岸岸边流速仍较大,应注意防护。

水垫塘内水舌入水的上游侧左岸回流流速较大,当 50 年一遇洪水泄洪时达到 7.3 m/s,2 年一遇洪水泄洪时达到 6.7 m/s。

(2)水垫塘时均动水压力特性。水垫塘底板测压点的布置及编号如图 10-5-16 所示,在水垫塘局部挖深底板上按梅花形分布(2.5~5 m 间距),共布置 158 个测点。

水垫塘局部挖深后,实测底板在各工况下的时均压力 P 最大值列于表 10-5-13 中;底板上测压管的最大水头 H 的空间分布见图 10-5-17;底板上动水冲击压力 ΔP 的等势线分布见图 10-5-18。测压管水头 H 的定义同前节。

表 10-5-14 给出了各工况下水垫塘底板最大动水冲击压力值及其位置,当宣泄 50 年一遇洪水、泄流量为 2 638 m³/s 和 100 年一遇洪水、泄流量为 2 756 m³/s 时,水垫塘底板最大动水冲击力分别是 $\Delta P = 10.22 \times 9.81$ kPa 和 $\Delta P = 11.69 \times 9.81$ kPa,满足 $\Delta P < 15 \times 9.81$ kPa 的控制标准,ΔP 最大值距 0+000 m 为 57.5 m,距底板中心线左 10 m。当宣泄常遇洪水 5 年一遇和 2 年一遇小洪水时,最大动水冲击压力分别为:$\Delta P = 5.5 \times 9.81$ kPa 和 $\Delta P = 9.5 \times 9.81$ kPa,当宣泄 1 000 年一遇和 500 年一遇洪水时 $\Delta P < 15 \times 9.81$ kPa,与原推荐方案相比,在各工况泄洪条件下 ΔP 值均减小,说明采取局部挖深增加 4 m 水垫厚度的工程措施是可以解决塘底板受力过大问题。

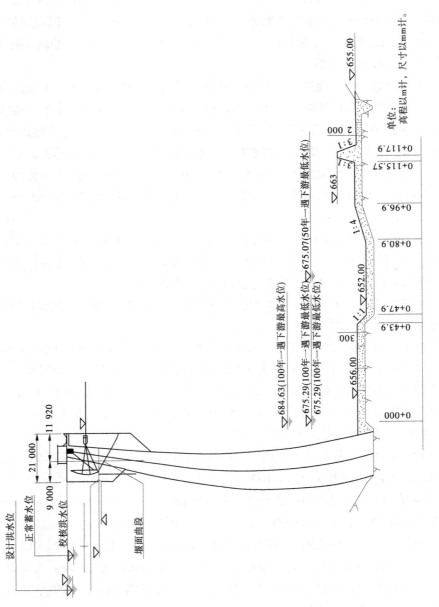

图 10-5-14 坝身及水垫塘纵剖面图

设计洪水位
正常蓄水位
校核洪水位
堰面曲段

▽684.63(100年一遇下游最高水位)
▽675.29(100年一遇下游最低水位) ▽675.07(50年一遇下游最低水位)
675.29(100年一遇下游最低水位)

11 920
21 000
9 000

▽656.00
▽652.00
▽663
▽655.00

300
2 000
3:1
3:1
1:4
1:1.1

0+00
0+43.9
0+47.9
0+80.6
0+96.9
0+115.57
0+117.9

单位:
高程以m计,尺寸以mm计。

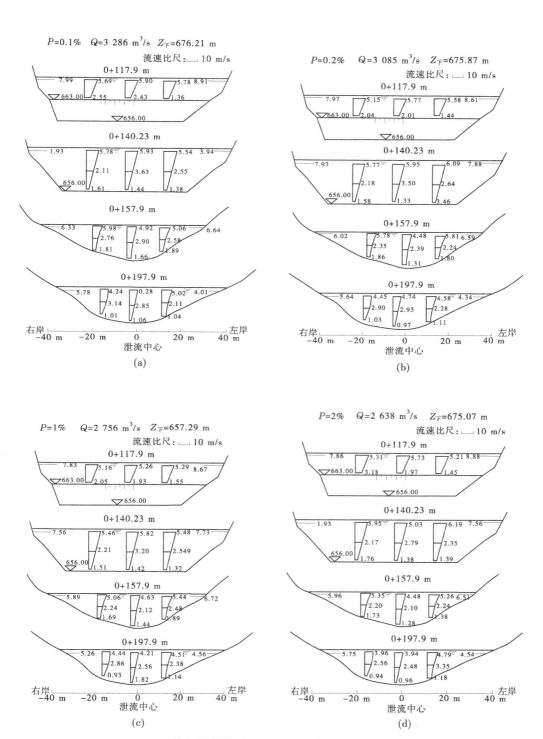

说明:图中数据表示流速大小。方向垂直断面

图 10-5-15　坝下游各断面流速分布图

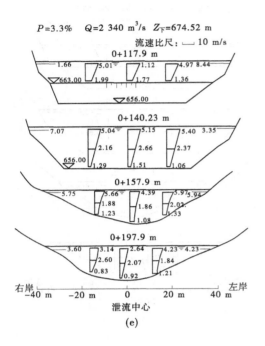

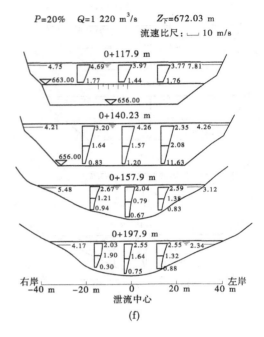

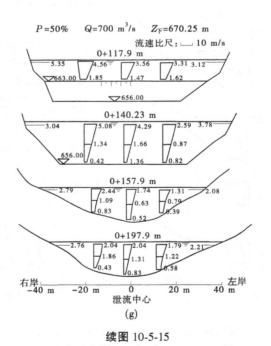

续图 10-5-15

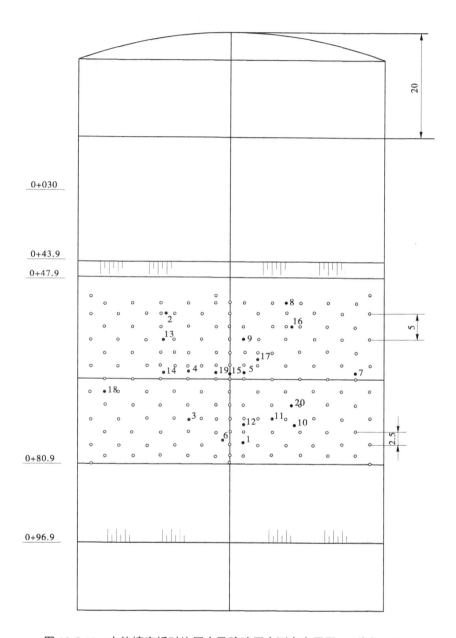

图 10-5-16 水垫塘底板时均压力及脉动压力测点布置图 （单位：m）

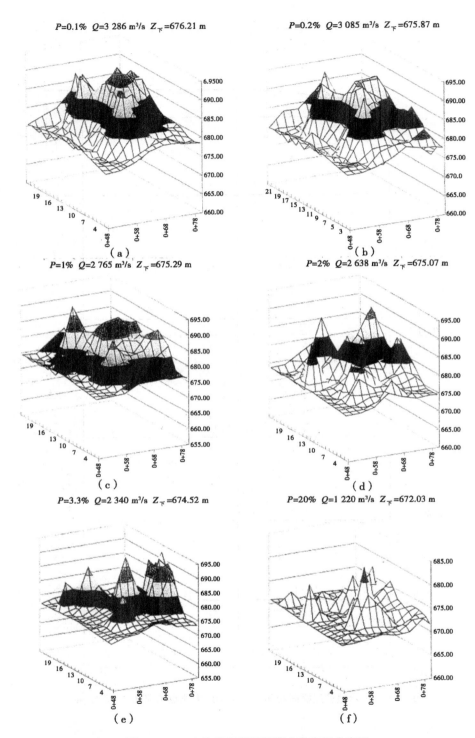

$P=0.1\%$ $Q=3\,286$ m³/s $Z_{下}=676.21$ m

$P=0.2\%$ $Q=3\,085$ m³/s $Z_{下}=675.87$ m

$P=1\%$ $Q=2\,765$ m³/s $Z_{下}=675.29$ m

$P=2\%$ $Q=2\,638$ m³/s $Z_{下}=675.07$ m

$P=3.3\%$ $Q=2\,340$ m³/s $Z_{下}=674.52$ m

$P=20\%$ $Q=1\,220$ m³/s $Z_{下}=672.03$ m

图 10-5-17 水垫塘底板测压管水头空间分布图

P=50% Q=700 m³/s Z_下 =670.25 m

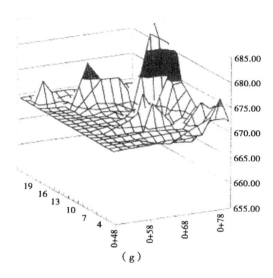

（g）

续图 10-5-17

P=0.1%   Q=3 286 m³/s   Z_下=676.21 m

P=0.2%   Q=3 085 m³/s   Z_下=675.87 m

P=1%   Q=2 756 m³/s   Z_下=675.29 m

P=2%   Q=2 638 m³/s   Z_下=675.07 m

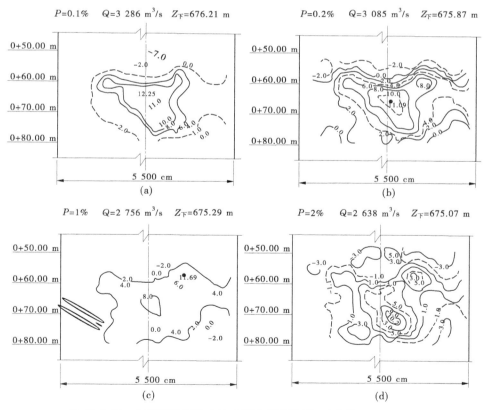

图 10-5-18 水垫塘底板动水冲击压力等势线图 （单位：×9.81 kPa）

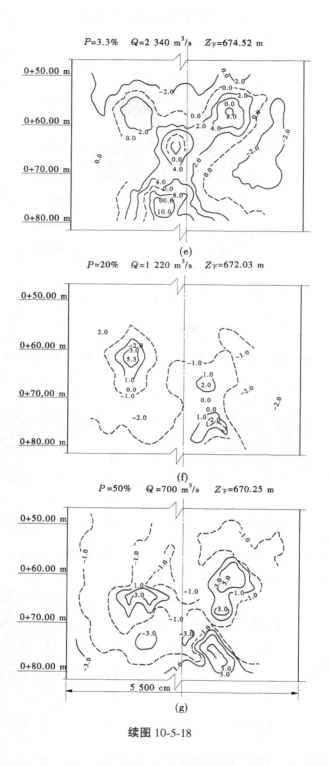

$P=3.3\%$　$Q=2\ 340\ \text{m}^3/\text{s}$　$Z_{\text{下}}=674.52\ \text{m}$

(e)

$P=20\%$　$Q=1\ 220\ \text{m}^3/\text{s}$　$Z_{\text{下}}=672.03\ \text{m}$

(f)

$P=50\%$　$Q=700\ \text{m}^3/\text{s}$　$Z_{\text{下}}=670.25\ \text{m}$

(g)

续图 10-5-18

表 10-5-12　两岸最高涌浪分布表

（单位：m³/s）

洪水频率 表孔出口坎末 0+000 m	P=0.1% Q=3 286 m³/s		P=0.2% Q=2 085 m³/s		P=1.0% Q=2 756 m³/s		P=2.0% Q=2 638 m³/s		P=20% Q=1 220 m³/s		P=50% Q=700 m³/s	
	左岸	右岸	左岸	右岸	左岸	右岸	左岸	右岸	左岸	右岸	左岸	右岸
0+17.9 m	674.92		674.77		673.03		671.57		669.92		668.07	669.47
0+37.9 m	678.67	676.92	678.42	676.12	676.72	676.47	676.25	676.51	672.43	671.47	669.17	669.57
0+47.9 m	680.27	678.02	678.57	677.07	677.47	676.72	677.03	676.63	673.72	672.44	669.54	669.62
0+57.9 m	681.47	680.22	680.77	680.27	680.42	677.42	679.87	677.47	674.52	674.12	670.37	670.77
0+67.9 m	681.69	680.47	681.97	681.12	680.52	680.27	679.77	679.27	675.12	674.37	671.07	671.22
0+77.9 m	682.92	682.02	682.77	681.82	680.92	680.12	679.92	679.6	675.07	675.12	671.12	671.72
0+87.9 m	685.12	682.47	683.42	682.07	684.87	681.77	684.58	679.75	675.27	675.47	671.62	672.62
0+97.9 m	686.57	684.32	685.92	683.07	685.12	682.87	682.82	680.82	674.87	674.52	671.77	672.97
0+107.9 m	686.69	684.02	685.17	683.62	685.85	683.57	681.62	680.92	674.62	674.12	671.62	672.47
0+117.9 m	685.84	682.92	684.42	683.02	684.65	682.12	681.77	680.82	674.47	673.42	671.47	671.52
0+122.9 m	683.32	681.77	683.67	682.22	682.75	680.37	680.77	680.72	674.04	673.37	671.57	671.42
0+132.9 m	681.02	681.82	680.97	681.53	680.22	679.57	679.27	678.87	673.99	673.47	671.42	671.27
0+157.9 m	681.57	681.64	680.57	681.42	679.32	679.42	679.22	678.42	673.92	673.42	671.37	671.14
0+177.9 m	680.87	681.47	680.19	681.14	677.79	677.22	677.72	677.08	673.42	673.32	671.27	671.09
0+197.9 m	679.87	680.22	678.57	679.07	676.85	677.05	676.52	677.05	672.67	672.87	671.22	670.92

表 10-5-13　水垫塘底板时均压力统计表　　（单位：×9.81 kPa）

测点号	频率 P						
	P=0.1%	P=0.2%	P=1%	P=2%	P=3.3%	P=20%	P=50%
1	22.20	22.30	21.80	20.40	19.20	17.70	17.20
2	23.20	23.30	22.80	21.40	20.20	18.70	18.20
3	24.20	24.30	23.80	22.40	21.20	19.70	19.20
4	25.20	25.30	24.80	23.40	22.20	20.70	20.20
5	26.20	26.30	25.80	24.40	23.20	21.70	21.20
6	27.20	27.30	26.80	25.40	24.20	22.70	22.20
7	28.20	28.30	27.80	26.40	25.20	23.70	23.20
8	29.20	29.30	28.80	27.40	26.20	24.70	24.20
9	30.20	30.30	29.80	28.40	27.20	25.70	25.20
11	26.83	26.68	29.18	33.73	20.05	25.93	
12	26.78	21.13	20.38	19.73	20.30	18.13	17.36
13	22.13	20.93	20.93	20.13	30.68	17.98	17.05
14	21.18	20.53	20.78		20.30	18.28	22.28
15	21.98	21.43	20.68	20.18	20.30	18.68	17.38
16					20.80		17.36
17	22.71	23.21	21.81	20.86	20.36	18.96	17.29
18	22.66	22.51	21.61	20.81	20.41	18.66	17.26
19	22.43	21.68	21.98	21.43	20.80	18.43	17.13
20	23.86	22.71	22.66	20.86	20.68	18.81	17.04
21	21.93	21.93	21.48	20.58	19.93	18.33	17.43
22	23.11	22.61	21.81	21.21	20.61	20.26	17.41
23	21.21	20.96	22.76		20.21	18.46	17.18
24	21.98	22.93	22.93	23.13	21.80	18.08	17.11
25	22.61	22.41	21.66	20.61	20.49	18.36	17.11
26	21.98	21.58	21.33	20.38	20.30	21.18	17.36
27							
28	23.21	22.51	21.61	20.61	20.49	18.61	17.11
29	23.18	22.93	22.08	20.53	20.55	18.43	16.91
30	27.21	25.01	25.96	22.56	24.54	18.46	17.06
31	22.96	22.41	21.26	20.26	21.24	18.71	17.79
32	22.96	22.46	23.41	21.81	20.81	18.51	17.21

测点号	频率 P						
	P=0.1%	P=0.2%	P=1%	P=2%	P=3.3%	P=20%	P=50%
33					20.79		17.34
34	22.81	23.36	21.66	21.16	20.61	18.46	17.41
35	22.06	22.06	24.71	24.06	23.99	18.41	17.04
36	27.53	29.93	32.58	32.38	29.83	18.63	17.16
37	25.68	28.23	28.93	27.73	25.80	18.23	16.98
38	22.86	22.61	19.11	20.66	23.80	18.26	16.98
39	22.76	22.46	22.11	20.71	20.36	18.61	16.86
40	23.93	23.33	22.18	21.43	21.36	18.18	17.43
41	23.48	22.43	21.38	20.38	20.23	18.33	17.33
42	27.36	28.41	27.76	26.91	25.16	18.36	17.39
43	31.71	32.11	27.61	29.36	26.06	19.31	18.39
44	26.46	25.26	24.66	22.46	21.34	19.46	17.26
45	26.16	23.71	29.56	22.21	21.66	18.46	17.54
46	24.31	26.06	26.61	26.81	22.66	18.36	17.21
47	38.83	36.83	40.78	38.18	35.68	21.43	19.01
48	29.61	29.76	29.56	28.26	24.36	18.51	17.11
49	23.33	22.98	22.53	21.58	20.36	17.98	16.76
50	26.93	26.73	25.83	24.68	21.80	18.38	17.86
51		26.26			21.34		17.09
52		25.76	24.11	22.26	21.74	19.01	17.01
53	39.68	38.03	35.43	29.18	26.43	24.78	17.18
54	39.21	35.21	32.26	27.46	30.46	23.71	19.09
55	34.36	32.61	27.76	26.01	23.61	19.21	17.54
56	31.01	28.46	27.51	24.56	22.51	18.71	17.31
57	28.56	27.16	27.51	24.76	22.68	18.51	17.51
58	28.76	27.96	30.01	27.56	23.36	18.66	17.26
59	30.56	30.51	30.61	29.06	28.31	18.61	17.61
60	34.43	34.68	33.13	28.53	29.43	18.43	18.80
61	36.73	39.03	37.73	32.28	31.18	21.93	25.93
62	37.51	33.81	31.46	26.36	21.29	20.31	17.36
63	25.23	25.23	24.58	24.43	20.08	18.33	17.43

测点号	频率 P						
	P=0.1%	P=0.2%	P=1%	P=2%	P=3.3%	P=20%	P=50%
64	26.16	24.86	24.56	24.86	23.24	18.76	17.91
65	23.06	22.11	22.11	21.81	21.41	17.61	16.26
66	34.36	30.41	28.76	24.01	22.61	25.51	17.61
67	35.26	30.26	31.36	24.56	23.11	30.96	16.96
68					23.93		20.29
69	33.71	36.06	32.66	28.26	24.22	19.71	17.06
70	34.23	32.68	28.68	29.48	25.88	19.18	16.93
71	36.86	37.36	38.11	29.36	34.71	19.11	17.66
72	36.11	36.11	34.81	32.61	30.21	18.76	17.09
73	38.06	35.61	35.36	34.21	25.61	18.46	17.86
74	37.08	34.28	33.08	29.78	24.76	18.23	17.55
75	34.18	33.38	31.68	27.63	23.55	20.33	22.91
76	30.83	29.58	27.58	24.78	21.68	19.18	21.51
77	29.11	33.11	30.46	27.61	20.16	18.21	16.64
78	30.91	30.36	29.11	27.11	21.61	18.86	17.81
79	26.91	27.36	27.56	27.36	23.86	18.51	16.46
80	28.21	26.16	24.51	22.36	21.79	18.86	17.24
81	29.61	28.16	27.11	22.36	21.71	22.71	22.43
82					23.74		23.31
83	41.21	37.96	35.96	34.56	41.21	20.11	19.14
84	42.43	38.93	35.08	34.83	31.93	22.18	16.83
85	40.21	38.21	36.56	32.16	25.39	19.56	16.86
86	35.43	33.33	30.08	27.48	23.93	22.28	18.30
87	30.88	30.38	27.88	25.03	21.30	20.13	16.83
88	29.73	30.68	28.98	25.13	20.18	18.18	16.30
89	35.43	34.43	30.13	28.38	20.38	18.83	16.63
90					24.86		17.61
91	27.66	26.86	27.51		22.11	18.21	15.99
92					21.80		17.38
93	29.46	28.41	28.81	23.71	22.64	21.31	16.81
94	36.16	34.26	32.36	28.96	25.24	21.36	17.11

测点号	频率 P						
	P = 0.1%	P = 0.2%	P = 1%	P = 2%	P = 3.3%	P = 20%	P = 50%
95	39.66	35.81	35.86	32.16	25.66	20.11	18.54
96	36.86	35.61	33.26	29.36	23.49	25.86	16.96
97	30.93	30.03	28.68	26.83	21.55	21.18	22.78
98					20.36		17.31
99	29.46	27.46	27.41	21.26	20.21	17.71	16.09
100	31.86	32.36	27.91	24.06	21.36	19.11	17.16
101	27.93	27.43	25.68	23.38	22.05	18.28	18.48
102	26.36	24.91	24.81	22.76	21.61	18.36	17.36
103	30.36	25.61	26.76	25.11	23.24	20.66	18.49
104	29.61	29.11	28.56	26.26	24.24	18.76	17.16
105	33.81	32.61	33.96	28.21	27.46	18.96	16.59
106	38.71	34.71	36.76	32.21	25.74	19.41	16.29
107	39.26	38.46	37.46	39.66	23.96	21.01	16.14
108					21.28		16.55
109	30.46	30.56	28.71	27.41	20.24	18.56	17.06
110	27.93	27.93	25.43	24.23	20.18	18.43	15.91
111	29.18	26.68	24.18	21.23	20.36	18.93	16.73
112							
113	26.91	27.11	25.31	23.11	22.11	19.11	15.66
114	28.33	25.68	24.38	23.78	22.05	18.38	17.13
115	29.86	27.51	29.76	25.21	23.86	18.21	15.26
116	29.71	31.16	31.51	26.46	25.46	18.86	15.34
117	30.81	30.96	31.11	28.26	26.89	18.76	16.81
118					26.11		15.49
119	37.61	38.66	35.36	38.56	23.46	19.76	14.56
120	39.51	37.96	35.56	40.21	21.76	19.61	17.46
121	36.83	32.93	29.23	33.83	20.93	20.13	17.28
122	30.76	30.31	27.56	26.01	20.39	17.61	16.76
123	27.11	24.86	23.46	20.01	20.36	18.36	15.36
124				22.51	21.29		16.79
125			23.41	22.56	21.99	20.36	20.11

测点号	频率 P						
	P=0.1%	P=0.2%	P=1%	P=2%	P=3.3%	P=20%	P=50%
126	27.13	30.16	23.53	21.93	22.13	18.43	17.13
127	27.86	25.08			24.91		15.41
128	30.96	31.71	34.01	34.56	40.46	18.86	14.99
129	30.11	31.46	32.51	30.21	35.96	19.61	17.36
130	33.46	32.11	36.26	31.71	38.31	20.16	15.51
131	37.46	35.31	35.26	33.71	24.81	21.26	19.66
132	37.93	35.03	33.93	37.93	21.68	25.13	31.23
133	32.73	28.63	26.93	28.08	21.55	18.33	15.83
134	26.51	25.61	24.81	22.76	20.79	18.61	17.16
135	24.56	23.51	22.41	20.86	20.86	19.26	15.93
136	26.83	25.93	24.78	22.48		20.83	24.78
137	25.36	24.81	23.61	22.21	22.74	20.71	19.26
138	27.36	25.71	28.11	25.11	23.11	20.61	21.96
139	25.86	32.96	35.71	29.96	35.71	18.96	17.56
140	29.01	31.06	32.21	33.41	45.36	19.66	16.86
141	28.61	28.01	30.51	25.71	33.66	21.96	22.46
142					23.86		16.66
143	32.83	30.08	29.43	27.08	23.86	25.93	32.58
144	27.43	25.33	25.53	22.83	22.18	17.58	16.68
145	23.43	22.58	21.78	20.28	21.68	18.48	16.88
146	24.81	25.11	23.71	23.11	22.18	18.76	17.51
147							
148	25.91	21.91	24.21	22.21	21.24	21.11	21.51
149	27.46	28.61	30.71	24.51	26.49	21.16	19.41
150	28.01	30.36	33.06	27.86	35.46	19.96	19.31
151	27.86	29.36	27.86	25.51	34.86	20.91	21.61
152	28.51	27.01	26.86	24.61	33.18	22.61	22.61
153	28.96	27.76	28.76	23.81	29.11	24.01	27.76
154	24.68	23.28	21.88	21.03		18.83	
155	26.08	24.73		21.73	23.38	17.58	20.38
156	24.18	23.33		20.28	23.68	18.33	19.23
158	28.71	28.06		24.71	28.51	21.21	21.46

表 10-5-14　各工况下水垫塘底板最大动水冲击压力值及其位置

洪水频率(%)	泄洪组合	泄流量(m³/s)	冲击压力最大值 ΔP(9.81 kPa)	距0+000(m)	距底板中心线(m)
0.10	三孔全开	3 286	13.25	64.4	右 2.5
0.20	三孔全开	3 085	12.14	64.4	0
1	三孔全开	2 756	11.69	56.9	左 10
2	三孔全开	2 638	10.22	71.9	左 5
3.30	1#孔开 5 m,2#、3#孔全开	2 340	10.60	79.4	右 5
20	1#孔关,2#、3#孔开 5.8 m	1 220	5.33	61.9	右 15
50	1#、2#孔全关,3#孔开 6.7 m	700	9.50	79.4	左 10

注:泄洪孔编号左岸起依次为 1#、2#、3#。

（3）底板脉动压力特性。各工况下水垫塘底板上的脉动压力过程属于低频大振幅脉动,脉动压力能量主要集中在 0~10 Hz 范围内($\lambda_f = 1$ 时),冲击区脉动压力基本符合正态分布。

表 10-5-15 为脉动压力参数统计表,由表可见,水垫塘底板脉动压力幅值、脉动压力均方根 σ 均比原推荐方案减小,当宣泄 50 年一遇洪水和 100 年一遇洪水时,底板脉动压力均方根 σ 最大分别为 6.86×9.81 kPa、6.68×9.81 kPa,5 年一遇和 2 年一遇小洪水泄洪时 σ 最大分别为 4.38×9.81 kPa、2.71×9.81 kPa。

（4）闸门调度。通过试验,认为闸门调度运行,可不考虑对水垫塘的动水冲击压力过大的担心,但 1#孔和 3#孔闸门局部开启时,开度不能小于 4 m,否则水舌不稳定的水翅会扫射两岸。因此,建议参考表 10-5-16 进行中小洪水闸门的调度运行。

表 10-5-15　水垫塘底板脉动压力幅值统计

(单位：×9.81 kPa)

频率		测点 1	2	3	4	5	6	7	8	9	10	11	12	13	14	15	16	17	18	19	20
0.1%	平均值	33.79	20.75	26.75	34.10	36.04	29.41	27.95	18.83	22.19	28.00	35.47	35.20	28.49	30.69	37.38	21.65	28.92	23.55	37.64	27.75
	最大值	60.59	32.55	52.72	43.26	60.54	60.20	41.56	32.00	72.12	63.84	60.66	58.30	61.23	61.57	67.33	56.40	55.24	37.13	60.12	54.26
	最小值	12.34	12.60	16.24	26.78	12.04	16.71	20.99	10.60	11.12	13.66	11.48	22.96	12.92	14.34	14.82	6.40	9.11	16.04	17.61	11.45
	均方根	5.65	1.73	2.51	2.57	7.73	3.69	3.46	1.56	2.75	4.79	8.05	4.47	5.99	5.07	8.01	4.55	0.57	2.42	7.76	3.15
0.2%	平均值	32.15	20.35	26.02	31.99	32.77	28.69	28.08	18.52	21.96	27.83	32.38	33.11	27.22	29.05	32.96	21.84	29.29	23.59	32.78	27.57
	最大值	60.62	31.22	41.30	39.58	60.58	60.23	42.13	25.03	57.44	63.88	60.69	56.03	61.26	52.65	67.38	56.43	55.27	53.62	60.15	58.54
	最小值	15.75	13.35	16.49	23.84	9.32	16.81	21.13	11.04	14.05	9.62	13.10	22.75	12.54	14.25	15.85	9.58	14.22	11.99	10.88	12.16
	均方根	5.32	1.56	2.22	2.86	6.17	3.91	3.27	1.48	2.58	5.19	6.96	4.41	6.14	3.96	6.18	4.40	5.05	2.84	6.00	3.44
1%	平均值	31.34	19.99	23.59	26.47	29.94	26.87	29.48	19.22	21.37	25.47	30.06	34.54	26.32	26.23	28.57	27.02	27.29	22.51	28.27	25.58
	最大值	60.56	33.48	36.68	38.43	60.51	59.70	41.79	30.25	46.12	63.80	60.63	55.69	61.20	57.94	67.30	56.38	55.21	40.56	60.09	58.48
	最小值	14.67	12.74	15.69	19.92	13.11	7.81	22.95	11.92	11.28	13.01	9.98	24.07	10.80	14.93	13.85	13.33	10.23	12.01	15.66	14.12
	均方根	5.22	1.54	1.90	2.24	5.90	3.99	3.17	1.33	2.02	4.58	6.31	4.54	6.68	3.92	5.27	5.97	4.38	2.03	5.65	2.93
2%	平均值	30.33	19.83	23.49	26.46	27.67	29.17	26.96	19.21	21.44	26.06	29.73	29.17	26.70	23.96	28.06	26.36	27.53	22.27	27.73	25.76
	最大值	60.18	57.20	40.45	36.71	60.53	60.20	37.26	26.71	32.55	63.84	60.65	62.56	61.22	46.72	60.49	56.40	55.23	44.10	58.23	58.50
	最小值	10.04	12.29	14.04	18.17	15.84	13.63	20.45	14.01	14.35	11.68	12.34	15.15	11.40	13.55	17.61	13.12	17.20	13.24	17.95	14.77
	均方根	3.79	2.03	2.23	2.38	3.59	5.73	2.47	1.33	1.75	4.69	5.99	4.69	6.86	3.00	3.67	5.63	3.76	2.07	3.89	2.95
3.3%	平均值	25.82	20.19	23.18	24.55	24.09	23.28	19.34	19.11	20.25	20.34	20.19	22.75	30.77	22.00	23.93	24.83	23.11	22.46	24.65	19.68
	最大值	60.70	42.41	64.66	31.05	60.64	60.31	20.46	24.67	30.76	25.16	40.82	37.09	61.34	41.66	67.46	56.50	55.34	56.11	60.23	27.96
	最小值	8.30	10.36	7.70	19.89	10.29	16.30	17.46	11.71	13.15	14.74	8.43	15.73	13.49	14.20	11.32	12.20	13.79	11.75	13.38	15.32
	均方根	5.30	2.42	4.49	1.85	4.62	9.17	0.38	1.14	1.56	1.13	2.60	2.67	7.31	2.24	3.94	6.19	3.62	3.91	4.89	1.22
20%	平均值	19.37	17.65	17.57	18.26	18.17	19.59	17.35	17.48	17.61	17.65	18.69	18.43	17.56	22.12	18.16	17.58	17.64	17.40	18.10	17.53
	最大值	60.66	20.26	29.50	22.84	36.49	33.81	18.63	19.15	20.58	26.41	30.03	22.62	33.38	61.63	37.31	26.62	29.58	22.21	44.11	55.58
	最小值	9.43	15.79	10.05	16.65	12.04	10.55	15.63	14.82	14.08	11.23	7.17	15.41	12.52	11.16	13.05	14.39	12.97	11.83	11.83	11.10
	均方根	2.26	0.52	1.45	0.64	1.85	1.85	0.44	0.49	0.72	1.29	1.75	0.90	1.08	4.38	1.82	0.72	1.11	0.96	1.75	2.05
50%	平均值	16.05	16.10	14.44	20.41	17.13	15.67	15.49	16.19	16.31	14.54	14.39	14.08	17.13	18.77	17.24	16.07	16.25	14.76	17.40	16.32
	最大值	19.94	20.72	25.70	33.32	35.74	19.79	17.33	18.00	19.13	28.73	20.35	15.88	43.26	41.49	36.03	22.29	25.08	18.44	38.71	34.04
	最小值	12.15	13.74	7.87	16.14	9.81	12.21	14.31	14.03	12.92	5.50	10.55	12.37	8.79	5.89	10.84	8.81	11.73	10.33	10.28	7.79
	均方根	0.89	0.58	1.67	2.65	1.77	0.93	0.36	0.52	0.76	1.37	0.97	0.51	2.21	2.71	1.87	1.10	1.17	0.94	2.33	2.37

表 10-5-16　中小洪水闸门调度参考表

洪水频率(%)	泄流量(m³/s)	闸门调度组合
3.30	2 340	1#孔开 5 m,2#、3#孔全开
		2#孔开 5 m,1#、3#孔全开
5	2 080	1#孔开 5.5 m,2#孔全开,3#孔开 5.2 m
		1#、3#孔均开 5.4 m,2#孔全开
10	1 640	1#孔全关,2#孔全开,3#孔开 7.4 m
		1#孔开 7.4 m,2#孔全开,3#孔全关
		1#孔开 7.4 m,2#孔全关、3#孔全开
20	1 220	1#孔全关,2#、3#孔均开 5.8 m
		1#、3#孔均开 5.8 m,2#孔全关
		1#、2#孔均开 5.8 m,3#孔全关
50	700	1#、2#孔全关,3#孔开 6.7 m
		1#、3#孔全关,2#孔开 6.7 m
		2#、3#孔全关,1#孔开 6.7 m

10.6　结　论

（1）挑流方案布置时,由于在 5 年一遇小频率洪水泄洪条件下,坝下游冲深达到 22.0 m,距坝脚仅 70.2 m;50 年和 100 年一遇洪水泄洪时冲坑深度也大于 30 m。不利于大坝安全稳定,故认为本工程泄洪消能方案不适宜采用堰顶挑流布置形式。

（2）本工程泄洪消能方案推荐跌流与水垫塘相结合的布置形式,其泄流能力满足设计要求。

（3）通过对水垫塘形式进一步优化,认为优化方案二较推荐方案合理,故推荐优化方案二为本工程水垫塘的消能布置形式。

①由于在水垫塘集中受力区域通过局部挖深使水垫厚度增加 4 m 后,减小了水垫塘底板的受力,使在 50 年一遇和 100 年一遇洪水泄洪时,水垫塘底板动水冲击压力 $\Delta P <$ 15×9.81 kPa 控制标准,可以满足设计要求。

②水垫塘内波动剧烈,涌浪水位较高,引起的溅水降雨的范围和强度都较大,二道坝后两岸水流流速比较大。因此,从坝脚直到 0+200 m 断面两岸应注意分区防护,水垫塘内两岸山体亦应注意防护。

参考文献

[1] 韦未,李同春.基于四参数等效应变的各向同性损伤模型[J].河海大学学报(自然科学版),2004,32 (4):425-429.

[2] 杨木秋,林泓.混凝土单轴受压受拉应力应变全曲线的试验研究[J].水力学报,1992(6):60-66.

[3] 宋玉普,赵国藩.应变空间混凝土的破坏准则[J].大连理工大学学报,1991:455-461.

[4] 姚纬明,李同春,任旭华.带软弱结构面岩体的弹塑性有限元分析[J].河海大学学报(自然科学版), 1999,27(3):34-38.

[5] 李同春,李淼,温召旺,等.局部非协调网格在高拱坝应力分析中的应用[J].河海大学学报(自然科 学版),2003,31(1):42-45.

[6] 李同春,杨涛,张柏成.结构与复杂地基相互作用分析的非一致网格解法[J].工程力学(增刊), 2003.

[7] 夏颂佑.拱坝的极限承载能力和破坏机理[J].河海大学学报(自然科学版),1990(2):93-100

[8] 李同春.拱坝极限状态设计准则探讨[D].南京:河海大学,1989.

[9] 左东启.模型试验理论和方法[M].北京:水利电力出版社,1984.

[10] 陈兴华,等.脆性材料结构模型试验[M].北京:水利电力出版社,1984.